周湛学·编著

科技革命

核能、航天、计算机的故事

化学工业出版社

·北京·

内 容 简 介

以核能、计算机、航天技术以及生物技术的广泛应用为主要标志的第三次科技革命给我们的生活带来了翻天覆地的变化。本书沿着时间的脉络对核能、计算机、航天、生物四个领域在第三次科技革命中的发展历程进行梳理，同时结合科学家们发明发现背后的故事，生动展现科学技术发展过程，并给出相关知识点。

本书集科学性、趣味性与知识性为一体，可作为提高大众科学素养之读本，也可供广大青少年及科学史爱好者阅读。

图书在版编目（CIP）数据

科技革命：核能、航天、计算机的故事 / 周湛学编著. —北京：化学工业出版社，2022.3
ISBN 978-7-122-40528-9

Ⅰ.①科… Ⅱ.①周… Ⅲ.①科技革命-研究 Ⅳ.①G301

中国版本图书馆 CIP 数据核字（2021）第 275168 号

责任编辑：曾　越　　　　　　　　　　　　美术编辑：王晓宇
责任校对：王　静　　　　　　　　　　　　装帧设计：水长流文化

出版发行：化学工业出版社（北京市东城区青年湖南街 13 号　邮政编码 100011）
印　　刷：三河市航远印刷有限公司
装　　订：三河市宇新装订厂
710mm×1000mm　1/16　印张 20　字数 347 千字　2022 年 5 月北京第 1 版第 1 次印刷

购书咨询：010-64518888　　　　　　　　　售后服务：010-64518899
网　　址：http://www.cip.com.cn
凡购买本书，如有缺损质量问题，本社销售中心负责调换。

定　价：88.00 元　　　　　　　　　　　　　　　版权所有　违者必究

前言

　　20世纪末期，人类文明史上继蒸汽技术革命和电力技术革命之后科技领域又一次实现重大飞跃，它以核能、计算机、航天技术以及生物技术的广泛应用为主要标志。这次科技革命不仅极大地推动了人类社会、政治、文化领域的变革，也影响和改变了人们的生活方式和思维方式。

　　《科技革命：核能、航天、计算机的故事》聚焦第三次工业革命，沿着时间的脉络对核能、计算机、航天、生物四个领域的发展历程进行梳理，同时结合科学家们发明发现背后的故事，生动展现科学技术发展过程，并给出相关知识点。从故事中我们了解科学家们攀登科学高峰的坚韧不拔的精神，他们为了科学技术贡献了毕生的精力。通过这些故事，我们明白第三次工业革命中科技的发展是许许多多劳动人民的智慧的积累。科学的成就是一点一滴积累起来的，唯有长期的积累才能由点滴汇成大海。

　　本书融科学性、知识性和趣味性于一体，向读者展示了一个丰富多彩的科学天地。如今，科学技术的应用遍及各个方面，并且还在不断发展着，科学家们正在为以人工智能、机器人技术、量子信息技术、虚拟现实、清洁能源以及生物技术为主的全新技术革命的发展历史谱写新的篇章。

　　本书由周湛学编著，部分插图由姜予薇绘制。由于编者水平有限，书中难免存在不妥之处，恳求读者批评指正。

编著者

目录

第 1 章　科技革命 · 001

核能篇

第 2 章　人类对原子能科学的探索与发现 · 010

第 3 章　贝克勒尔发现了天然放射性 · 022

第 4 章　居里夫妇发现了放射性元素 · 026

第 5 章　奠定了原子能时代的方向——爱因斯坦 · 033

第 6 章　核物理之父——卢瑟福 · 042

第 7 章　核裂变的发现者——哈恩 · 050

第 8 章　费米与世界上第一座核反应堆 · 057

第 9 章　原子弹之父——奥本海默 · 067

第 10 章　中国原子能事业的奠基人——钱三强 · 075

第 11 章　中国核武器研制开拓者——邓稼先 · 083

第 12 章　世界顶级的氢弹专家——于敏 · 090

第 13 章　人类和平利用原子能 · 097

计算机篇

第 14 章　人类计算工具的演变 • 108

第 15 章　机械加法器的诞生 • 117

第 16 章　莱布尼茨的计算机 • 122

第 17 章　计算机的先驱者——查尔斯·巴贝奇 • 127

第 18 章　计算机科学之父——图灵 • 133

第 19 章　电子计算机之父——约翰·阿塔纳索夫 • 139

第 20 章　现代计算机之父——约翰·冯·诺依曼 • 146

第 21 章　不可遗忘的互联网先驱 • 152

航天探索篇

第 22 章　人类航天技术探索与研究 • 164

第 23 章　航天探索的先驱者——齐奥尔科夫斯基 • 174

第 24 章　世界上第一枚液体火箭 • 179

第 25 章　赫尔曼·奥伯特的航天梦 • 185

第 26 章　现代航天之父——冯·布劳恩 • 193

第 27 章　航天时代的开拓者——科罗廖夫 • 198

第 28 章　中国航天之父——钱学森 • 205

第 29 章　登天第一人——加加林 • 216

第 30 章　人类登月第一人——阿姆斯特朗 · 223

第 31 章　太空行走第一人——列昂诺夫 · 227

第 32 章　世界上第一名女宇航员 · 234

第 33 章　空间站的前世今生和未来 · 237

第 34 章　中国航天的伟大历程 · 244

生物技术篇

第 35 章　人类对生物技术的探索 · 262

第 36 章　列文虎克发现微观生命 · 269

第 37 章　征服天花的人——爱德华·詹纳 · 274

第 38 章　微生物学之父——巴斯德 · 278

第 39 章　弗莱明和青霉素 · 284

第 40 章　世界病原细菌学的奠基人和开拓者——罗伯特·科赫 · 289

第 41 章　遗传学的开创者——孟德尔 · 294

第 42 章　遗传学巨人——摩尔根 · 299

第 43 章　DNA双螺旋结构的发现 · 304

参考文献 · 312

第1章 科技革命

人类自从诞生以来,就从来没有停止过探索的脚步。人类运用自己的聪明与智慧,在与大自然的周旋中渐渐了解到了自然的奥秘,于是人类开始从自然界中探寻更多的奥秘,发现更多能为自己所用的东西。随着时间的流逝,人类取得了许多重要的突破,不仅能使用人力、畜力等自然界直接摆在我们面前的力量,更能使用一

人类使用畜力

些被自然界深深隐藏起来的力量。而我们获得力量的标志,就是工业革命,而这样的革命在人类历史上足足有三次。

☆ 18世纪人类进入"蒸汽时代"

18世纪60年代,第一次工业革命在英国诞生。1765年,纺织工哈格里夫斯(James Hargreaves, 1721—1778)发明的"珍妮纺织机"的出现,首先在棉纺织业掀起机器发明的热潮,产生技术革新的连锁反应,揭开了工业革命的序幕。从此,在棉纺织业中出现了螺机、水力织布机等先进机器。不久之后,在采煤、冶金等工业部门,也都陆续有了机器生产。随着机器生产越来越多,原有的动力,如畜力、水力和风力等已经无法满足需求。

1785年,瓦特(James Watt, 1736—1819)制成的改良型蒸汽机投入使用,因提供了更加便利的动力而得到迅速推广,大大推动了机器的普及和发展。人类社会由此进入"蒸汽时代"。

蒸汽机的运用直接导致了各种新式机器的出现。各类工厂有了动力源,也开始冒出了白烟。各种产品的生产脱离了人力而变得流水化,生产速度大大加快。火车有了动力机器,可以在铁轨上运行了。蒸汽轮船也投入了生产,使人类在海

上的航行范围变得更加宽广，也更加快捷。另外，蒸汽机的出现也使新的武器装备的制造大大加快。

18世纪60年代，人类开始了第一次工业革命，并创造了巨大的生产力，人类进入"蒸汽时代"。100多年后，人类社会生产力发展又发生一次重大飞跃。人们把这次革命叫作"第二次工业革命"。

瓦特

人类进入"蒸汽时代"

☆ 19世纪末人类进入"电气时代"

19世纪，随着资本主义经济的发展，自然科学研究取得重大进展，1870年以后，由此产生的各种新技术、新发明层出不穷，并被应用于各种工业生产领域，促进经济的进一步发展，第二次工业革命蓬勃兴起。

迈克尔·法拉第

迈克尔·法拉第（Michael Faraday，1791—1867）电磁感应现象的发现，为人类利用电能提供了科学依据。19世纪30年代，有实用价值的发电机和电动机已经制成。直流电机供电已经取代了蒸汽动力而占有统治地位。电力不仅代替蒸汽作为工业动力提供了方便而廉价的能源，推动新兴工业的发展，而且带动了一系列提升生活质量、促进社会文明发展的新技术发明。如莫尔斯1844年发明了电报机，美国人贝尔1876年发明了电话，爱迪生1879年发明了白炽灯，1885年10月，德国的卡尔·本茨制造出世界上第一辆以汽油为动力的三轮汽车。法国人勒普兰斯1888年发明了电影，意大利人马可尼1895年发明了无线电通信技术等，使电力可以用于通信和文化娱乐。马克思曾预言"蒸汽大王在前一个世纪中翻转了整个世界，现在它的统治到了末日，另一种更加强大的革命——电力的火花将取而代之"。

19世纪晚期，科学技术突飞猛进，新技术、新发明、新理论层出不穷。电力广泛应用，电灯亮起来了，电话响起来了，汽车跑起来了，飞机飞起来了。工业生产跃上了一个新的台阶，人类从"蒸汽时代"进入"电气时代"。

莫尔斯发明了电报机

贝尔发明了电话机

爱迪生发明了白炽灯

科学技术的发展对人类生活的影响如润物之细雨，如拍岸之惊涛，渗透在人们的生活中。

马可尼发明了无线电通信

卡尔·本茨发明了汽车

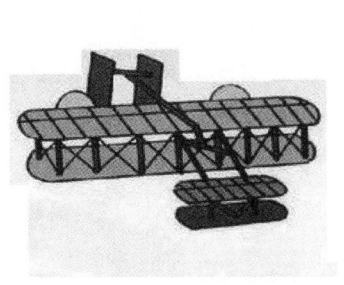

莱特兄弟发明了"飞行者1号"

☆ 20世纪40年代以后人类进入新科技时代

第三次科技革命是人类文明史上继蒸汽技术革命和电力技术革命之后科技领域里的又一次重大飞跃。它以原子能、电子计算机、空间技术和生物工程的发明和应用为主要标志,是一场涉及信息技术、新能源技术、新材料技术、生物技术、空间技术和海洋技术等诸多领域的技术革命。

这次科技革命不仅极大地推动了人类社会经济、政治、文化领域的变革,也影响了人们的生活方式和思维方式。随着科技的不断进步,人类的衣、食、住、行、用等日常生活的各个方面也在发生重大的变革。

(1)原子能技术的应用与发展

1945年7月16日5时30分,在美国新墨西哥州沙漠地区的一个试验场,人类第一颗原子弹爆炸成功。据说,当时爆炸中心有一股足有1英里(约1610米)宽的深紫色和橘红色火焰,几秒钟后,火焰变成蘑菇云直冲云霄。

第一颗原子弹爆炸

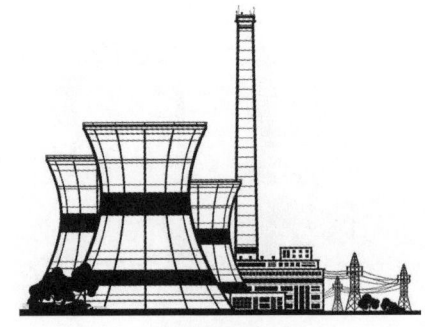
核能发电站

1949年，苏联也试爆原子弹成功。

1952年，美国又试制成功氢弹。

1953～1964年间，英国、法国和中国相继试制核武器成功。原子能的技术首先被应用于军事领域，和平利用原子能工业也有一定发展。

1954年，苏联建成了世界上第一座核能发电站，称为第一核电站，成为人类和平利用原子能的典范。

1957年，苏联建造了第一艘核动力破冰船，赫鲁晓夫亲自将其命名为"列宁"号。在之后的50多年中，"列宁"号常年在冰封雪飘的北极圈内忙碌，为北极科考工作立下了汗马功劳。

1977年，世界上有22个国家和地区拥有核电站反应堆229座。

（2）电子计算机技术的利用和发展

电子计算机技术的利用和发展是另一重大突破。20世纪40年代后期的电子管计算机为第一代计算机。数学家冯·诺依曼奠定了现代电脑体系结构的根基。继诺依曼提出了二进制的思想后，由埃克特与莫奇利于1946年设计和开发出了世界上第一台可应用的电子计算机——埃尼亚克（ENIAC），这也是今天计算机能够如此贴近我们生活的一次伟大革命。两人当之无愧地被授予了首批计算机先驱奖。

1959年，出现第二代计算机——晶体管计算机，其运算速度每秒在100万次以上。1964年，第三代计算机——集成电路计算机面世，最初的运算速度能达到每秒300万次。它可适应一般数据处理和工业控制的需要，使用方便。1970年，第四代计算机为大规模集成电路计算机。1978年的计算机每秒可运算1.5亿次。20世纪80年代发展为智能计算机。20世纪90年代出现光子计算机、生物计算机等。中国自行设计研制的"银河"大型计算机每秒可计算上亿次。

莫奇利

大规模集成电路计算机

（3）空间技术的利用和发展

1957年10月4日早晨，一条火龙腾空而起，为月球添了一个新伙伴，苏联在中亚的拜科努尔航天中心发射了世界上第一颗人造地球卫星。这是人类历史的伟大事件，也是人类科学的伟大成就，整个世界都为之震惊和激奋。第一颗人造卫星的上天，标志着人类征服太空历史的新纪元，这在空间技术发展史上是划时代的大事件。

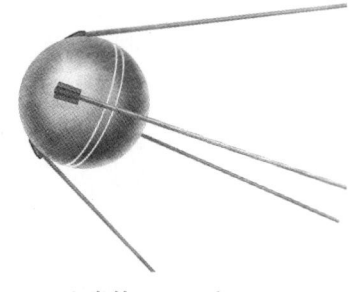

人类第一颗人造卫星

1958年2月1日，美国发射"探险者1号"人造地球卫星。

1959年9月12日，苏联发射的"月球2号"卫星。在月球表面硬着陆，成为到达月球的第一位使者。

1961年4月12日，苏联宇航员加加林（Yuri Alekseyevich Gagarin，1934—1968）乘坐"东方1号"宇宙飞船完成了人类历史上的首次太空飞行。

1961年，美国第一个可以连续使用的"哥伦比亚"航天飞机试飞成功，并于两天后安全着陆，它身兼火箭、飞船、飞机3种特性，是宇航事业的重大突破。

美国发射的"探险者1号"人造地球卫星

"月球2号"卫星

航天飞机

1969年7月16日，美国宇航员阿姆斯特朗、奥尔德林、柯林斯乘"阿波罗11号"飞船第一次登上月球，实现了人类登月的梦想。20世纪70年代以来，空间活动由近地空间转向飞出太阳系。

1970年4月24日,中国发射第一颗人造卫星"东方红一号"。中国宇航空间技术迅速发展,现已跻身于世界宇航大国之列。

登上月球的宇航员

"东方红一号"人造卫星

(4) 生物技术重大突破

第三次工业革命的浪潮,使生物技术的发展为人类带来了巨大的利益和财富。工业革命已从很大程度上改变了人类世界,而第三次浪潮使这一变化速度大大加快。

1860年,巴斯德发明单一霉菌纯粹培养技术;1878年,啤酒酵母单一培养技术;1881年,细菌的纯粹培养技术;1929年,抗生素盘尼西林发现。

1946年,用细菌可以生产氨基酸;1952年,用微生物转化荷尔蒙获得成功;1953年,沃森和克里克提出了DNA双螺旋结构;1972年,美国斯坦福大学构建了第一个重组DNA分子;1977年,在美国旧金山建立了世界上第一家遗传工程公司。

遗传学的建立及其应用,产生了遗传育种学,于20世纪60年代取得了辉煌的成就,被誉为"第一次绿色革命"。

基因工程已经大大改变了人类生活,甚至改变了人类社会的进程,而现代生物学、生物化学和遗传学等生命科学的基础领域在1973年也由于基因重组技术的出现而发生了根本性的变化。可以说基因工程是20世纪最重大的发明之一,而该技术的实现是由两位被称为基因工程之父的科学家完成的,那就是赫伯特·韦恩·博耶博士和斯坦利·科恩。

今天,当人类豪迈地飞往宇宙空间,当机器人问

科恩与博耶

世，当高清晰度数字化彩电进入日常家庭生活，当克隆羊多利诞生惊动整个世界，人类感慨科学技术改变了人类的生活，让我们的生活更加丰富，科学技术也改变了人类，使人类进入了一个全新的科技时代。

利用细菌制药

1973年，美国科学家斯坦利·科恩和赫伯特·博耶成功把蟾蜍的基因和细菌的基因结合起来。这意味着人类可以特制细菌了。例如，以往治疗糖尿病所需的胰岛素来自牛和猪的胰腺，产量有限，价格昂贵，美国旧金山市的遗传技术研究所把能合成胰岛素的基因移植到细菌中，成功生产出了较便宜的胰岛素。

第一次绿色革命

20世纪50年代初，美国著名的育种学家诺曼·博洛格领导了第一次绿色革命，他培育出的矮秆小麦，解决了19个发展中国家粮食自给问题，拯救了南亚次大陆10亿人。因此，他获得了1970年的诺贝尔和平奖。这是诺贝尔和平奖第一次授予一个农业科学家。他在1986年设立世界粮食奖，这个奖成了世界粮食发展的风向标。

美国著名的育种学家诺曼·博洛格

核能篇

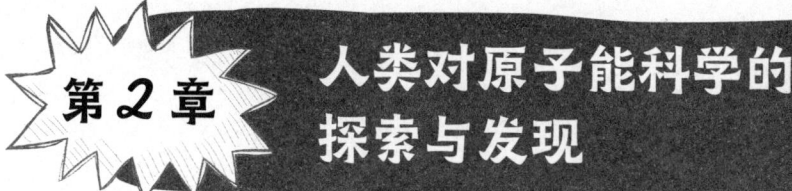

第2章 人类对原子能科学的探索与发现

原子能又称"核能",即原子核发生变化时释放的能量,如重核裂变和轻核聚变时所释放的巨大能量。在发现原子能以前,人类只知道世界上有机械能,如汽车运动的动能;有化学能,如燃烧酒精转变为二氧化碳气体和水放出热能;有电能,当电流通过电炉丝以后,会发出热和光等。这些能量的释放,都不会改变物质的质量,只会改变能量的形式。

核能是人类历史上的一项伟大发现。人类对核能的探索发现,可以一直追溯到19世纪末。自英国物理学家汤姆生发现电子开始,人类逐渐揭开了原子核的神秘面纱。1895年,德国物理学家伦琴发现了X射线。1896年,法国物理学家贝克勒尔发现了铀盐的放射性。1898年,居里夫妇发现放射性元素钋。1902年,居里夫妇经过三年又九个月的艰苦努力,又发现了放射性元素镭。1905年,爱因斯坦提出质能转换公式。1919年,英国物理学家卢瑟福通过实验确定氢原子核是一个正电荷单元,称为质子。1935年,英国物理学家查得威克发现了中子。1938年,德国科学家奥托·哈恩用中子轰击铀原子核,发现了核裂变现象。1942年12月2日,美国芝加哥大学成功启动了世界上第一座核反应堆。1945年8月6日和9日,美国将两颗原子弹先后投在了日本的广岛和长崎。1954年,苏联建成了世界上第一座商用核电站——奥布宁斯克核电站。从此人类开始将核能运用于军事、能源、工业、航天等领域。美国、俄罗斯、英国、法国、中国、日本、以色列等国相继展开核能应用研究。

☆ 人类对原子的探索

✿ 物质是否无限可分?

早在几千年前,人们就有物质是由离散单元组成且能够被任意分割的概念,但这些想法只是基于抽象的、哲学的推理,而非实验和观察。随着时间的推移以及文化发展,哲学上原子的性质也有着很大的改变。

古希腊唯物主义哲学家、原子论的奠基人之一留基伯提出原子论，将原子的性质研究从哲学上转到科学上。

随后留基伯的学生古希腊学者德谟克利特大约在公元前450年提出"原子"的概念，他认为宇宙间存在一种或多种微小的实体，这个实体叫作"原子"。原子密不可分，这些原子在虚空中运动，并可按照不同的方式重新结合或分散。世界上任何东西都是原子组成的。

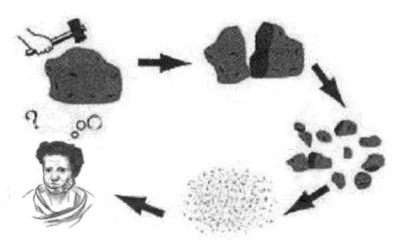

物质是否无限可分

古希腊唯物主义哲学家留基伯

古希腊哲学家——德谟克利特

化学家罗伯特·波义耳

1661年，英国化学家罗伯特·波义耳提出物质并不是由诸如气、土、火、水等基本元素构成的，而是由不同的"微粒"或原子自由组合构成的，各种元素存在着不同的原子。恩格斯认为波义耳是最早把化学确立为科学的化学家，可以说波义耳是历史上第一位化学家。

1803年，英国化学家、物理学家约翰·道尔顿（John Dalton，1766—1844）在古希腊原子说和牛顿等人的微粒说基础之上创立原子论，并提出了道尔顿模型。他认为：每种化学元素都有它对应的原子，原子是最微小的不可分割的实心球体。

英国化学家约翰·道尔顿和实心球模型

约瑟夫·约翰·汤姆生

汤姆生蛋糕模型

1897年，著名的英国物理学家约瑟夫·约翰·汤姆生（Sir Joseph John Thomson，1856—1940）在研究稀薄气体放电的实验中证明了电子的存在。汤姆生在原子内部发现了电子，不仅揭示了电的本质，而且打破了几千年来人们所认为的原子是不可分的陈旧观念，证实原子也有其自身的构造，揭开了人类向原子世界进军的第一幕，迎来了微观物理学（基本粒子物理学）的春天。汤姆生模型中，电子是均匀分布在整个原子上的，就如同散布在一个均匀的正电荷的海洋之中，它们的负电荷与那些正电荷相互抵消。汤姆生提出的汤姆生模型已经比道尔顿模型更进一步，说明了原子并不是不能再分的物质。人们形容汤姆生提出的原子模型好似一块"布满浆果的蛋糕"，因此也叫蛋糕模型。

✿ 原子核结构模型的发展

1909年，英国物理学家卢瑟福（Ernest Rutherford，1871—1937）在他的学生盖革和马斯登的协助下，发现α粒子轰击原子时，大约每八千个α粒子中有一个被反射回来。汤姆生模型无法对该实验做出解释，卢瑟福根据实验结果于1911年提出了原子"核式结构模型"。如右图所示，原子的

卢瑟福

原子"核式结构"模型

大部分体积是空的，在原子的中心有一个很小的原子核，原子的全部正电荷在原子核内，且几乎全部质量均集中在原子核内部。带负电的电子在核空间进行绕核运动。

1913年，尼尔斯·玻尔（Niels Bohr，1885—1962）提出玻尔模型，电子不是随意占据在原子核周围，而是在固定的层面上运动，当电子从一个层面跃迁到另一个层面时，原子吸收或释放能量。

1912年，尼尔斯·玻尔在卢瑟福的实验室进修，在这期间孕育了他的原子理论。1913年，尼尔斯·玻尔在卢瑟福原子模型的基础上提出了电子在核外的量

尼尔斯·玻尔

玻尔模型

子化轨道，解决了原子结构的稳定性问题，描绘出了完整而令人信服的原子结构模型。

到了近代，人们对原子的认识又进了一步，提出了电子云模型。1926年，奥地利学者薛定谔在德布罗意关系式的基础上，对电子的运动做了适当的数学处理，提出了二阶偏微分的薛定谔方程式。电子云模型就是在玻尔模型的基础上，对电子用统计的方法在核外空间分布方式的形象描绘。

现代科学家们在实验中发现，电子在原子核周围有的区域出现的次数多，有的区域出现的次数少，就像"云雾"笼罩在原子核周围，因而提出了"电子云模型"。

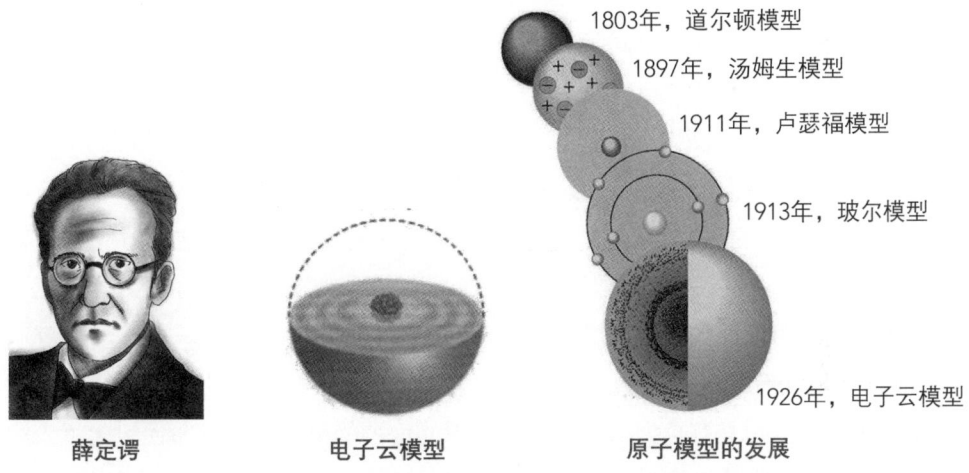

薛定谔　　　　电子云模型　　　　原子模型的发展

随着时间的推移，人类对原子的认识逐渐深入，由最初的概念转为物体，由球体到里面的电子和原子核，再由静态电子到电子结构。当前，我们还发现夸克、胶子、希格斯玻色子等，今后人类对原子的认识也会比现在更深入。

☆ 原子核的放射性发现

✧ X射线的发现

1895年11月8日，德国物理学家威廉·康拉德·伦琴（Wilhelm Conrad Röntgen，1845—1923）发现了X射线。

19世纪末，阴极射线的研究曾是物理学的热门课题。许多物理学家都致力于这个方面。在德国的维尔兹堡大学，实验物理学家伦琴对这个问题也感兴趣。

那时伦琴对赫兹和赫兹的学生勒纳在阴极射线上得到的结构很感兴趣,尤其是勒纳把这种射线从真空管引出一小段距离的方法,更令伦琴关注。

1895年11月8日上午,伦琴到实验室工作,一个偶然现象引起了他的注意。当时,房间一片漆黑,放电管用黑纸包得很严实。他突然发现在1米开外的小桌上的荧光屏发出闪光。他很奇怪,就移远荧光屏继续试验。只见荧光屏的闪光仍随放电过程的节拍继续出现。他取来各种不同的物品,包括书本、木板、铝片等,放在放电管和荧光屏之间,发现不同的物品效果很不一样,有的挡不住,有的起阻挡作用。显然从放电管发出了一种穿透力很强的射线,穿过黑纸到达了荧光屏。为了确定这一新射线的存在,并且尽可能了解它的特性,伦琴用了6个星期深入研究这一现象。伦琴废寝忘食地研究着、实验着。当他第一次发现他所命名的X射线以后,感到极度震惊,以致不得不一再说服自己:这种射线真的存在。直到12月28日,在完成了许多有关X射线性质的实验并确信它们的存在以后,他才把《初始报告》送到维尔茨堡物理医学协会。

威廉·康拉德·伦琴

由于X射线有强大的穿透力,能够透过人体显示骨骼和薄金属中的缺陷,在医疗上和金属检测上有重大的应用价值,因此伦琴的论文一经发布便引起了人们的极大兴趣。一股热潮席卷欧美,盛况空前。

✦ 贝克勒尔发现了天然放射性

1896年1月,法国著名数学物理学家彭加勒看到伦琴X射线的论文后提出了一个重要的想法:射线是从阴极射线击在管壁上而产生的荧光亮点发射出来的,即指出这种现象可能与荧光有关。即使这一想法并不正确,但它却对贝克勒尔(Henri Becquerel,1852—1908)的实验起了最初激励的作用。

1896年3月,43岁的贝克勒尔在彭加勒的启发下,发现了铀盐的放射性。这种铀盐辐射称为贝克勒尔射线,以区别于伦琴射线。贝克勒尔发现放射性虽然没有伦琴发现X射线那样轰动一时,意义却更为深远,因为贝克勒尔的实验为居里夫妇发现镭奠定了基础。人类第一次对核现象的接触,为后来的发现开辟了道路。

◇ 居里夫妇发现了放射性元素

贝克勒尔发现放射性的论文吸引了玛丽·居里的注意。1897年，她与丈夫皮埃尔·居里讨论说："研究这种现象对我好像特别有吸引力……我决定承担这项研究工作……为了超越贝克勒尔已经得到的研究成果，必须采用精确的定量方法。"于是，居里夫人选取放射性作为自己的博士论文题目，用新的方法重复贝克勒尔的铀盐辐射实验，使放射性学的研究走上了精准定量的道路。

贝克勒尔

居里夫妇重新证实了贝克勒尔关于铀的发现，而且发现了新的放射性物质：钍。钍氧化物的放射性甚至比金属铀更强。所有铀的化合物都有放射性。放射性越强，化合物的含铀量越多。

居里夫人发现铀矿渣中含有一种放射性比铀还要强的未知元素，1898年7月，居里夫人从沥青铀矿中提取了一种新的放射性元素，并命名为钋。发现钋之后，居里夫妇开始了科学史上最艰难、最悲壮同时也是最辉煌的镭的提炼。他们于1902年从数吨矿渣中提炼出0.1克纯镭盐，并测出了镭的原子量。

☆ 原子核质子和中子的发现

◇ 卢瑟福发现质子

1919年，卢瑟福用α粒子轰击氮核，产生了氧的一种同位素——氧17和一个质子，第一次实现了原子核的人工转变。质子最初就是这样被发现的。后来人们用α粒子轰击多种原子核，都打出了质子，说明质子是原子核的组成部分。

卢瑟福使用α粒子轰击氮核，发现原子核在人工转变的过程中，电荷数一定守恒。从此人工核反应实验拉开了序幕。从卢瑟福首次人工核转变，到第一颗原子弹爆炸仅仅二十余年，人类经历了认识原子核到释放原子核里的巨大能量。

卢瑟福发现质子后，预言核内还有一种不带电的中性粒子，并给这种还未"出生"的粒子起了一个名字叫"中子"。

◇ 查德威克发现中子

卢瑟福的预言十年后变为现实，他的学生查德威克（James Chadwick，1891—1974）用实验证明了原子核内含有中子。查德威克让这种射线通过磁场，并测出其速度,排除了它是γ射线的可能。利用射线轰击氢原子、氮原子,通过测量推算并证明这种射线的粒子的质量与氢核差不多,并把这种粒子命名为中子。中子也是原子核的组成部分。

查德威克

☆ 核裂变的发现

✿ 哈恩发现了核裂变

1938年,德国化学家哈恩(Hahn Otto,1879—1968)和斯特拉斯曼用中子轰击铀原子核,发现了核裂变现象。有些元素可以自发地放出射线,这些元素叫作放射性元素。放射性元素可以放出3种看不见的射线。一种是α射线,就是氦原子核;一种是β射线,就是高速电子;一种是γ射线,就是高能光线。其中γ射线的穿透力最强。如右上图所示,当中子撞击铀原子核时,一个铀核吸收了一个中子而分裂成两个较轻的原子核,同时发生质能转换,放出很大的能量,并产生2个或3个中子,这就是举世闻名的核裂变反应。

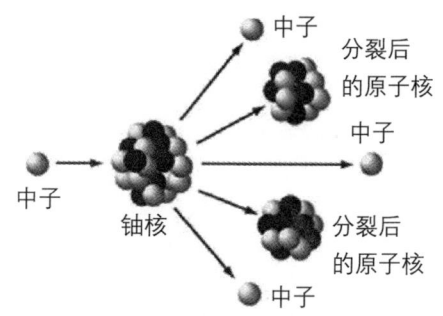
核裂变

哈恩的发现使人类进入了真正的原子时代。核裂变的意义不仅在于中子可以把一个重核打破,关键是在中子打破重核的过程中,同时释放出能量。

✿ 原子核三分裂与四分裂的发现

人们发现原子核的裂变,那是1938年底的事。在相当长的一段时间里,人们以为铀原子核总是分裂成两块碎片的(即两片较小的原子核)。1946年,我国科学家钱三强和何泽慧等人在法国居里实验室首先发现了原子核还可以分裂成三个碎片、四个碎片,这在核裂变研究中占有一定的地位。

钱三强

何泽慧

✪ 原子核的链式反应

在一定的条件下，新产生的中子会继续引起更多的铀原子核裂变，这样一代代传下去，像链条一样环环相扣，所以科学家将其命名为链式裂变反应。

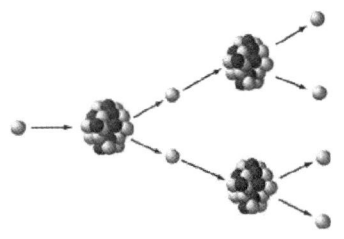

链式反应

1939年3月中旬，著名物理学家费米和利奥·西拉德先后证实铀核裂变时可以释放出两个以上的中子。这表明核裂变时有可能发生链式反应。链式反应是指：当一个中子击中铀核时，铀核裂变，释放出大量能量，同时还会放射出两到三个中子，这些中子又会诱发新的裂变，这样不断进行下去，直到全部铀原子裂变完为止。

☆ 费米的第一个核反应堆

核反应堆是一种启动、控制并维持核裂变或核聚变链式反应的装置。1942年，恩利克·费米在美国芝加哥大学负责设计建造了人类历史上第一座核反应堆，该核反应堆输出功率仅为0.5瓦。

费米和西拉德设计了立方点阵式的原子核反应堆，它是由镶嵌着铀原料的石墨板交替堆放而成的。费米选择芝加哥大学内一个废弃体育场看台下的网球场作为试验场。反应堆1942年11月16日动工，12月1日建成。

人类历史上第一座核反应堆

这个装置长10米、宽9米、高5.6米，形状如锥，内装52吨核反应材料，其中6吨是金属铀，另46吨是氧化铀。由一层铀一层石墨堆积而成，总共有57层，中间有洞，可以插入由镉制成的控制棒，总重量达1400吨。1942年12月2日下午3时36分，在费米的指挥下核反应堆平稳运行28分钟后于4时4分结束。这是人类历史上首次由人工控制的核反应，从实验上论证了链式反应理论，标志着人类终于实现了原子能的可控释放。实验中，科学家表现出了勇敢无畏的献身精神，因为这是首次实验，随时会有裂变失控爆炸的危险，而一旦发生爆炸，后果不堪设想！两位年轻的科学家自告奋勇，攀上高高的铁架，严密监视着反应的进行，随时准备一旦裂变失控，就将几大桶镉溶液倒在反应堆上，使之迅速消耗反应中的中子，以阻止核爆炸的发生。

☆ 人类第一颗原子弹

核武器是指利用能自持进行核裂变或核聚变反应释放的能量，产生爆炸作用，并具有大规模杀伤破坏效应的武器的总称。其中主要利用铀-235或钚-239等重原子核的裂变链式反应原理制成的裂变武器，通常称为原子弹；主要利用重氢或超重氢等轻原子核的热核反应原理制成的热核武器或聚变武器，通常称为氢弹。

奥本海默

第二次世界大战时，多名犹太科学家遭纳粹驱逐。部分科学家已预感到核反应成为武器的可能，遂推举爱因斯坦等顶尖科学家联名，向罗斯福致信，阐明核能成为武器的可能，希望美国抢先掌握该项技术。1942年，美国召集了数千名优秀科学家，由理论物理学家奥本海默领导原子弹研制工作，开始了曼哈顿计划的实施。第二次世界大战即将结束时，美国制成了3颗原子弹，成为第一个拥有原子弹的国家。

1945年7月16日，一枚名为"瘦子"的长形原子弹在新墨西哥州的沙漠里成功被引爆，人类第一颗原子弹爆炸成功。"瘦子"的爆炸产生的威力让人惊讶不已。后来，由于日本在第二次世界大战一直不投降，所以美国在日本引爆了另外两颗原子弹，而这两颗原子弹的名字就是"小男孩"和"胖子"。

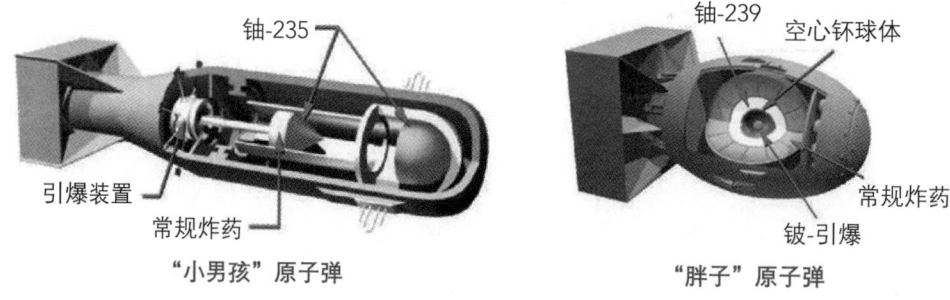

"小男孩"原子弹　　　　　　"胖子"原子弹

1945年8月6日，"小男孩"（一颗铀原子弹）在日本广岛爆炸，整个城市瞬间化为废墟，20万人死亡。

1945年8月9日，"胖子"（一颗钚原子弹）在日本长崎爆炸，造成10万余人伤亡和失踪。

☆ 人类第一座民用核电站

1954年，苏联建成了世界上第一座民用核电站——奥布宁斯克（Obninsk）核电站，成为人类和平利用原子能的典范。

奥布宁斯克核电站的建立当时是苏联最高机密工程，直到1954年6月27日，俄语广播电台播报的一则新闻震惊了世界："在科学家和工程师的共同努力下，苏联建成了世界上第一座5000千瓦发电量的核电站，该核电站已为苏联农业生产项目提供所需电力。"

苏联第一座核电站建设工程凝聚了千万杰出科学家和工程师的集体智慧，从方案设计到实际竣工仅用了三年时间。逐渐地，世界各国建成了更多的核电站，与此同时，也伴随了不少核泄漏事故，而世界第一座核电站——奥布宁斯克核电站直到退役一直都保持安全运行，安全运行近50年。

错过了机会

1887年，早在伦琴发现X射线之前8年，克鲁克斯曾发现保存在放电管附近盒子中的照片底片变黑了，克鲁克斯把变黑的底片退还厂家，错误地认为底片质量有问题。

1894年，汤姆生在测阴极射线的速度时，也做了观察到X射线的记录。他当时没有工夫专门研究这一现象，只在论文中提了一笔，说看到了放电管几英尺远处的玻璃管上也发出荧光。

勒纳德在研究不同物质对阴极射线的吸收时，肯定也遇到了X射线。他说："我曾做过好几次观测，当时解释不了，准备留待以后研究，不幸没有及时开始。"不过，即使勒纳德及时研究，也难做出正确结论，因为伦琴宣布X射线的发现以后，他还坚持认为X射线不过是速度无限大的一种阴极射线。而伦琴则明确加以区分，认为X射线是本质上与阴极射线不同的一种新射线。把发现X射线的荣誉归于伦琴，并授予首届诺贝尔物理学奖，他当之无愧。

玻尔的物理学考试

一次，哥本哈根大学出了一道物理试题："如何用一只气压计测量摩天大楼的高度？"一个学生给出的答案是：把一根绳子系在气压计上，将气压计从大楼的天台放到地面。绳子的长度加上气压计的长度就是大楼的高度。这个答案让教授非常恼火，他判这个学生不及格。学生不服，于是学校派了一个独立仲裁员处理这件事情。仲裁员裁定学生的答案是正确的，但是没有用到什么物理学知识，他要求这个学生在6分钟内给出一个明确利用了物理学知识的答案。

5分钟后，这个学生表示已经有了好几个答案："第一，可以将气压计从房顶上扔下去计算气压计达到地面的时间，然后用自由落体公式计算出大楼的高度。第二，如果天气晴朗，先测量气压计的长度、其直立时影子的长度以及大楼影子的长度，然后通过比例就能计算出大楼的高度。第三，在气压计上系上一小段绳子，分别在地面和房顶上做单摆运动。大楼的高度可以通过一系列复杂的计算得到。第四，用气压计分别测量地面和房顶的气压，通过气压差算出大楼的高度。"显然，最后一个才是老师希望得到的答案。但他马上又补充道："不过，最好的办法就是直接去找大楼的看门人，对他说'告诉我这座大楼的高度，我就把这个气压计送给你'"。这个给出一连串奇思妙想的学生就是玻尔。

你知道吗?

什么是人工核反应?

人工核反应是指通过人为的方式,利用射线(通常是用高速α粒子)来轰击某些元素的原子核,使之发生核反应。

核反应,是指原子核与原子核,或者原子核与各种粒子(如质子、中子、光子或高能电子)之间的相互作用引起的各种变化。在核反应的过程中,会产生不同于入射弹核和靶核的新的原子核。因此,核反应是生成各种不稳定原子核的根本途径。核反应是宇宙中早已普遍存在的极为重要的自然现象。现今存在的化学元素,除氢以外都是通过天然核反应合成的,在恒星上发生的核反应是恒星辐射出巨大能量的源泉。

什么是链式核裂变反应?

中子撞击原子核引起原子核裂变,裂变的过程释放出能量,同时又产生了新的中子。新产生的中子引起新的原子核裂变,裂变反应连续不断地进行下去,同时不断产生新能量,这个过程就是链式核裂变反应。

想象力比知识更重要。因知识有限,想象则无限,它包含一切,推动着进步,为人类进化的源泉。

——爱因斯坦

第 3 章 贝克勒尔发现了天然放射性

1896年，法国物理学家贝克勒尔（Antoine Henri Becquerel，1852—1908）在研究铀盐的实验中，首先发现了铀原子核的天然放射性。铀和含铀的矿物能够发出看不见的射线，这种射线可以穿透黑纸使照相底片感光。物质发射射线的性质称为放射性。具有放射性的元素称为放射性元素。元素这种自发地放出射线的现象叫作天然放射现象。

贝克勒尔的这一发现意义深远，它使人们对物质的微观结构有了更新的认识，并由此打开了原子核物理学的大门。

安东尼·亨利·贝克勒尔

安东尼·亨利·贝克勒尔，法国物理学家。因发现天然放射性现象，与居里夫妇一同获得1903年诺贝尔物理学奖。

贝克勒尔于1852年12月15日出生于法国巴黎一个有名望的学者和科学家的家庭。他的父亲亚历山大·爱德蒙·贝克勒尔是位应用物理学教授，对太阳辐射和磷光有过研究。他的祖父叫安东尼·塞瑟，是用电解方法从矿物中提取金属的发明者。1872年，贝克勒尔就读巴黎理工大学，后在公路桥梁学校毕业，获工程师职位。1878年，在巴黎自然博物馆任物理学教授。贝克勒尔与一位土木工程师的女儿米勒·捷宁结婚。1878年，他们生了一个儿子吉昂，也是一位物理学家，是贝克勒尔家族的第四代物理学家。

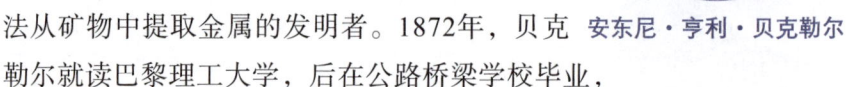

安东尼·亨利·贝克勒尔

1896年3月,贝克勒尔发现,与双氧铀硫酸钾盐放在一起但包在黑纸中的感光底板被感光了。他推测这可能是因为铀盐发出了某种未知的辐射。同年5月,他又发现纯铀金属板也能产生这种辐射,从而确认了天然放射性的发现。尽管贝克勒尔当时错误地认为它是某种特殊形式的荧光,但天然放射性的发现仍不愧是划时代的事件,它打开了微观世界的大门,为原子核物理学和粒子物理学的诞生和发展奠定了实验基础。

实际上,贝克勒尔的早期工作并不是研究天然放射性,而是集中于光的平面偏振,还有就是磷光现象和晶体对光的吸收。同时他还对地磁问题有很深的研究。直到1896年,在一次实验的过程中他发现了天然放射现象,之后开始对天然放射性进行研究。

☆ 贝克勒尔发现了天然放射性

1896年初,伦琴发现他用来研究阴极射线的克鲁克斯管会放射出一种看不见的新射线,可以穿过黑色的纸张。新发现的X射线还能穿透身体的软组织,所以医学界马上认清X射线在造影上的用途。

贝克勒尔于1896年1月的一次法国科学院会议中第一次得知伦琴的发现。在知道伦琴的发现后,贝克勒尔开始找寻他正在研究的磷光和刚发现的X射线之间的关联性。他认为他正在研究的会发磷光的铀盐可能会吸收阳光,然后再放射出类似X射线的射线。

为了检验他的想法,贝克勒尔将摄影底片用黑色的纸张包起来,使得阳光进不去。之后,他将铀盐的结晶放置于包好的底片上面,再整个放在户外阳光下。当他将底片冲洗出来后,他看到了结晶盐的轮廓。他还改放硬币,或挖了形状的金属等物体于底片和结晶中间,结果发现摄影底片都会产生那些形状的轮廓。

贝克勒尔认为这些证据可以证明他的想法是对的,即铀盐会吸收阳光,再放射出类似X射线具有穿透性的射线,于是他在1896年2月24日法国科学院的会议中将此结果报告出来。

为了进一步确认他的发现,贝克勒尔计划继续他的实验。可是巴黎的天气不作美，之后几天的天气都是阴阴的。他心想没有明亮的阳光无法做任何研究，所以就将铀晶体和照相的底片全部都放进抽屉里。

3月1日，他打开抽屉，把底片冲洗出来，心里只预期会看到非常淡的影像。可是，影像却是出奇的清楚。

隔天，3月2日，贝克勒尔又在科学院报告，说明铀盐不需要任何阳光的刺激就会放射出辐射线。

许多人一直不解，既然贝克勒尔并不期待会看到什么，他为什么要在那阴暗的3月1日将底片冲洗出来。他可能只是单纯因科学好奇心所驱使，或者他对隔天会议要做报告有压力，又或者他只是失去耐心而已。不管贝克勒尔冲洗底片的理由为何，他意识到他已观察到重要的结果了，他做了进一步的测试，证实了铀盐事实上不需要阳光，它会自己放射出辐射线。

起先他以为有此结果是因为特别长效的磷光所致，但很快他又发现不会发出磷光的铀化合物也显示出相同的效果。因此，5月时他宣布，事实上是铀元素放射出辐射线的。

贝克勒尔最初认为他的射线和X射线相仿，但他进一步的实验显示，他的射线会因电或磁场而偏斜，不像X射线是中性的。

当时的科学界大都仍专注于刚发现的X射线之后的研究。但1898年，在巴黎的皮埃尔·居里和玛利亚·居里开始研究奇怪的铀射线。他们找出了测量放射线强度的方法，又很快地发现了其他的放射性元素：钋、钍和镭。居里夫人创造了一个新词"放射性"来解释此新现象。很快地，卢瑟福将这些新射线分为α射线、β射线和γ射线，并于1902年和索迪共同提出解释放射性元素的自发衰变。贝克勒尔和居里夫妇于1903年因放射性的研究而共享诺贝尔奖。

贝克勒尔发现天然放射性是一个有名的意外发现事例，但其实早在40年前就有人做了相同的意外发现，只是没那么有名。当时有一个叫作涅普斯的摄影师用不同的化学物质做实验，其中包括铀的化合物。正如贝克勒尔后来所做的，他将这些化学物质暴晒在阳光下，再和相纸（感光纸）放在一起，置入黑暗的抽屉内。当他打开抽屉，就发现有些化学物质，包括铀，会将相纸曝光。涅普斯以为他发现了某一种新的、看不见的辐射线，并向法国科学院报告了他的发现。可是没有人进一步地研究此效应，一直到数十年后贝克勒尔才在1896年3月的那个阴天重复做了相同性质的实验。

贝克勒尔的这一重大发现，和伦琴发现的X射线一起，吹响了人类向原子时代进军的号角。令人惋惜的是，当时科学家们并没有认识到放射性物质的危害性，贝克勒尔也因成天跟放射性物质打交道而使健康受损。1908年8月25日，贝克勒尔逝世于勒克罗依西克。他是第一位因研究放射性物质而献出生命的科学家。

 你知道吗？

贝克勒尔发现放射性对人体的伤害

1901年，贝克勒尔用自己的身体做了实验。4月3～4日，他在马甲口袋中装入密封在小玻璃瓶中的几分克氯化镭样品，随身携带了6个小时。10天后他观察到那片皮肤上出现红斑，后来出现了脱皮和溃烂。他又用5毫米厚的铅管装上镭样品，带了几个小时后没有观察到什么反应；而携带40个小时，皮肤出现了色素沉积。

"这些发现得益于父亲、祖父关于磷光的研究，没有先辈的工作我是不可能作出自己的发现的。"

——贝克勒尔

第4章 居里夫妇发现了放射性元素

放射性元素是能够自发地从原子核内部释放出粒子或射线，同时释放出能量，最终衰变形成稳定元素而停止放射的一类元素。这种性质称为放射性，而这一过程叫作放射性衰变。

放射性元素可分为天然放射性元素（如钋、钍、铀等）和人工放射性元素（如钚、镅、锔等）。其中天然放射性元素是指最初从天然产物中发现的放射性元素，包括钋、氡、锕、镭、铜、钍、镤和铀等。1896年，法国物理学家贝克勒尔首先发现了铀的放射性。1898年，居里夫妇用自制的电离室和静电计，用定量测量放射性的方法，对已知元素进行了普查，发现有些矿物的放射性比纯铀或纯钍还强。他们从沥青铀矿中分离出一种放射性比铀强400倍的新元素——钋。接着，居里夫妇等又从沥青铀矿中分离出放射性极强的另一种新元素——镭。1899年，法国科学家德比埃尔内从铀矿渣中分离出放射性元素——锕。

皮埃尔·居里

皮埃尔·居里（Pierre Curie，1859—1906），1859年5月15日出生于法国巴黎，著名的物理学家，居里夫人的丈夫，也是"居里定律"的发现者。1878年在巴黎大学获物理硕士学位，并留在实验室工作，任命为巴黎大学理学院物理实验室的助教。1882年被任命为巴黎物理化工学院物理实验室主任。1895年获得博士学位，并担任物理学教授，与玛丽·斯克沃多夫斯卡结婚。

皮埃尔·居里

1898年,与玛丽·居里(居里夫人)用沉淀法从沥青矿中发现放射性物质镭和钋。在这期间,他们写了许多论文,奠定了原子物理学和化学研究的基础。

1900年,皮埃尔·居里被提升为巴黎大学理学院教授。1903年,他和居里夫人,以及发现天然放射性的贝克勒尔一起获诺贝尔物理学奖。在这一年,居里夫妇被授予英国皇家学会"戴维奖章"。

1905年6月,皮埃尔与玛丽前往斯德哥尔摩瑞典科学院,履行诺贝尔奖奖金获得者须亲自前往领奖并做学术演讲的规定。7月,皮埃尔成为法国科学院院士。

1906年4月19日,皮埃尔在离开自然学科教授联合会会所后不幸在街上被马车撞倒,当场死亡。

玛丽·居里

居里夫人(Marie Curie,1867—1934),原名玛丽·斯克沃多夫斯卡,波兰物理学家,是最早荣获诺贝尔奖的女性。

居里夫人1867年11月7日出生在波兰华沙市的一个教师家庭。10岁丧母、家境贫困,造就出她吃苦耐劳、好学不倦的品质。1891年,她只身前往法国巴黎大学理学院求学深造。她珍惜其间艰苦而又"完美"的时光,勤奋努力,于1893年获得物理学硕士学位,1894年又获得数学硕士学位。几乎与此同时,科学之缘将她和皮埃尔·居里吸引到一起。1895年两人结婚。

玛丽·居里

1897年,居里夫人看到贝克勒尔发现铀具有放射性的报告,引起她极大兴趣。她悉心探索、反复实验,与居里先生密切合作,终于发现两种新的化学元素，它们比铀具有更强的放射性。一个是"钋"，它是居里夫人出于对祖国的热爱，以波兰的第一个字母命名的；另一个是"镭"，它倾注了居里夫妇巨大的心血、智慧、体力，甚至生命。为了证实镭的存在，他们在一间夏不避燥热、冬不避寒冷的破旧棚屋内从事起脑力加苦力的劳动。在1898年到1902年四年时间里，他们坚持不懈，终于从几十吨铀沥青矿废渣中提炼出十分之一克纯镭盐，并测定了镭的原子量。1903年，居里夫妇和柏克勒尔共同获得了诺贝尔物理学奖金。

　　1906年，居里先生突遇车祸逝世。居里夫人以坚强的意志战胜巨大悲痛，承担起全部家庭责任。很快地，她又继任了居里先生在巴黎大学的课程，并指导实验室工作。

　　1911年，居里夫人参加法国科学院院士竞选，由于有人提出"女人不能成为科学院院士"而以一票之差落选。但这阻挠不住她献身科学的追求。同年12月她又一次获得了诺贝尔化学奖。

　　由于长期在艰苦的条件下进行紧张的放射性元素研究，致使有毒物质侵害了居里夫人的健康，她晚年身患多种疾病，于1934年7月4日因白血病逝世。

☆ 钋和镭的发现

　　贝克勒尔发现的射线引起了居里夫人极大的兴趣。射线放射出来的力量是从哪里来的？居里夫人看到当时欧洲所有的实验室还没有人对铀射线进行过深刻研究，于是决心闯进这个领域。

　　居里夫人受过严格的高等化学教育，她在研究铀盐矿石时想到，没有什么理由可以证明铀是唯一能发射射线的化学元素。她根据门捷列夫的元素周期律排列的元素，逐一进行测定，结果很快发现另外一种钍元素的化合物，也能自动发出射线，与铀射线相似，强度也相像。居里夫人认识到，这种现象绝不只是铀的特性，必须给它起一个新名称。居里夫人提议叫它"放射性"，铀、钍等有这种特殊"放射"功能的物质，叫作"放射性元素"。

第 4 章 居里夫妇发现了放射性元素

一天，居里夫人想到，矿物是否有放射性？在皮埃尔的帮助下，她连续几天测定能够收集到的所有矿物。她发现一种沥青铀矿的放射性强度比预计的强度大得多。

经过仔细研究，居里夫人不得不承认，用这些沥青铀矿中铀和钍的含量，绝不能解释她观察到的放射性的强度。

这种反常的而且过强的放射性是哪里来的？只能有一种解释：这些沥青矿物中含有一种比铀和钍的放射性作用强得多的新元素。居里夫人在以前所做的试验中，已经检查过当时所有已知的元素了。居里夫人断定，这是一种人类还不知道的新元素，她要找到它！

居里夫人的发现吸引了皮埃尔的注意，居里夫妇一起向未知元素进军。在潮湿的工作室里，经过居里夫妇的合力攻关，1898年7月，他们宣布发现了这种新元素，它比纯铀放射性要强400倍。为了纪念居里夫人的祖国——波兰，新元素被命名为钋（波兰的意思）。

1898年12月，居里夫妇又根据实验事实宣布，他们又发现了第二种放射性元素，这种新元素的放射性比钋还强。他们把这种新元素命名为"镭"。可是，当时谁也不能确认他们的发现，因为按化学界的传统，一个科学家在宣布他发现新元素的时候，必须拿到实物，并精确地测定出它的原子量。而居里夫人的报告中却没有钋和镭的原子量，手头也没有镭的样品。

居里夫妇决定拿出实物来证明。当时，藏有钋和镭的沥青铀矿，是一种很昂贵的矿物，主要产在波希米亚的圣约阿希姆斯塔尔矿。人们炼制这种矿物，从中提取制造彩色玻璃用的铀盐。对于生活十分清贫的居里夫妇来说，哪有钱来支付这件工作所必需的费用呢？他们的智慧补足了财力，他们预料，提出铀之后，矿物里所含的新放射性元素一定还存在，那么一定能从提炼铀盐后的矿物残渣中找到它们。经过无数次的周折，奥地利政府决定馈赠1吨废矿渣给居里夫妇，并答应若他们将来还需要大量的矿渣，可以在最优惠的条件下供应。

居里夫人在她的自传中写道："学校并未为我们提供合适的实验场地，但幸运的是校长准许我们使用先前作为解剖教学用房的一间废弃的木棚。木棚顶上有一个很大的玻璃天窗，只不过有多处裂痕，一下雨就会漏水。棚内夏天闷热潮湿，冬天阴冷难忍。虽然可以生炉子取暖，但也只是火炉旁边有那么点热气而已。此外，我们还得自己掏钱购置一切必备的仪器装置。木棚里只有一张破旧的松木桌和几个炉台、气灯。做化学实验时，常会产生有毒气体，刺鼻呛人，我们不得不把这种实验移到院子里去做，就这样，棚内仍旧有毒气进来。我们就是在如此恶劣的条件之下，拼命地干着。

尽管如此，我们却觉得在这个极其简陋的木棚中，度过了我们一生中最美好最快乐的时光。有时候，实验不能中断，我们便在木棚里随便做点什么当作午餐，充充饥而已。有时候，我得用一根与我体重不相上下的大铁棒去搅动沸腾着的沥青铀矿。

居里夫人在木棚里提炼镭

傍晚时分，工作结束时，我已像是散了架似的，连话都懒得说了。

有时候，我们夜晚也跑到木棚里去，这也是我们的一件高兴的事。我们可以在玻璃瓶或玻璃管里看到我们提炼、分离出来的宝贝在向四周散发淡淡的光彩，真是美丽动人，令我们既欣喜又激动，那闪烁着的奇光异彩，宛如神话中神灯的光芒。

直到我们处理完1吨的铀沥青矿渣之后，确定的结果才得出来：在含镭最丰富的矿石中，1吨原矿石所含的镭尚不足几分克。"

他们从1898年一直工作到1902年，经过几万次的提炼，处理了几十吨矿石残渣，终于得到0.1克的镭盐，测定出了它的原子量是225。镭宣告诞生了！

居里夫妇证实了镭元素的存在，使全世界都开始关注放射性现象。镭的发现在科学界爆发了一次真正的革命。

继镭的发现之后，另一些新的放射性元素，如钋等也相继被发现。探讨放射性现象的规律以及放射性的本质成为科学界的首要研究课题。

☆ 第二次获奖

皮埃尔·居里去世后，玛丽·居里在助手的帮助下，经过细致的研究，成功制备和分析了金属镭，再一次精确测定了镭元素的原子量。她精确地测定了氡的半衰期，由此确定了镭以及铀镭系中许多元素的放射性半衰期，研究了镭的放射化学性质。在这些研究的基础上，玛丽·居里又按照门捷列夫周期律整理了这些放射性元素的衰变转化关系。1910年9月，在比利时布鲁塞尔举行的国际放射学会上，为了寻求一个国际通用的放射性活度单位标准，成立了包括玛丽·居里在内的10人委员会。委员会建议以1g纯镭的放射强度作为放射性活度单位，并以

"居里"命名（1975年，第十五届国际计量学大会通过以"贝克勒尔"为国际单位制单位的提案，原单位"居里"废止）。1912年，该委员会在巴黎开会，选择玛丽·居里亲手制备的镭管作为镭的国际标准，直到现在，它还放置在巴黎的国际衡度局内。由于玛丽·居里在分离金属镭和研究它的性质上所做出的杰出贡献，1911年，她又荣获了诺贝尔化学奖。

居里夫人做实验

令人兴奋的伤痛

发现并提炼出镭元素以后，皮埃尔·居里不顾危险，用自己的手臂试验镭的作用。他的臂上有了伤痕，他高兴极了！他写了一篇报告交给科学院，冷静地叙述他观察所得的症状："有6厘米见方的皮肤发红了，样子像烫伤，不过皮肤并无痛楚，即使觉得痛，也很轻。过些时候，红色并不扩大，只是颜色转深。到20天，结了痂，然后成了须用绷带包扎的伤口。到42天，边上表皮开始重生，渐渐长到中间去，等到受射线作用后52天，疮痕只剩一平方厘米，颜色发灰，这表明这里的腐肉比较深。"

玛丽·居里在移动一个封了口的小试管里的几厘克放射性很强的材料时，也受了同样的创伤，虽然那个小试管是存放在一个薄金属盒子里。

亨利·贝克勒尔把一个装着镭的玻璃管放在背心口袋里，也受了伤，不过这并非有心！他又惊奇又愤怒，跑到居里夫妇那里去诉说他们的可怕"孩子"的功绩。他做结论般地说："这个镭，我爱它，然而也怨它！"然后他赶紧记下他这个并非自愿的试验的结果，在1901年6月3日的《论文汇编》上与皮埃尔的观察一起发表。

这种射线的惊人力量给皮埃尔留下深刻印象，他因而着手研究镭在动物身上的作用。他与两个高级医生布沙尔和巴尔塔沙尔合作。不久他们就确信,利用镭破坏有病的细胞,可以治疗狼疮瘤和某几种癌肿。这种治疗法定名为放射疗法。许多法国的开业医生利用这种方法对上述疾病进行了最初的几次治疗,均获成效。他们用的镭射气度试管,就是向玛丽和皮埃尔·居里借来的。

玛丽后来写道:"圣路易医院的兜娄大夫已经研究了镭对皮肤的作用。镭在这一方面的效果是令人鼓舞的。它的作用是使毁坏的部分表皮,重长起来是健全的。"

放射性元素的应用

放射性元素的应用范围从早期的医学和钟表工业一直扩大到核动力工业和航天工业等多个领域。其主要用途有:第一是作为核燃料,除铀235外,铀238在反应堆中经中子辐照生成的钚239、钍232,在反应堆中转化成的铀233,都可用作核燃料;第二是作为中子源,例如钋210铍中子源、镭226铍中子源和钚239铍中子源都有重要的用途;第三就是人们最熟悉的放射疗法治疗癌症,镭或氡封于管中制成镭管或氡管,可用于癌症的放射治疗。

科学家的天职叫我们应当继续奋斗,彻底揭示自然界的奥秘,掌握这些奥秘以便能在将来造福人类。

——居里夫人

第 5 章　奠定了原子能时代的方向——爱因斯坦

阿尔伯特·爱因斯坦

阿尔伯特·爱因斯坦（Albert Einstein，1879—1955）是一位伟大的科学家，把毕生精力献给了物理学理论研究。他的相对论开创了物理学的新纪元。人们称他为20世纪的哥白尼、20世纪的牛顿。爱因斯坦也是一位进步的科学家，他有强烈的正义感和社会责任感，1999年12月26日，爱因斯坦被美国《时代》周刊评选为"世纪伟人"。

阿尔伯特·爱因斯坦

1905年，爱因斯坦提出了物质可以转化为能量，并且他还给出了能够衡量物质能量的表达式——质能方程

$$E = mc^2$$

式中，E 代表了物质的能量，单位是焦耳（J）；m 代表了物质的质量，单位是千克（kg）；c 是真空中光的速度，$c = 299792458 m/s$。此公式说明了极小的物质可以产生极大的能量。还可以解释为什么太阳已数百万年地发光发热，这个公式还导致了原子能的发现。

阿尔伯特·爱因斯坦1879年3月14日出生于德国。爱因斯坦的父亲是一个商人,他拥有一家生产电气设备的工厂。在孩童时,爱因斯坦很安静,他常常独自一人。他语言表达迟缓,在阅读方面也有困难。但他对事物的原理却特别感兴趣,并经常提出许多问题。

在爱因斯坦5岁的时候,他的父亲给他一个罗盘。他惊奇地发现罗盘的指针总是指向北方,他非常好奇,于是问父亲和叔叔是什么原因使指针移动的。然而,他们关于磁性和引力的回答对孩子来说实在太难了,但爱因斯坦还是花了很多的时间来思考这一问题。

爱因斯坦不喜欢上学,因为当时德国的学校不准学生提问题。爱因斯坦说他有一种在监狱的感觉。爱因斯坦曾对他的叔叔雅各布说他很讨厌数学,尤其讨厌代数和几何。但是,他的叔叔雅各布给了他启发,这给他的功课带来了很大的变化。爱因斯坦完成了代数书上所有的习题。当其他的同学还在学习初等数学时,他已经学习微积分了。爱因斯坦决定要当一名数学和物理老师。

爱因斯坦1900年以优异的成绩毕业于苏黎世联邦理工学院,入瑞士国籍。1905年,获苏黎世大学哲学博士学位。但是,他却无法找到教师的工作。后来,他在瑞士政府的专利局就职。专利局的工作很轻松,于是,他把很多时间用在创立自己的学说上。其中有一些就是相对论的理论。

1905年,爱因斯坦发表了一篇论文,虽然只有35页,但却是科学史上最重要的文献之一。这就是狭义相对论。相对论的一些理论似乎令人难以置信,但是实验却表明它们是完全正确的。狭义相对论是用来描述自然现象的一些基本理论,是关于时间、空间、质量、运动和引力的学说的。

1915年,爱因斯坦在他发表了有关狭义相对论的论文10年后,又发表了另一篇论文——广义相对论,提出了有关引力、物质与能量之间关系的新论点。

爱因斯坦于1921年获得诺贝尔物理学奖。他的获奖并不是由于相对论,而是因为他发现了光电效应定律。这一发明推动了现代电子学的发展,其中包括广播电视。

1933年,爱因斯坦离开了德国,到美国继续他的研究工作。爱因斯坦把他一生最后的25年用在了"统一场论"的研究中。他希望找到一个通用的数学公式,把所用的物理学领域联系到一起。这件工作爱因斯坦一直没有完成。1955年,爱因斯坦与世长辞,享年76岁。

☆ 质能方程与原子弹

1939年,第二次世界大战前夕,物理学家爱因斯坦正在纽约市外的一处海滩度假。就在这个夏日,爱因斯坦的老朋友,杰出的科学家利奥·西拉德(Leo Szilard,1898—1964)来访。

利奥·西拉德是匈牙利犹太人,他曾是爱因斯坦的学生。利奥·西拉德从逃难到美国以后,一直深信不疑,在不久的将来,就能将链式反应

爱因斯坦和原子弹

应用到军事上,制造出一种威力无比的新型炸弹。如果让德国抢在前头,那就太可怕了。利奥·西拉德告诉爱因斯坦,全世界正受到一种新武器的威胁。他此行的目的是劝爱因斯坦做一件事,希望爱因斯坦写一封信。爱因斯坦问:"信是写给谁?"利奥·西拉德说:"罗斯福总统。我们要告诉罗斯福警惕德国人的炸弹。德国人即将有能力制造原子弹,如果他们正在制造,我们也必须制造。"利奥·西拉德是来说明他担心的纳粹计划其实应用了爱因斯坦发现的一个公式$E=mc^2$。

$E=mc^2$是爱因斯坦天才能力的象征,它包括了两个概念,在爱因斯坦之前,没有人想到这两个概念之间联系如此强大,即质量概念和能量概念。

能量是运动的物体所拥有的,而质量是所有物体所拥有的,所以把它们以任何方式联系起来都是一个大胆的尝试,更不用说像爱因斯坦那样以完美的公式来概括。

爱因斯坦发现能量和质量是同一事物的两个方面,所以质量在某种意义上是等待被释放的能量,换句话说质量可以转化为能量,能量也可以转化为质量。但爱因斯坦的公式则更深一层,它给出了一个能计算出所给质量包括能量的准确值。

能量等于质量乘以光速的平方,是个巨大的数字,这意味着可以从非常小的质量中得到巨大的能量。

这个简单公式带来的影响非常深远。就好比一杯水产生的能量,能给伦敦持

续供电一星期，我们身边的每一个物体都蕴藏着巨大的能量。爱因斯坦1905年发表的公式从此改变了世界。很快，$E=mc^2$就被用来解决地球生命的一大谜题——究竟是什么为太阳提供能量？多少年来这个问题始终困扰着科学家。因为如果太阳像一个巨大的篝火一样燃烧，那么计算显示它早就该在几百万年前熄灭了，爱因斯坦的方程式则解释了是什么一直为太阳提供能量，太阳的中心物质源源不断被转化为能量，这个过程可以持续几十亿年，微小的粒子被粉碎，而在这个反应中丢失的质量就被转化为能量。不久后人们开始思考，如果$E=mc^2$适用于太阳，那么我们能用它在地球产生能量吗？我们能按照我们的意愿释放蕴藏在原子中的能量吗？

几年内，从原子中获取能量的论文，开始吸引大众的注意力。在1935年的一次记者招待会上，有人问爱因斯坦能否从原子中获取能量。爱因斯坦认为从原子中获取能量，需要消费几乎无法计算的能量。要释放原子

利奥·西拉德发现了链式反应

的能量，科学家必须寻找一个有效的方法把原子切开，尽管科学家一直努力尝试，但撞开原子的能量总是比原子释放的能量还要多。

在德国、英国和美国，人们制造了许多机器用来实现核裂变，即原子核的分裂，希望能释放隐藏其中的巨大的潜在能量。起初他们的期望很高，但他们只是一次又一次地应验了爱因斯坦的预言。他们投入的能量总比得到的多。看来爱因斯坦似乎是对的，$E=mc^2$只是理论的认识，不是一个可产生巨大能量的可操作的方法。但是利奥·西拉德有了自己的想法。

那是1933年秋天的一天，他突然意识到人们在用一个错误的方法来做这件事，在试图释放物质的能量时，使用了一种视为阿尔法粒子的物质，而利奥·西拉德认为这种粒子不适合该实验，阿尔法粒子包含两个质子、两个中子和一个正电荷，理论是说打碎原子核中的这些粒子时它们会爆裂开，同时使一些物质转化为能量。结果显示得到的能量不够。即使实验进一步发展，并且制造出粒子加速器把阿尔法粒子加速到更高能量时，投入的能量仍然远超过得到的。利奥·西拉德认为问题的根本源于一种看不见的力量，阿尔法粒子中的正电荷。阿尔法粒子

本身带有一个正电荷，目标原子核也带有一个正电荷，所以每次当阿尔法粒子朝目标原子核运动时，它们会互相排斥。它可能会偏向两边，因此不能分裂原子核。利奥·西拉德认为他们需要一种粒子，能直接撞击带电原子核。他心中也有了合适的粒子，那就是刚刚发现的中子。中子是一种亚原子粒子，质量只是阿尔法粒子的四分之一，并且不带电荷。利奥·西拉德和其他几位科学家认为，如果中子射向原子核，就不会产生排斥，相反它会黏合在原子核上，这样原子核就会变得很不稳定，到那时它就会分裂，与此同时，根据质能方程它会释放出所蕴藏的巨大能量的一部分。

当利奥·西拉德认识到了中子的用处后，脑中闪过一个念头，就是这可能会成为制造原子弹至关重要的条件。利奥·西拉德计算出如果一个中子撞击一个原子，那么原子会分解产生的不仅仅是能量，还会产生两三个中子，而这些中子可以任意分裂更多的原子，每一次分裂都会有微小的物质被转化为巨大的能量，在这个环节中每一步的能量都会成倍增加，这是一个连锁反应。利奥·西拉德找到了可以在地球上释放物质能量的方法。但这个发现也让他恐慌。当他想到中子的作用时，第一反应就是它会变成一种潜在的武器。

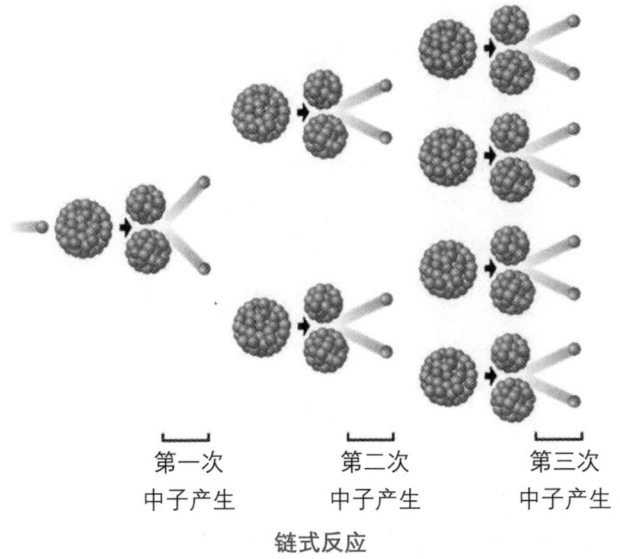

链式反应

1938年年末，德国物理学家哈恩和斯特拉斯曼证实铀原子在中子的撞击下可以分成两部分。在柏林的实验室，德国的科学家已经完成了利奥·西拉德理论上的链式反应的第一个阶段。数月内，德国开始储存铀，他们随后便会提出军用炸弹计划。他们把大量财力投入裂变研究中，核物理即将进入战场。

1939年7月,在哥伦比亚大学的实验里,利奥·西拉德和费米完成了一个实验,显示链式反应是可以发生的,现在真的有机会驾驭$E=mc^2$制造炸弹了。

利奥·西拉德意识到人类的命运就掌握在科学的手中,所以他决定利用这个时代的顶尖科学家的名望和影响力警告自由世界的人们,德国可能会制造原子弹。这就是1939年7月利奥·西拉德拜访爱因斯坦的原因。利奥·西拉德告知爱因斯坦,他近来对于链式反应的研究,意味着现在能制造原子弹了。爱因斯坦说:"次级中子反应,成倍的中子连续分裂成倍的原子?你肯定链式反应是持续不变的?"利奥·西拉德说:"那正是我和费米一直研究的。"爱因斯坦说:"所以能量会成倍释放,想象一下这个反应会有多大!"利奥·西拉德说:"假如这样一枚原子弹被投到纽约,破坏力会是怎样?不久希特勒就会有这样的炸弹。"爱因斯坦听到这里想了想,很快就意识到事情的严重性。爱因斯坦给美国总统写了信。

爱因斯坦在信中写道,德国有可能制造出一种威力极大的新型炸弹,用船只运载一枚这种炸弹,使它在港埠爆炸,就能轻易地把整个港口,连同附近地区一起炸毁。爱因斯坦建议美国政府保证美国铀矿石供应等,建议美国制造原子弹。

1939年10月11日,爱因斯坦的信寄到了白宫。三年后,美国政府设立了代号为"曼哈顿"的机密计划,科学家与军队之间开展了前所未有的大规模合作。当时美国政府投入了大约22亿美元。"曼哈顿"计划集合了当时最顶尖的物理学家,其中有从德国逃出来的科学家,包括利奥·西拉德,爱因斯坦本人没有参加。科学家担心被德国抢先而夜以继日地研究。1945年7月,德国投降两个月后,原子弹造好了。1945年8月6日,一颗铀原子弹在日本广岛爆炸,整座城市瞬间变为废墟。1945年8月9日,一颗钚原子弹在日本长崎爆炸,造成10万余人伤亡和失踪,原子弹摧毁了城市80%~90%的建筑物。

爱因斯坦对广岛、长崎被原子弹轰炸的消息惊骇不已。他的公式是第一次而且是以一种可怕的形式呈现给了世界。有人开始把爱因斯坦称为"原子弹之父",因为他的质能方程,奠定了原子弹的理论基础,因为他写给罗斯福总统的那封信,启动了原子弹的研究和制造。但爱因斯坦对此事感到自责,所以爱因斯坦参加了反对核武器扩散和研发运动。他最后一次活动就是签署一份号召世界各国领导人结束战争的联合声明。

但$E=mc^2$还有另一个方面,在爱因斯坦去世后才显现出来。科学家发现$E=mc^2$不仅是代表毁灭的公式,也是代表创造的公式。很小数量的质量可以被转化为巨大的能量，能量也能转化为物质。这个过程就出现在创世纪之初，源自当初所爆发的能量，即宇宙大爆炸。150亿年前，宇宙大爆炸蕴藏能量的奇点，历经几十亿年，逐渐演化成为物质，并组成了我们宇宙中的一切。很遗憾爱因斯坦没能看到他的公式不仅是毁灭的公式，也是创造的公式。一百多年前，爱因斯坦得出这个公式时，他并不知道公式会带来什么，$E=mc^2$会继续改变科学的面貌，以及我们对世界的认识，有好的，还有坏的。

"相对论"就是这样被发现的

爱因斯坦太太曾对查理·卓别林讲述爱因斯坦发现相对论时工作的情形。后来卓别林把这事记在他的自传里。从这故事可以看出爱因斯坦在这历史性的时刻是怎么样工作的。

博士像往常那样穿着睡袍下楼吃早餐，可是那一天他却什么也没动。我想一定有什么问题发生，我问他什么事使他魂不守舍？

他回答："亲爱的！我有了一个巧妙的想法。"

喝完咖啡后，他就走到钢琴前开始弹奏起来。几次停下来在纸上记录一些东西，然后重复地说："我得到了一个巧妙的想法，非常美妙的想法。"

他说："这是很困难的，我仍需要进行工作。"

他继续弹钢琴，并且写下一些东西，这样半小时之久，然后走上楼去他的研究室，并且告诉我不要打扰他，他就一直留在房子里两星期。每天我上楼把食物送给他，傍晚时他就散一会儿步当作运动，然后回去继续他的工作。

最后他走下楼来，脸色显得苍白。"这就是我的发现！"他把两张纸放在桌上，这就是他的"相对论"。

"相对论"妙解

有一次，群众包围了从德国移居美国的科学家爱因斯坦的住宅，要他用"最简单的话"解释清楚他的"相对论"。当时,据说全世界只有几个高明的科学家看得懂他关于"相对论"的著作。爱因斯坦走出住宅,对大家说:"打个比方,你同你最亲的人坐在火炉边,一个钟头过去了,你觉得好像只过了5分钟!反过来,你一个人孤孤单单地坐在热气逼人的火炉边,只过了5分钟,但你却像坐了1个小时。这就是相对论!"

成功的秘诀

有一次,一个美国记者问爱因斯坦关于他成功的秘诀。他回答:"早在1901年,我还是22岁的青年时,我已经发现了成功的公式。我可以把这公式的秘密告诉你,那就是$A=X+Y+Z$!A就是成功,X就是努力工作,Y是懂得休息,Z是少说废话!这公式对我有用,我想对许多人也是一样有用。"

你知道吗?

首先,原子弹不是爱因斯坦造出来的,他对原子弹的诞生说实话并没有非常大的"实质贡献",他与原子弹之间的唯一关系就是他提出的质能方程让大家弄明白了原子弹拥有这么大威力的原理,以及在一封写给美国总统罗斯福的信上有署自己的名字,而也正是由于这封信的原因,使得罗斯福认识到了核武器的厉害,从而决定要在德国之前研制出核武器,就有了后面的"曼哈顿"计划!说他是推动原子弹诞生的第一人也不为过,但是也仅此而已,仅仅是推动了原子弹的提前诞生!

而等到原子弹造出来并且用于实战以后,爱因斯坦本人对这种大规模杀伤性武器的诞生是表示后悔和遗憾的。1945年8月6日,日本广岛遭到原子弹轰炸以后,爱因斯坦就曾说过他的最大感想就是后悔,后悔给罗斯福总统写了那封信!还有,他曾在《大西洋月刊》上发表过文章，认为原子能在可见的未来对于人类并不会是一种福音，起码当前它就是一很大的威胁。总之，爱因斯坦直到去世前，都希望各国政府不要把科学变成杀人的东西，并且号召大家反对核战争！

不要努力成为一个成功者，要努力成为一个有价值的人。

——爱因斯坦

第6章 核物理之父——卢瑟福

欧内斯特·卢瑟福

卢瑟福（Ernest Rutherford，1871—1937）是二十世纪最伟大的实验物理学家之一，在放射性和原子结构等方面，都做出了重大的贡献，被称为近代原子核物理学之父。

欧内斯特·卢瑟福1871年8月30日生于新西兰纳尔逊的一个手工业家庭，长大后进入新西兰的坎特伯雷学院学习。他23岁时获得了三个学位（文学学士、文学硕士、理学学士）。1895年大学毕业后，获得英国剑桥大学的奖学金进入卡文迪许实验室，成为汤姆生的研究生。

欧内斯特·卢瑟福

1898年，在汤姆生的推荐下，他担任加拿大麦吉尔大学的物理教授，在那儿待了9年。1907年返回英国出任曼彻斯特大学的物理系主任。1919年接替退休的汤姆生，担任卡文迪许实验室主任。1925年当选为英国皇家学会主席。1931年受封为纳尔逊男爵，1937年10月19日因病在剑桥逝世，与牛顿和法拉第并排安葬，享年66岁。

☆ 父母是最好的老师

卢瑟福的父亲是一个聪明又肯动脑子的人，他勤奋又有创造性。在开办亚麻厂时，他试验用几种不同的方法浸渍亚麻，利用水力去驱动机器，选用本地的优良品种，结果他的产品被认为是新西兰最好的一类。他还设计过一些装置提高工作效率。

卢瑟福在父亲潜移默化的熏陶下，也喜欢动手动脑，显示出他非同寻常的创造天赋。他家里有一个用了多年的钟，经常停下来，很耽误事，大家都认为无法修理了。但是卢瑟福却不肯轻易把它丢掉，他把旧钟拆开，把每一个零件重新调整到位，清理钟内多年的油泥，重新装好。结果，不仅修好了，而且还走得很准。当时照相机还是比较贵重的商品，卢瑟福竟然自己动手制作起来。他买来几个透镜，七拼八凑居然制成了一台照相机。他自己拍摄，自己冲洗，成了一个小摄影迷。卢瑟福这种自己动手制作、修理的本领，对他后来的科学研究工作极为有用。

当卢瑟福远渡重洋到英国从事研究工作取得了一系列成绩后，他应邀到英国学术协会作报告，正当他以实验来证明自己的说法时，仪器突然出了故障。卢瑟福不慌不忙地抬起头来，对观众说："出了一点小毛病，请大家休息5分钟，散散步或抽支香烟，你们回来时仪器就可以恢复正常了。"果然几分钟后又能看他的实验了。没有多年培养起来的动手能力和经验是很难有这样的自信心的。当时在场的一位一流物理学家对此颇有感慨："这位年轻人的前程将是无比远大的。"

卢瑟福的母亲出身于知识家庭，她的父亲是一位很有才能的数学家，母亲也是一位教师。作为教师的母亲对孩子们的教育起着关键的作用。她的一举一动始终影响着孩子们的情绪。在生活的重负面前，她始终都保持乐观的态度，任劳任怨，以自己对待生活中困难的态度教育孩子们，正是这种教育使得卢瑟福始终保持刻苦学习和热爱劳动的本色。

幼年的卢瑟福与他的兄弟姐妹没有什么太明显的区别。如果说有什么不同之处，那就是喜欢思考、喜欢读书。在卢瑟福一生中曾起过重要作用的一本书，便是他10岁的时候从他母亲那儿得到的、由曼彻斯特大学教授巴尔佛·司徒华写的教科书《物理学入门》，这本书开始把他引上研究科学的道路。这本书不单单给读者一些知识，为了训练智力，书中还描述了一系列简单的实验过程。卢瑟福为书中的内容所吸引并从中悟出了一些道理。即从简单的实验中探索出重要的自然规律，这些对卢瑟福一生的研究工作都产生了重大的影响。读完书之后，卢瑟福将自己的年龄和名字歪歪斜斜地写在书页上。卢瑟福的母亲一直珍藏着这本教科书，并且常常自豪地捧着这本书向孩子讲述当年的故事。特别值得一提的是《物理学入门》一书的作者恰巧是汤姆生在曼彻斯特时的老师，而汤姆生又是卢瑟福在剑桥大学读研究生的导师。

读书和思考伴随着卢瑟福一生。他成为一个硕果累累的大科学家之后，仍然很重视读书和思考。有一天深夜，卢瑟福看到实验室亮着灯，就推门进去，看见一个学生在那里，问道："这么晚了，你还在干什么？"学生回答说："我在工作。"当他得知学生从早到晚都在工作时，很不满意地反问："那你什么时间思考问题呢？"

卢瑟福属于那种"性格极为外露"的人，他总是给那些见过他的人留下深刻的印象。他个子很高，声音洪亮，精力充沛，信心十足，并且极不谦虚。当他的同事评论他有不可思议的能力并总是处在科学研究的"浪尖"上时，他迅速回答道："说得很对，为什么不这样？不管怎么说，是我制造了波浪，难道不是吗？"几乎所有的科学家都同意这一评价。

☆ 卢瑟福发现质子

1898年，在汤姆生的推荐下，卢瑟福到加拿大麦克吉尔大学任物理教授。卢瑟福去了之后研究的第一个问题就是放射性。通过实验卢瑟福发现，铀岩放出的射线不是一束，这个射线在磁场下会向两个方向偏转，这就证明是两束电性不同的射线，一正一负，他给带正电的射线起名为α射线，带负电的就叫作β射线。其实还有一束不带电的射线卢瑟福没发现，后来由法国物理学家维拉尔发现，并命名为γ射线，就是电磁波。经过测算，这束带负电的β射线就是老师汤姆生发现的电子。但是天然放射出来的电子束速度快，穿透性强。那这束放射出来的电子为什么能具有这么高的能量呢？还有α粒子射线，这又是什么呢？一束带正电的粒子，当时人们就只知道原子是不带电的，电子是带负电的，所以在卢瑟福心中就这两个问题还是个谜。1902年，卢瑟福指出α粒子是由于某些元素的原子自发性的衰变放射出来的，并且提出了放射性半衰期的概念。像是铀还有居里夫妇发现的镭、钋，它们在衰变过程中就会放出α粒子，然后变成别的元素。这在当时也是一个大新闻，元素之间还可以来回变吗？这就有点儿像点石成金的意思。当时人们都激动坏了。不过石头还是不能够变成金子的，因为只有特定的放射性元素才能够衰变。

过了几年，卢瑟福有了新的研究成果，他让α射线单独射进一根管子里，结果却让他大吃一惊，他得到的这管α粒子居然是氦气。卢瑟福又反复做了好几次实验，结果都是一样的，所以卢瑟福就得出结论，α粒子，就是带正电的氦原子。1907年，卢瑟福向大众公布了此研究结果，并因此于1908年获得诺贝尔化学奖。

此时的卢瑟福已经回到了英国，他在曼彻斯特大学当教授。他的两个助手分别是马斯登和盖格，著名的盖格马斯登实验，就是由这二位的名字而来。卢瑟福太喜欢α粒子了，因为是天然放射出来的，不用实验制备，所以既经济又实惠，用这个α粒子去轰击别的原子，会怎么样呢？

自从汤姆生发现了电子之后，汤姆生就给出了一种原子模型，人们称之为西瓜模型或者是枣糕模型。汤姆生认为电子像西瓜籽一样镶嵌在里面，然后电子带负电，其他的地方带正电，整体的原子是不带电的。α粒子的速度能够达到每秒200万米，这么高的速度肯定直接就穿过去了，打什么都能给打穿过去的。

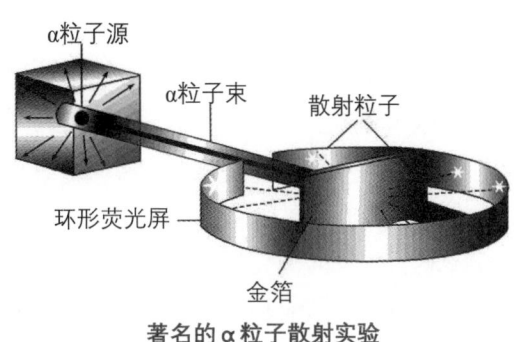

著名的α粒子散射实验

所以最开始的时候卢瑟福就发现α粒子确实可以穿过金箔，打在后面的接收屏上。有一天，卢瑟福突发奇想，他和马斯登说，把接收屏拿到前面来，看看还能不能接收到反射的α粒子，马斯登心想："老师您这不是开玩笑吗？这么高的速度，怎么可能呢？"但他还是照做了。没想到居然真的有α粒子被反弹了回来。

整个实验是在真空中进行的，他们用一束带正电的、质量比电子大得多的高速α粒子轰击金箔，大多数α粒子能穿过金箔而不改变原来的方向，一小部分改变了原来的方向，甚至有极少数射到原子中心的α粒子被弹了回来。

上图是卢瑟福的α粒子散射实验装置，在一个小铅盒里放有少量的放射性元素钋，它发出的α粒子从铅盒的小孔射出，形成很细的一束射线，射到金箔上，最后打在荧光屏上产生闪烁的光点。该实验是卢瑟福建立原子核式结构模型的重要依据。

卢瑟福的原子模型

用卢瑟福自己的话说，这就相当于用一个15英寸的炮弹打在一张纸上被反弹回来了一样不可思议。冷静一下，α粒子能反弹回来，那就证明这个原子当中是有很坚硬的东西存在的，这就是原子核。然后他们又赶紧根据这个实验数据，计算了α粒子的散射截面，结果表明原子内部大部分都是空的，就中间存在一个硬核。但是他不能确定电子的位置，有可能在核里边，有可能是绕核运动。

1911年，卢瑟福向世人公布了自己的原子模型。不过这个模型没有受到太广泛的关注。同年召开的第一届索尔维会议上，物理学家还都用枣糕模型讨论原子结构，为什么呢？因为卢瑟福的原子模型有一些现象还无法解释，就比如电子的位置在哪儿呢？当时就已经有人猜测原子核肯定是存在的，放射性元素能够放出α粒子和电子，那能不能说所有元素的原子核都是由α粒子和电子组成的呢？卢瑟福当时就说肯定不是，因为α粒子的相对质量已经测出来是4。"相对质量"概念的提出就是因为原子的质量太小了，所以如果直接说真实质量就不方便，于是人们定义了一个很小的质量为一个单位，相对质量就是它的多少倍，单位为U。最早定义相对质量的人是道尔顿，他说用一个氢原子的质量为单位就是一个相对质量。现在我们使用的相对质量是以碳12原子质量的12分之一为一个单位。碳原子的相对质量就是12，氢原子还是1，α粒子的相对质量是4，这就比氢原子还要大呀，所以肯定不是所有的原子核都包括α粒子。

1919年，卢瑟福用α粒子轰击氮原子核，结果从氮核中打出了一种粒子，并测定了它的电荷量与质量，知道它是氢原子核，把它叫作质子。后来人们用α粒子轰击多种原子核，都打出了质子，说明质子是原子核的组成部分。

后来，卢瑟福又通过实验发现，不管用α粒子轰击什么原子，都有一种带正电的粒子能够被轰击出来，它的质量又和氢原子一样。这回卢瑟福明白了，看来这才是所有的原子核里都有的东西。

1920年，卢瑟福向世人再次公布了自己的成果。这时人们才知道原子大部分都是空的，中间有一个原子核，由带正电的质子组成，原子核外围绕着带负电的电子。卢瑟福还预测，有可能这个原子核里面还存在一种中性粒子，这实际上就是中子的开端。23年前汤姆生发现了电子，23年后他的学生卢瑟福再次刷新了人类的认

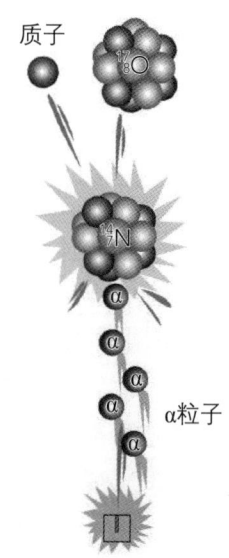

α粒子轰击氮原子核

知，发现了质子。此时的卢瑟福已经是卡文迪许实验室的主任，汤姆生安心地把自己的工作交接给了这位当年还在挖土豆抓兔子的新西兰人。

☆ "中子"敲开了人类进入核能时代的大门

第一次世界大战的爆发使许多科学研究被迫中断，直至1918年11月战争结束，科学家们才陆续回到自己的实验室。

卢瑟福的实验证明了原子核内部有质子，但实验中存在着一些无法解释的现象。原子的质量近似于质子质量的整数倍，因此，根据原子核的电荷量应该能推断出原子核内的质子数。用这个概念解释氢原子核很合适，

英国物理学家——查德威克

但对氦原子就不好解释了。氦原子有两个电子，按说核内应该有两个质子，质子与电子的正负电荷才能正好抵消。问题来了，氦原子核比氢原子核重4倍，如果氦原子核由4个质子构成，那多余的两个正电荷是怎么抵消的呢？其他更重的原子核就更无法解释了。为解释实验中存在的矛盾，卢瑟福想到原子核中可能并非只有质子这唯一的基本成分。

1920年，卢瑟福首次提到原子核里中性子的概念。他在皇家学会贝克里安讲座的演讲中提出："也许在原子核这样微小的范围内，多余的质子吸引了核外电子，形成了一种质量与质子相近的中性粒子。"

由于当时实验中用的α粒子是利用镭的自然衰变产生的，能量不高，始终无法击碎原子核。在有了粒子加速器后，也因当时的加速器能量不够高，轰击原子核的尝试一直没能取得大进展，原子核的神秘大门并未打开。

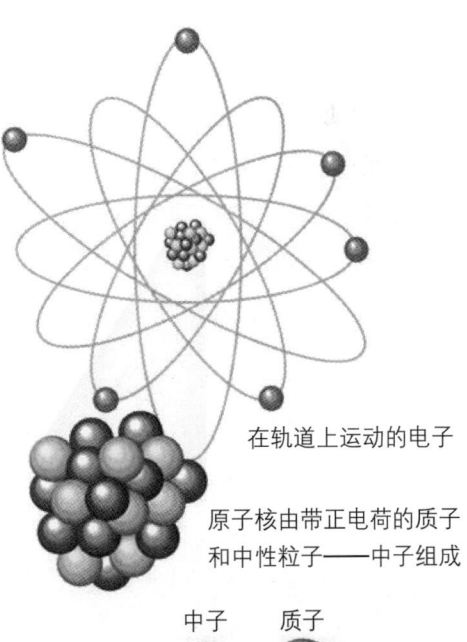

在轨道上运动的电子

原子核由带正电荷的质子和中性粒子——中子组成

中子　质子

质子、中子是原子核的组成部分

查德威克是卢瑟福的学生。1932年,他精心设计了一个实验,用α粒子轰击铍,再用铍产生的射线轰击氢、氮,结果打出了氢核和氮核,他测量了被打出的氢核与氮核的速度,由此推算出了这种新粒子的质量。他认为,只有假定从铍中放出的射线是一种质量跟质子差不多的中性粒子才能解释,这种粒子不带电,就被称为"中子"了。

查德威克证实了卢瑟福的预言。中子的发现,使人们了解原子核是由中子与质子组成的,这个发现具有重大科学意义,不仅是原子核内部结构研究的一个重要里程碑,也为后来人类能够利用核能打下了极为重要的基础,也可以说:"中子"敲开了人类进入核能时代的大门。查德威克因此获得1935年的诺贝尔物理学奖。

外号"鳄鱼"

卢瑟福从小家境贫寒,通过自己的刻苦努力,这个穷孩子完成了他的学业。这段艰苦求学的经历培养了卢瑟福一种认准了目标就百折不挠、勇往直前的精神。后来学生为他起了一个外号——鳄鱼,并把鳄鱼徽章装饰在他的实验室门口。因为鳄鱼从不回头,它张开吞食一切的大口,不断前进。

杰出的学科带头人

卢瑟福还是一位杰出的学科带头人,被誉为"从来没有树立过一个敌人,也从来没有失去一位朋友"的人。在他的助手和学生中,先后荣获诺贝尔奖的竟多达12人。1922年度诺贝尔物理学奖的获得者玻尔曾深情地称卢瑟福是"我的第二个父亲"。科学界中,至今还传颂着许多卢瑟福精心培养学生的小故事。

你知道吗？

原子核的组成如右图所示，原子核由质子和中子组成，统称核子。

原子核中有中子、质子，质子是带正电的，所以质子之间会互相排斥。是非常强大的核力将它们吸引在一起，使它们在非常小的区域形成原子核。核力是短程力，只有在原子核尺度上才显现出来。简而言之，核力就是原子核内部核子之间的相互作用力。

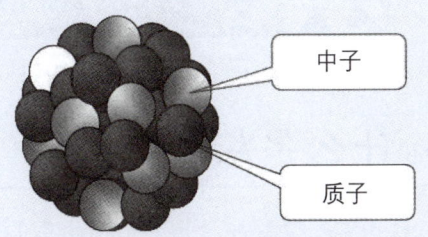

原子核中的质子和中子

科学家不是依赖于个人的思想，而是综合了几千人的智慧，所有的人想一个问题，并且每人做它的部分工作，添加到正建立起来的伟大知识大厦之中。

——卢瑟福

第7章 核裂变的发现者——哈恩

☆ 什么是核裂变

核裂变，又称核分裂，是指由重的原子核分裂成两个或多个质量较小的原子的一种核反应形式。原子弹或核能发电厂的能量来源就是核裂变。

如下图所示，当一个中子撞击铀-235的原子核时，铀-235的原子核会分裂成2个，同时产生2~3个中子和射线，并释放出大量的能量，这就是核裂变能，简称核能。

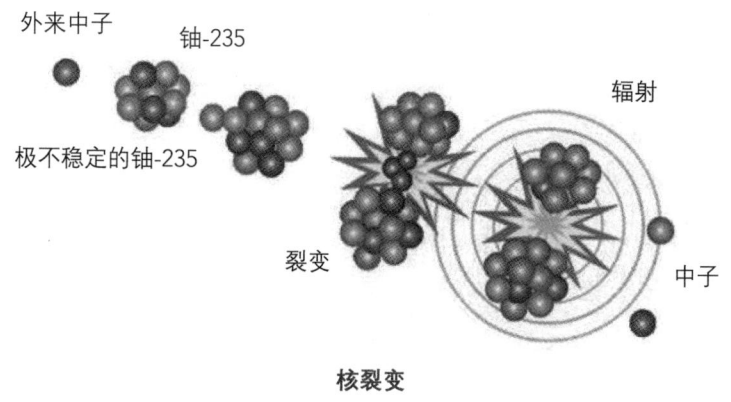

核裂变

1938年，哈恩和斯特拉斯曼用中子轰击铀做了一系列严格的化学实验鉴别反应产物，确认为原子量较小的镧和钡，从而发现核裂变现象。之后发现除中子外，质子、γ射线、氘核以及其他粒子也能使重核裂变，甚至某些重核可自发裂变。1947年，钱三强、何泽慧发现铀核俘获中子后可发生三分裂或四分裂，但概率很小。

核裂变是核物理学的重要研究领域。核裂变有着重大的实用价值，通过裂变链式反应可以大规模利用核能，核裂变产生的丰富的放射性同位素在科学技术领域内广泛应用。核裂变的研究对于核物理学的发展有着重要意义。

奥托·哈恩

奥托·哈恩（Otto Hahn，1879—1968），德国放射化学家和物理学家。1879年3月8日生于法兰克福。1897年入马尔堡大学，1901年获博士学位。一生从事放射性、核化学和核物理方面的研究，发现了一系列放射性元素和核裂变现象。1946年初，担任威廉皇家学会（1948年改名为马克斯·普朗克协会）主席，1960年任荣誉院长。1968年7月28日病逝于哥廷根。

奥托·哈恩

在哈恩的一生中，曾经得到过英国化学家、1904年诺贝尔化学奖获得者拉姆赛，英国化学家、1908年诺贝尔化学奖获得者卢瑟福等名家的悉心指导。在拉姆赛的劝导下，他放弃了进入化学工业界的念头，投身放射化学这一新的领域做深入的探索。1905年，哈恩专程前往加拿大蒙特利尔的麦克吉尔大学，向当时公认的镭的研究权威卢瑟福教授求教，并且得以与鲍尔伍德等著名放射化学家一起讨论问题。在卢瑟福这位化学大师身边，哈恩学到了许多东西。卢瑟福对科学研究的热忱和充沛的精力，激励了哈恩和他的同事们。

☆ 哈恩发现了核裂变

1906年，哈恩返回柏林，在恺撒·威廉化学研究所任化学教授。1907年秋天，他遇到了来柏林进行短暂访问的奥地利女物理学家莉斯·梅特涅，从此两人开始了长达30年卓有成效的合作，共同发表了多篇有关放射化学方面的论文，在科学史上开创了由两个不同国籍、不同学科特长和不同性别的科学家长期合作、共同发展的范例。

20世纪30年代以后，随着正电子、中子、重氢的发现，放射化学迅速被推进到一个新的阶段。科学家纷纷致力于研究如何使用人工方法来实现核嬗变。正当哈恩和梅特涅一起致力于这一研究时,第二次世界大战爆发了。德军占领奥地利后,梅特涅因是犹太人,为躲避迫害,只得逃离柏林到瑞典斯德哥尔摩避难。哈恩如失臂膀,但未放弃这方面的努力,他与另一位德国物理学家弗里茨·斯特拉斯曼合作,又开始了新的尝试和探索。

哈恩和斯特拉斯曼继续进行中子轰击铀靶的实验。1938年冬天一个寒冷的下午,他在实验室里用慢中子轰击铀核时发现了一个异乎寻常的状况,铀核像被子弹击中玻璃那样裂成碎片。等他耐心地"捡"起所有的碎片之后再称重量,发现竟然比没有打碎前的铀核轻了许多,这时,爱因斯坦的公式$E=mc^2$,流星般地在他的脑海中划过,联想到实验中莫名其妙释放出的巨大能量,难道这就是传说中的核裂变?

他简直不敢相信自己的眼睛,马上把实验步骤和数据寄给了当时远在瑞典避难的莉斯·梅特涅查实。他不顾希特勒的禁令,一直与这位犹太物理科学家保持着密切的联系。很快,莉斯·梅特涅就回信了,她在回信中明确指出:"这种现象可能就是我们当初曾设想过的铀核的一种分裂。"她恭喜哈

莉斯·梅特涅　　弗里茨·斯特拉斯曼

恩观察到了人类历史上第一次导致质量亏损而使能量大增的核裂变,并认定参与裂变的铀核就是铀的同位素铀-235。后来,哈恩经过多次试验验证,终于肯定了这种反应就是铀-235的裂变。

这是一个多么令人振奋的消息!得到结果的哈恩极度兴奋之余,不免也暗暗心惊肉跳,因为战争的乌云又一次笼罩在了欧洲上空,如果它被好战分子利用,后果不堪设想。

当他发现裂变现象时,便开始意识到通过轰炸原子核释放中子,从而引起链式反应是可能实现的事情。可是当发现铀在中子的轰炸下发生的变化时,他开始惊慌失措,他甚至想要把所有的铀丢到大海里去,以避免未来有可能发生的灾祸。

因为一个中子打碎一个铀核产生能量,放出2个中子来;这2个中子又打中另外2个铀核,产生2倍的能量,再放出4个中子来;这4个中子又打中邻近的4个铀核,产生4倍的能量,再放出8个中子来……以这样的链式反应,一环扣一环,铀的裂变就能一直进行下去,亿万卡的能量将冲出来,汹涌异常……简单来说,就

是每当一个铀核被中子敲碎，它会自然释放出几个中子去击打其他铀核，核反应就像雪崩一样势不可挡，再也控制不了它的脚步。当然伴随反应的是以 $E = mc^2$ 为计算公式的骇人听闻的能量释放。这也意味着：极其微小的中子，将有能力释放沉睡在自然界中几十亿年的物质巨人。

核裂变的意义不仅在于中子可以把一个重核打破，关键是在中子打破重核的过程中，同时释放出威力无比的能量。核裂变的发现无疑是释放原子能的一声春雷。在此之前的人们在对释放原子能的争议中，怀疑论者还占上风。不少人以为，要打破原子核，需要额外供给强大的能量，根本不可能在打破的过程中还能释放出更多的能量。而铀核裂变的发现，当时就被认为"以这项发现为基础的科学成就是十分惊人的，那是因为它是在没有任何理论指导的情况下用纯化学的方法取得的"。

尽管当时奥托·哈恩发现核裂变还没有他的同胞伦琴教授发现X射线的影响大，但就其对于改变人类生活与发展所产生的后果而言，核裂变的意义更为重要，是近代科学史上的一项伟大突破，它开创了人类利用原子能的新纪元，具有划时代的深远历史意义。奥托·哈恩也因此荣获1944年诺贝尔化学奖。

1912年10月23日，德国皇帝威廉二世到哈恩所在的研究所参观，哈恩多少有些炫耀地把他发现一种镭的同位素呈现给皇帝看，皇帝看到这种放射性物质的辉光之后十分开心（当时人们还不知道放射性对人体有害），年轻的哈恩为此十分得意。50年后他回忆起这件事时，后怕地说："假如今天我干出这件蠢事，肯定会被投入监狱！"

拒绝总统的诺奖得主

诺贝尔评奖委员会虽然已在1945年11月15日宣布：1944年诺贝尔化学奖授予德国人奥托·哈恩。但他们怎么也联系不上获奖者本人。

这一年，原子弹第一次被用于战争。发明原子弹的是美国人，但评委会明白，"核时代的奠基人"是德国人哈恩。他在1938年发现的核裂变，为使用核能奠定了可能。

评委会不知道，66岁的哈恩那时正被关押在英国的拘留所里。这是军事秘密，与他关在一起的，还有冯·劳厄和海森堡等人。他们被怀疑曾帮助希特勒研制原子弹。

这显然错怪了哈恩。他对这位国家元首，一直没放在眼里。早在1935年1月，化学家弗里茨·哈伯去世一周年时，哈恩便不顾纳粹的明令禁止，在纪念哈伯的追悼会上致悼词。哈伯是1918年的诺贝尔化学奖得主。这位犹太人在希特勒上台后不久便逃亡在外，直至客死他乡。

加之，哈恩最得力的合作伙伴犹太人梅特涅，最终也逃离了柏林。这让哈恩对此一直心存恶感。在希特勒授命研制铀武器的工程中，他只是在名义上参与，尽一个德国人的"义务"，出工不出力。

他也曾很认真地为国家卖命。当第一次世界大战爆发后，爱国青年哈恩应征加入哈伯率领的毒气部队。为了报效祖国，30多岁的化学博士亲临前线，用自己的身体做实验。"我深感内疚，心情沉重，毕竟我参与了这场悲剧的演出。"回忆当年的经历时，哈恩写道。他深知在毒气战中，自己的罪责有多深。于是，在发现核裂变不久，哈恩就声称："唯一的希望就是，任何时候也不要制造铀弹。如果有一天，希特勒得到了这种武器，我一定自杀。"为了不让纳粹掌握核能技术，哈恩拒绝参与与其有关的任何研究，只是一如既往地进行放射化学研究。

自从获知原子弹爆炸的消息后，拘留所里的海森堡等人一直担心哈恩会自杀。结果却传来了哈恩获奖的消息，这令他们欢喜不已。

哈恩则被监管人员清楚地告知，他不能参加12月10日举行的诺贝尔颁奖仪式。

一年后，重获自由的哈恩不仅领取了属于自己的诺贝尔奖，还开始担任威廉皇家学会的主席。他积极参加反战和反对核武器的示威游行活动，成为呼吁和平利用核能的代言人。

1953年，化学巨头赫希斯特公司和拜耳公司邀请哈恩进入公司的监事会，遭到哈恩的拒绝。两年之后，美国总统艾森豪威尔热情邀请哈恩赴白宫，同样遭到他的拒绝。

哈恩的道歉

而15年前,另一个名人、法国女科学家伊雷娜·约里奥-居里也在哈恩这里遭遇尴尬。当时,伊雷娜把自己第三篇关于用慢中子轰击铀原子核实验的论文寄给了哈恩。此前,哈恩已经认为伊雷娜的前两篇论文均犯了相同的错误,但考虑到对方是居里夫人的女儿,又是1935年的诺贝尔化学奖得主,哈恩没有公开指责伊雷娜,只是私下给她写了一封信。

现在看到手里的论文依然坚持之前的结论,哈恩怒不可遏,随手把论文扔进了垃圾桶,不再顾及对方的身份。

不过,哈恩很快就发现自己错了。包括他的合作伙伴在内的很多科学家的实验证明,伊雷娜是正确的。自信的哈恩在亲自做过实验后,不得不承认了自己的错误,并向伊雷娜郑重致歉。

哈恩既拒绝了美国总统的邀请,也谢绝了莫斯科约他担任苏联科学院荣誉会员的邀请。

1959年,在众人的期待中,哈恩拒绝了四周要他参加联邦德国总统竞选的呼声。这个曾经拒绝了德国元首和美国总统的男人,最终也拒绝了成为总统的可能。

压水反应堆核电站的工作原理

核电站用的燃料是铀。铀是一种很重的金属。用铀制成的核燃料在一种叫"反应堆"的设备内发生裂变而产生大量热能,再用处于高压力下的水把热能带出,在蒸汽发生器内产生蒸汽,蒸汽推动汽轮机带着发电机一起旋转,电就源源不断地产生出来,并通过电网送到四面八方。这就是最普通的压水反应堆核电站的工作原理。

科技革命：核能、航天、计算机的故事

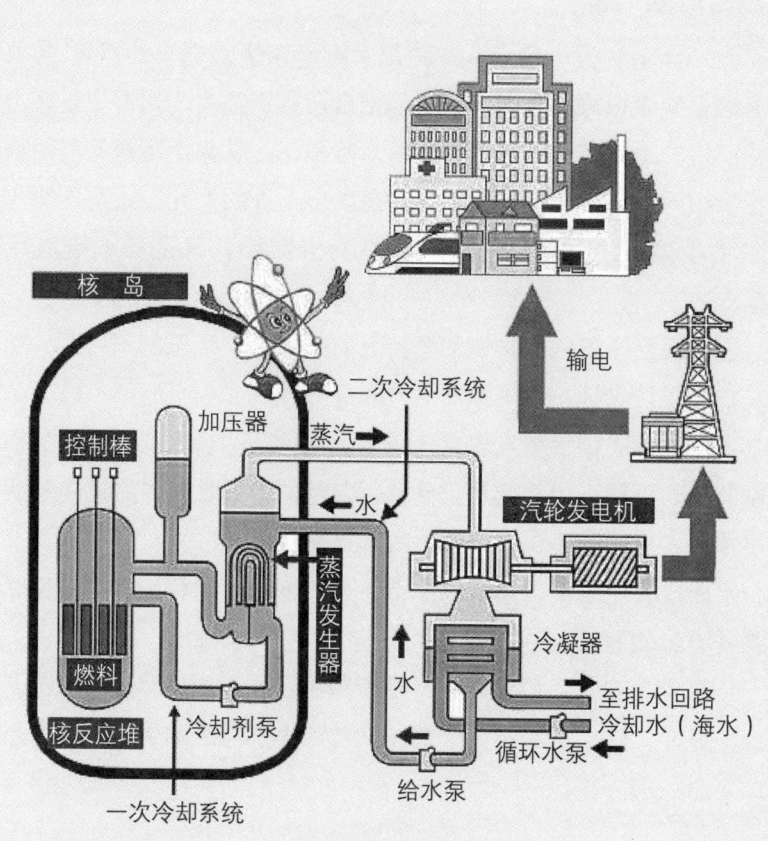

核电站原理

第 8 章　费米与世界上第一座核反应堆

☆ 核反应堆

核反应堆，又称为原子能反应堆或反应堆，是能维持可控自持链式核裂变反应，以实现核能利用的装置。核反应堆通过合理布置核燃料，使得在无需补加中子源的条件下能在其中发生自持链式核裂变过程。

☆ 核反应堆原理

核裂变不仅能制造原子弹，也能用来发电而造福人类。由于链式反应中中子数量决定了链式反应的速度，所以通过控制中子的数量就能控制链式反应的速度。核反应堆就是采用这个原理。核反应堆主要由4部分组成，包括铀棒、镉棒、减速剂和防护层。

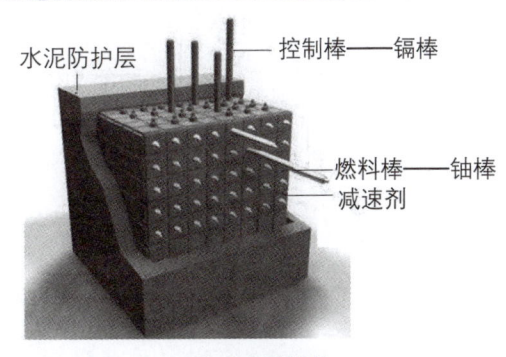

核反应堆结构

第一部分是燃料棒，即铀棒，这是反应物。插入的铀棒越多，中子轰击到铀核的可能性越大，则反应越快。

第二部分是控制棒，即镉棒，镉棒具有吸收中子的作用，插入的镉棒越多，吸收的中子就越多，链式反应就越慢。

第三部分是减速剂，由于核裂变产生的中子速度快、能量大，铀核很难捕捉到这个快中子，需要使用减速剂来降低快中子的速度和能量，从而利于链式反应。减速剂可以是石墨、重水和轻水等。

第四部分是水泥防护层，用来阻挡链式反应产生的各种射线，保护工作人员。

恩利克·费米

恩利克·费米（Enrico Fermi，1901—1954），美籍意大利著名物理学家，美国芝加哥大学物理学教授，1901年9月29日生于意大利首都罗马。父亲阿尔贝托·费米是通信部的职员，母亲是中学教师。费米青少年时期生活在罗马，是一位出类拔萃的学生，17岁考入比萨大学高等师范学院，1922年7月，21岁的费米以研究X射线的论文获得物理学博士学位。

恩利克·费米

1923年到1924年期间，他通过意大利政府和洛克菲勒基金会的资助访问了德国哥廷根大学的马克思·玻恩教授和荷兰莱顿大学的艾伦法斯特教授。1924年，他回到意大利，在佛罗伦萨大学任职数学物理和力学科讲师。

1926年，费米发现了一种新的统计定律——费米-狄拉克统计。他发现这种统计适用于所有遵循泡利不兼容原理的粒子，这些粒子现在被称为费米子。费米-狄拉克统计和玻色子所遵循的玻色-爱因斯坦统计是量子世界的基本统计规律。

1927年，费米当选为罗马大学的理论物理学教授，一直任职到1938年。1929年，年仅27岁的费米被选为意大利科学院院士。

由于他的夫人劳拉是犹太裔，为逃避法西斯政府的迫害，他们在1938年接受诺贝尔奖之后移居到了美国。1938年到1942年期间，费米任纽约哥伦比亚大学教授。从1942年直至去世，他是芝加哥大学的物理学教授。

在罗马大学的早期时间，费米主要的研究课题是电动力学和光谱学，但是随后他把研究重点放在了原子核本身而不是核外电子上。1934年，他在原先的辐射理论和泡利的中微子理论基础上提出了β衰变的费米理论。在人工放射性被发现后不久，他实验演示了几乎所有元素在中子轰炸下都会发生核变化。这个工作促使了慢中子和核裂变的发现。

1939年1月，德国物理学家哈恩等科学家发现用中子轰击铀核发生了核裂变。费米获悉后，立即意识到铀裂变会释放大量中子，产生链式反应，并预见到链式反应潜在的军事用途。

1941年，费米当选建立核反应堆组长，建立了世界上第一座反应堆。1942年12月2日，核反应堆运转成功，这是人类第一次成功实现链式核反应。核反应无论在过去还是在将来，更多的是被和平利用，它是人类重要的能源来源。费米所做的工作对现在和未来世界的影响都是不可低估的。

第二次世界大战之后，费米的主要研究方向是高能物理，他在介子核相互作用和宇宙射线的来源等方面都做出了开创性的工作。1954年11月28日，年仅53岁的费米因胃癌逝世于芝加哥。

由于在人工放射性和慢中子方面的工作，费米被授予了1938年诺贝尔物理学奖。他还是一位杰出的老师。他的学生中有六位获得过诺贝尔物理学奖。为纪念这位物理学家，费米国家实验室和芝加哥大学的费米研究所都以他的名字命名。

☆ 慢中子的研究和发现

20世纪30年代也被誉为是核物理学发展的黄金时代。当时，费米和同事用中子轰击了周期表中的所有元素，并观察了因此而产生的具有放射性的元素。他们观察到：把中子源和被轰击的物体放在大量石蜡中，放射性会增加很多倍。费米用"慢中子"解释这一现象。他认为，由于质子和中子的质量相等，所以当快中子与静止的质子发生碰撞时，快中子损失能量变为"慢中子"，慢中子与重原子核的反应截面比快中子大得多。慢中子的发现为后来研究重核裂变的链式反应和原子核反应堆的理论设计奠定了基础。

1934年10月的一天，为了研究银板被中子轰击后的放射性，费米在银板背后放了个计数器来探测银板的放射性强度。

顺利做完实验后，他突发奇想，在银板和中子源之间插了块铅板，结果计数器上显示的银板的放射性反而增加了一些。他微微一笑，略有所思：中子源里发出的快速中子被铅板一挡，速度不免减慢，而这恰好说明慢中子撞击引起的放射性比快中子强得多。他又把手头所有能找到的东西都插在中子源和银板之间试了一下，如铅片、铝片、铜片等。当他偶然把石蜡板插在两者之间的时候，计数器突然疯了一样大声尖叫起来，他一看数据不禁目瞪口呆，计数器上显示的放射性比原来强了10倍以上。整栋物理大楼的人都被这刺耳的啸声吸引过来了，大家捂着耳朵讨论着这个不可思议的现象。

面对这样的结果，费米陷入了深思。石蜡中有什么东西使中子减速如此厉害？突然，他想起一个物理原理，即通过计算两个小球非弹性碰撞时得出："当两个小球质量相等时，碰撞损失的能量最大，损失能量最大不正意味着中子最大限度地被减速吗？"费米顿时茅塞顿开，一定是石蜡中的氢！石蜡中存在氢原子，而氢原子正是一个质子，其质量与中子几乎相等，中子与氢核发生弹性碰撞，速度大大降低，被银原子核俘获的机会增多，因此放射性产物也将大大地增加。

氢这种东西在世界上无处不在，有水的地方就有氢，可以说是取之不尽。为了验证自己的想法，他又把实验装置放入了物理系主任私人花园的水池中进行了实验，结果放射性也加强了，证明了费米的慢中子推断。

慢中子作用的研究具有重要意义，因为慢中子比快中子更能有效地诱发核反应，是核裂变尤其是链式反应的基础。

☆ 世界上第一座核反应堆

1939年1月16日，玻尔到美国普林斯顿高级研究所和在那里工作的爱因斯坦探讨铀裂变问题。然后，又和费米在华盛顿大学举行的一次理论物理学会议上交换了各自的研究心得。在这次交谈中，关于链式反应的概念开始成型。3月，在哥伦比亚大学工作的费米、津恩、西拉德和安德森等人，进行实验以确定铀核裂变所释放出的中子数目到底是几个。实验结果表明，铀核在裂变时能够释放多于两个的中子，因而铀原子核一个接一个分裂的链式反应应该是可以实现的。至此，在理论上能否实现核分裂链式反应的问题已经得到基本解决。由于德国也在沿着这一方向进行研究，聚集在美国的各国科学家们强烈地预感到，美国政府应该利用这一最新科研成果，开始研制一种威力强大的原子武器，而且必须赶在德

第 8 章　费米与世界上第一座核反应堆

国人前面。

1939年3月，费米与美国海军界接触，希望引起他们对发展原子武器的兴趣。但是直到几个月后，阿尔伯特·爱因斯坦就此课题给罗斯福总统写了一封信以后，美国政府才对原子能给予重视。

现在，需要费米全力以赴的是建造一座能产生自持链式反应的原子核反应堆。1941年7月，费米和津恩等人在哥伦比亚大学开始着手进行石墨-铀点阵反应堆的研究，确定实际可以实现的设计方案。

1941年12月6日，即日本偷袭珍珠港的前一天，罗斯福总统下令设置专门机构，以加强原子能的研究。此时，物理学家康普顿被授权全面领导这项工作，并决定把链式反应堆的研究集中到芝加哥大学进行。1942年初，哥伦比亚小组和普林斯顿小组都转移到芝加哥大学，挂上"冶金实验室"的招牌。这就是后来著名的国立阿贡实验室的前身。

美国物理学家康普顿　匈牙利物理学家西拉德

在芝加哥大学的校园里，有一所破旧而古老的建筑，一个足球场的西看台。第一座原子核反应堆就是在这看台下面的室内网球场里，由一个科学家小组建造的。当时，由于离期望达到目标的日期异常紧迫，他们都以最快的速度，在极端保密的方式下，进行着这项工作。在网球场里工作的那些人心中明白，他们的探索将使得原子武器的研制成为可能。经过极为艰苦的努力，他们终于成为第一批目睹物质确可完全按照人类的意愿而放出其内部能量的人。

在芝加哥大学的这个"冶金实验室"里，在康普顿的组织协调下，费米主持了原子反应堆的建造和实验。费米所领导的小组主要是设计建造反应堆。他们既有分工又有交叉，自觉地、有条不紊地进行着实验研究和工程设计工作。

要实现可控链式反应，必须解决两个关键问题：第一，要有合适的减速剂，把快中子转变为慢中子，重水效果虽好，但太难以制备，费米和西拉德建议用石墨。第二，必须严格控制反应速度，使裂变既能不断进行，又不至于引起爆炸，费米他们利用镉棒吸收中子来控制反应速度。

费米和西拉德设计了立方点阵式的原子核反应堆，它是由镶嵌着铀原料的石墨板和完整石墨板交替堆放而成的。1942年11月，这个反应堆主体工程正式开工。由于机制石墨砖块、冲压氧化铀元件以及对仪器设备的制造很顺利，工程进展很快。费米的两个"修建队",一个由津恩领导,另一个由安德森领导,几乎是昼夜不停地工作着。而由威尔森所领导的仪器设备组,也是日夜加班,紧密配合。

反应堆一天天朝着它的最终形态增长。为它工作的人们,神经紧张的程度也在增加。虽然从理论上说,他们明白:在这反应堆里,链式反应是可以控制的。但毕竟是第一次,是不是可控还得用实践来证明。

费米教授头脑机敏,遇事果断。他对一些重大的技术问题,虽然已胸有成竹,但总常常同周围的人商量如何处理更好。只要是正确的、好的见解,不管是谁提出的,他都采纳。所以,他的助手们形容他是"完全自信,而毫不自负的人"。费米一直亲临建造现场,根据工程进展情况和实测结果,证明原来的设计是多么精确。他能够预言出几乎完全精确的石墨-铀砖块的数目,这些砖块堆到了这个数目,就会发生链式反应。

12月1日中午刚过,测量表明,链式反应马上就要开始了。最后一层石墨-铀砖块放到反应堆上,津恩和安德森一起对反应堆内部的放射性做了测量。认为只要一抽掉控制棒——镉棒,链式反应就会发生。两人商定先向费米汇报情况,然后再进行下一步的工作。当晚,费米向所有工作人员传话:"明天上午试验。"12月2日(星期三)上午8点30分,大家聚集在

第一个原子堆外观

这间屋子里,北端阳台东头放着检测仪器,费米、康普顿、津恩和安德森都站在仪器前面。反应堆旁边站着韦尔,他的职责是抽出那根主控制棒。

9点45分,费米下令抽出电气操纵的控制棒。10点钟刚过,又令津恩把另一根叫"急朴"的控制棒抽出。

接着,命令韦尔抽出那根主控制棒。由于安全点定得太低,自动控制棒落下来了,链式反应没有发生。

午后,韦尔对控制棒的安全点做了一些调整。下午3点过后,费米一面盯着中子计数器,一面命令韦尔抽出那根主控制棒。费米说:"再抽出一英尺。""好!这就行了。"接着对一直站在他旁边的康普顿教授说:"现在链式

第 8 章　费米与世界上第一座核反应堆

反应就成为自持的了。仪器上记录的线迹会一直上升，不会再平延了。"此时正是1942年12月2日下午3点25分。

当世界上第一座原子核反应堆开始运转之际，在场的人们聚精会神地盯着仪器，一直注视了28分钟。"好了！把'急朴'插进去。"费米命令操纵那根控制棒的津恩。立刻，计数器慢下来了，反应停止了。时为下午3点53分。在费米的指挥下，核反应堆平稳地运行了28分钟，人类完成了第一个链式反应。第一个链式反应的完成，标志着人类终于实现了原子能的可控释放，开始了原子能利用的新纪元！

此时此地，人们心潮汹涌澎湃，激动万分。费米刚一宣布反应停止，理论物理学家威格纳就把早已准备好的一瓶吉安提酒递上来。费米启开瓶盖，向大家分发了纸杯。科学家们为自己是最早的成功者，互相祝贺着，并在这瓶酒的商标纸上签了名，这一举动成了事后考证有谁参加这次实验的唯一书面记录。世界上第一座原子核反应堆被命名为"芝加哥一号"。

人类历史上，只有很少的几桩事件曾在本质上改变过文明的进程，"芝加哥一号"的建成就属于这类事件。从它对未来的推动和它对社会变迁的重大意义来说，可以同蒸汽机的发明相提并论。这一伟大科学成就，首先被应用于原子武器和潜艇核动力方面，然后，各种类型的核电站相继建成，今后还会有更多的奇迹出现。

如今，来到芝加哥大学的游人都会在这座建筑的外墙上看到如下的碑文：

"1942年12月2日，人类于此首次完成自持链式反应的实验并因而开始了可控的核能释放。"这就是原子时代的出生证书。

19世纪和20世纪之交，人类文明在短短的几十年间发生了飞跃。"美国原子弹之父"——奥本海默这样写

竖立在芝加哥大学体育场上的纪念牌

道："这是英雄的时代，一个常有重要消息和紧急会议的时代，是争论、批评和取得辉煌数学成果的时代，这是一个创造的时代。"这个时代群星璀璨，而恩利克·费米，无疑是其中耀眼的一颗。

实验物理与理论物理两栖的学者

费米是二十世纪唯一擅长理论与实验的物理学家,是一位多学科性的学者。他在理论物理学和实验物理学之间游刃有余,很方便地适应着变化中的需要。无论什么时候,只要看来没有令人感兴趣的实验的机会,费米就撤退到他的办公室里,一张又一张地写满了计算。但是,只要他对一个实验研究有了一种想法,或者只要有人在设计和制造一种新仪器设备,他就任凭他的稿纸落满灰尘,也要把他的全部时间都花在实验室里。

"逃礼"

费米认为时间是人生最宝贵的财富,所以他从来不愿意把珍贵的时间浪费在某些无聊的应酬上。

那是1930年的一天,罗马王宫披红挂绿,张灯结彩。意大利的王子将举行盛大的婚礼。头一天费米就接到了一张烫金的请柬。他反复看着这张高贵的请柬,心里矛盾重重。去吧,就要浪费掉金子般的时间;不去吧,这是王子的婚典,未免有不恭之嫌。怎么办呢?他苦苦思索,始终想不出一个好办法。"干脆不去!"他最后横了心。吃罢早饭,费米和往常一样,穿着工作服,自己开车向实验室驶去。但一件麻烦的事情发生了,他在半路碰到了庆贺婚礼的队伍,警察已封锁了街道。而费米要到实验室,再无别路可走。费米坐在驾驶室里心烦意乱。实验室去不成了,只好去参加婚礼吧!他抬头看着通往实验室的道路,仿佛觉得那些迷人的仪器正要向他叙述一个迷人的秘密。他皱起眉头,忽然灵机一动,把发给他的那张请柬递给车前的那位警官,并说:"警官先生,我是费米的司机,他正在实验室工作,我是奉命去接费米先生参加王子婚礼的。"警官看了看请柬,又打量一番费米,做了个手势,准许他经过,费米高兴极了,油门一踩,车子便沿着被封锁的街道,飞快地驶向实验室。他度过了有价值的一天。

"诺奖"轶事

1938年，化学家哈恩和斯特拉斯曼，与女物理学家梅特涅合作，试验用慢中子轰击铀元素，获得了令人难以置信的结果：铀核在中子的轰击下变成了新元素，但它们不是93号新元素，而是56号元素钡！

11月22日，也就是在诺贝尔奖颁发后的12天，哈恩把分裂原子的报告寄往柏林《自然科学》杂志，该杂志1939年1月便登出了哈恩的论文，推翻了费米的实验结构。显而易见，诺贝尔奖搞错了！

听到这惊人的消息，费米的第一反应是来到哥伦比亚大学实验室进行实验，结果和哈恩的实验是一样的。这一事实对费米来说无疑是难堪的。然而和人们的想象相反，费米坦率地检讨和总结了自己的错误判断，表现出了一个科学家服从真理的高尚品质。

你知道吗？

原子弹爆炸的能量和核反应堆的能量虽然都来自原子核裂变，但这是两种不完全相同的过程。如作一个对比，原子弹就好像我们把一根火柴丢进一桶汽油中，引起猛烈的燃烧和爆炸，而核反应堆犹如将汽油注入汽车发动机慢慢消耗一样。原子弹是由原子核里产生的快速中子在一瞬间引发的，而反应堆中的中子速度必须先降低，然后加以控制利用。

现如今能源紧张，环境污染严重，正是核能大展身手的时候。核能先是在军事方面起步的，其目的是追求和平。而当下的任务是要去和平利用核能，造福人类。

科学研究是一种精雕细琢的工作，因此要求精密和准确。

——恩利克·费米

有两种可能的情况：如果实验结果符合假设，这就是测量；如果不符合假设，这就是发现。

——恩利克·费米

第9章 原子弹之父——奥本海默

☆ 原子弹

原子弹是利用铀或钚等较容易裂变的重原子核在核裂变瞬间可以发出巨大能量的原理而制造的。

原子弹主要由引爆控制系统、炸药、反射层、核装料组成的核部件，核点火部件和弹壳等结构组成。引爆控制系统用来适时引爆炸药，是推动、压缩反射层和核部件的能源；反射层由铍或铀-238构成，用来减少中子的漏失；核装料主要是铀-235或钚-239；核点火部件用以提供"点火"中子，以引发链式裂变反应；弹壳用来固定和组合各部件。

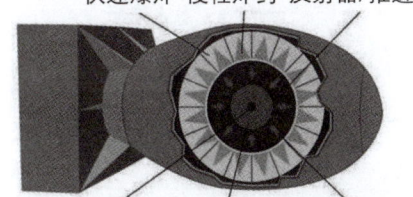

内爆式原子弹结构

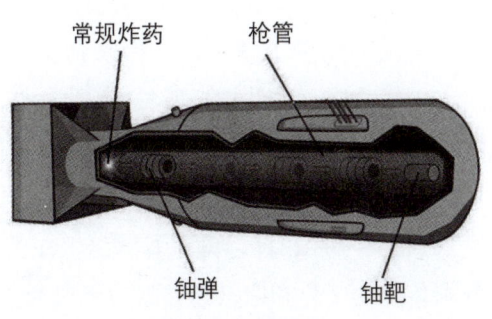

枪式原子弹结构

内爆式原子弹是利用炸药的球面向心爆炸，使处于次临界状态的球形裂变材料的密度迅速增高到临界状态而产生核爆的一种压紧型原子弹。由于炸药向心爆炸产生的冲击波压缩效应所需时间远比枪式原子弹的合拢时间要短，故这种原子弹的装料可以是铀-235，也可以是自发裂变机会较大的钚-239。美国投掷到日本长崎的原子弹即为内爆式原子弹。

枪式原子弹是最简单的制造核武器的方法。二战期间用于日本广岛的原子弹就是枪式的。这种武器有一根管，就像枪管，有一半的核燃料固定在一端作为"母弹（铀靶）"；另一半放在另一端，可以沿着枪管向"母弹（铀靶）"滑动，相当于"子弹（铀弹）"。在子弹（铀弹）核燃料尾部装上传统（常规）炸药,当传统(常规)炸药被引爆后,子弹(铀弹)核燃料就会沿着枪管飞速奔跑,猛烈撞击另一端的母弹(铀靶),这种猛烈的撞击就会引燃核燃料,于是爆炸。

罗伯特·奥本海默

尤利乌斯·罗伯特·奥本海默(Julius Robert Oppenheimer,1904—1967),著名美籍犹太裔物理学家,"曼哈顿"计划的领导者,美国加州大学伯克利分校物理学教授。

1943年,奥本海默创建了美国洛斯阿拉莫斯国家实验室并担任主任;1945年,主导制造出世界上第一颗原子弹,被誉为"原子弹之父"。二战后,奥本海默曾短暂执教于美国加州理工学院,之后来到美国普林斯顿高等研究院工作并担任所长。

罗伯特·奥本海默

1904年4月22日,奥本海默出生在美国纽约一个富有的家庭,这个家庭已摒弃了传统的文化和宗教,并致力于成为美国富豪。他的父亲朱利叶斯·奥本海默是美国有名的企业家,并喜欢建筑、绘画和音乐。母亲埃拉是一位颇有天赋的画家,曾留学巴黎。她那惊人的美貌、优雅而又有点忧伤的性格,对奥本海默后来的性格形成产生了不可忽视的影响。

童年的奥本海默就读于纽约伦理文化学校。该校推崇高水平的学术标准和自由的观点。奥本海默开始广泛地阅读从矿物学到柏拉图的大量书籍,同时开始收集大量五颜六色、形状各异的岩石标本。在小学五年级时,美国自然历史博物馆馆长就接收他为自己的学生,12岁时就被邀请到矿物俱乐部去做学术报告。少年的奥本海默受到全面正规的训练,他的勤奋努力使他成为全校有名的高才生。

1921年,奥本海默以十门全优的成绩毕业于纽约菲尔德斯顿文理学校。1925年,奥本海默用三年时间修完四年课程,并以优异的成绩从哈佛毕业。奥本海默带着他的导师布里奇曼的推荐信准备去世界著名的科学中心英国剑桥卡文迪许实验室学习。推荐信中写道："奥本海默具有十分惊人的吸引力，他在研究问题的许多方面表现出处理上的高度创造性和高超的数学才能，他的思想是分析型的而不是物理型的，他的弱点在实验方面，如果他能在这方面得到好的训练，必将取得非凡的成功。"在剑桥，奥本海默希望成为欧内斯特·卢瑟福的学生。卢瑟福对布里奇曼的信并不重视，也没有收下奥本海默，但年迈的汤姆生在卡文迪许实验室破例收下他。奥本海默惊奇地发现："剑桥在实验方面确实是世界物理学中心，这里的学术水准能一下子挖走哈佛所有的人。"这时他迷上了量子力学，于是开始攻读理论物理。1926年，奥本海默转到德国哥廷根大学，跟随马克思·玻恩，1927年，以量子力学论文获德国哥廷根大学博士学位。在玻恩的自传中，他这么提到奥本海默，研究生奥本海默曾经很多次在别人发表演讲时打断演讲，上台拿起粉笔，"这样会更好！"，他的老师都不能避免。这便是原子弹之父，奥本海默的传奇学生经历，几乎没有人能够打破他的记录。

接下来的两年，奥本海默在瑞士的苏黎世和荷兰的莱登做进一步的研究。1929年夏天，奥本海默回到美国，不幸感染了肺结核，在新墨西哥州洛斯阿拉莫斯镇附近的一个农场养病。后来他来到著名的加州大学伯克利分校任教，并创立了"奥本海默理论物理学中心"，后更名为"伯克利理论物理学中心"，使得伯克利成为世界理论物理学研究中心之一。在伯克利，奥本海默即使是上课，烟斗仍片刻不离嘴，又经常咳嗽，成为学生模仿的对象。奥本海默不看报纸，不看新闻报道，也不听收音机，对政治也缺乏兴趣。奥本海默的研究范围很广，从天文、宇宙射线、原子核、量子电动力学到基本粒子。

1939年，二战爆发后，奥本海默被选为最高机密的"曼哈顿"计划的主任。1942年，奥本海默在新墨西哥州沙漠建立洛斯阿拉莫斯实验室。1945年7月，在奥本海默的带领下，洛斯阿拉莫斯实验室成功地制造了第一批原子弹，随后在阿拉摩高德沙漠上空引爆。世界真正进入了核时代。这位理论物理学家将伴随这一声晴天霹雳而载入史册。1946年，他被授予梅里特国会勋章，奥本海默被称为"原子弹之父"。但战争结束后，奥本海默积极活动，与爱因斯坦等一起反对制造氢弹。

1947年，奥本海默被任命为普林斯顿高等研究院的院长，他在这一位置一直连任十九年之久，直到1966年才从这一职位上卸任。

1967年2月18日，这位杰出的量子力学先驱，因喉癌在美国普林斯顿与世长辞。许多科学家参加他的葬礼，遵照他的遗嘱，将他火化，骨灰撒到维尔京群岛。

☆ 人类第一颗原子弹的故事

1938年，两位德国科学家哈恩和斯特拉斯曼首先在实验时发现了铀裂变现象。1939年初，在美国的一次物理讨论会上，玻尔报告了欧洲科学家关于"铀裂变"的这一发现，立即引起震动，科学家们敏锐地察觉到，这一发现将导致一种新武器的出现，假如德国法西斯抢先研制出这种武器，后果将不堪设想。科学家们深知这一情况的严重，忧心如焚，然而白宫对这一潜在危险却一无所知。

1939年8月，著名科学家爱因斯坦写信给罗斯福总统，信中指出，利用铀裂变现象可制造一种威力无比的炸弹。1939年10月11日，罗斯福总统的经济顾问萨克斯终于得到了亲自向罗斯福总统递呈这封信的机会，而这封信已经在他手里压了将近10个星期。萨克斯如约来到白宫，见到了总统，递上了爱因斯坦的信。

可是，尽管萨克斯口若悬河，但罗斯福的反应冷淡。萨克斯说完以后，罗斯福说："你说的很有趣，但要政府现在干预这件事，还为时尚早。"这些话像是一盆冷水，浇灭了萨克斯的热情，他垂头丧气地打算辞别。罗斯福总统见他这般模样，觉得有些对不住这位老朋友，就邀请他第二天共进早餐。

又一次机会摆在面前，萨克斯整夜未眠，苦苦思索说服总统的办法。

第二天早上，萨克斯与罗斯福总统坐在餐桌旁。罗斯福见他还是一副很想说服自己的样子，就说："今天别和我谈爱因斯坦的信，也别谈科学家们的看法，一句也别谈，只是吃早饭，好吗？"萨克斯放下手中的咖啡杯，看了总统一眼，说："那我就来讲个历史故事吧！英法战争时期，拿破仑在欧洲大陆上的优势在海上战争中却荡然无存。这个时候有位叫富尔顿的发明家找到了拿破仑，建议他把战舰上的桅杆砍断，撤去风帆，改用蒸汽机，用铁板换下木板。但拿破仑觉得船没有帆是不能走的，铁板换下木板船就会沉到海底去，所以认为富尔顿一定是个疯子，就把他轰了出去。"萨克斯顿了片刻，继续说："如果拿破仑当时能采纳富尔顿的建议，那么十九世纪的历史就要重写了。"

萨克斯讲完故事后，用深沉的目光注视着罗斯福总统，而罗斯福已陷入了沉思。

时间似乎停止了几分钟，然后罗斯福站起身来取出一瓶拿破仑时代的白兰地，斟了满满一杯递给萨克斯，说："你赢了！"萨克斯顿时老泪纵横。萨克斯给罗斯福总统讲的这个故事，帮助美国翻开了原子弹制造历史的第一页。

1939年10月12日早晨，罗斯福做出两个决定：一，组建特工队，以刺探德国的原子能情报和破坏其原子能设施；二，组织力量加紧研制原子能武器。在以后的几年里，美国政府实施了代号为"曼哈顿"的原子弹研制计划，目标是赶在德国之前制造出原子弹。

1942年，奥本海默入选一个物理学家团体，主持"曼哈顿"计划的戈罗夫斯将军深为奥本海默的思想和才华所吸引，他不顾一些安全官员的反对，将奥本海默任命为洛斯阿拉莫斯实验室的主任。

原子弹的研究基地设在位于美国新墨西哥州旷野中的"秘密之城"——洛斯阿拉莫斯。

"曼哈顿"计划的领军人物是奥本海默，主将有劳伦斯、西博格、费米、威格纳，战将还有贝特、冯·诺依曼、玻尔以及后起之秀费曼、路易斯·斯罗廷等。

成立专门机构的几个月内，研发工作初见成效。原子弹在原理上已明了，中子减速剂也已经找到，唯一的问题似乎就是提纯铀-235了。提纯铀-235的技术相当复杂，天然铀中每1000个铀原子中只有7个是铀-235，其余的都是铀-238。铀-238吸收中子的能力大大超过铀-235。原子弹中的铀只要稍微掺杂一点铀-238，就休想爆炸。这时，主将西博格灵感闪现，很快确定了铀-235的替代品——钚。

1942年8月，钚在美国芝加哥大学的实验室里第一次分离出来。同年11月，人类第一座核反应堆成功运转。原子弹的研制成功指日可待。

1945年的夏天，新墨西哥州异常干旱炎热。奥本海默严厉督促，每个人的工作强度都到了极限。奥本海默在给主持"曼哈顿"计划的戈罗夫斯将军的报告中，要求在正式使用原子弹以前必须进行一次完整的试验。奥本海默说："人类在这个领域完全没有具体知识，不经试验就贸然在敌方国土进行这样一次爆炸是盲目的行为。"

为了给原子弹的试验找一个好地方，奥本海默曾经驾驶一辆四分之三吨的军用货车，在新墨西哥州的南部开了三天三夜。那片地方位处小城阿拉莫戈多以北70英里（1英里=1609米），被西班牙殖民者称为"死人之旅"。军队在那里迁移了一些牧场，开辟出一块18英里长、24英里宽的实验区，建造起一个现场实验室和几百个用于观察原子弹爆炸的地堡。奥本海默把这块地方命名为"三位一体"。

1945年7月中旬的波茨坦会议前，杜鲁门总统示意戈罗夫斯，希望在会议开始的时候手上能握有原子弹这张王牌。在戈罗夫斯一再施压下，奥本海默终于同意把第一次试验的日期定在7月16日。

离爆炸还有两天的那个晚上，奥本海默睡了四个小时。一个睡在旁边地堡中的军官听见奥本海默不停地咳嗽了半夜。第二天早上，精疲力竭的奥本海默如常起身。他在吃早餐的时候终于得到一个好消息。理论物理部主任贝舍打电话告诉他，前几天失败的小型试验原因查明，罪魁祸首是一个失效的感应器。贝舍强调，基斯田克斯基的设计没有任何问题。奥本海默精神为之一振。可马上他又担心天气问题。气象专家哈巴德警告说，虽然现在试验地区晴朗，但是，风正在卷来雨云，天气要变。奥本海默立即给即将从加州赶来现场观察爆炸的戈罗夫斯打电话，告诉他，天气的变化可能影响试验进行。

试爆前夜，奥本海默留在总部大厅等候天明。他一支接着一支地抽雪茄，同时一杯接着一杯地喝黑咖啡。最后，他拿起一本波德莱尔（法国诗人）的诗集静静地阅读，伴随着他的是一阵阵暴雨击打着铁皮屋顶的声音。

一串闪电划破夜空。物理学家费米忍不住了，他向奥本海默提议，将这次原子弹试爆改期。理由很清楚，如果按照原计划试爆，狂风会把沾染了放射尘的雨云带到别的地区，"那将是一场灾难"。

但是，气象学家哈巴德坚持，这场暴风雨马上就会过去，试爆只需要推迟一个小时，从早上4点推迟到早上5点，就够了。

戈罗夫斯把奥本海默拉到一边，一条条列出理由，强调试验如期进行的必要。他们两个人都清楚地知道，现场的专家已经精疲力竭。推迟试验的话，几乎可以肯定，两三天以后才能再重新开始。

戈罗夫斯担心，如果哪一个科学家冲动起来，再来找奥本海默要求试验延期，奥本海默会被打动。他干脆带上奥本海默离开总部，一起来到试验区南端掩护所，商议试验时间的问题。这里距试爆的"三位一体"区仅6英里。

凌晨2点30分，时速30英里的大风刮扫着整个试验场，雷雨声势不减。只有哈巴德和他的几个助手坚持认为，风雨肯定会在黎明时分停歇。

奥本海默和戈罗夫斯每隔几分钟就走出地堡，看看天色。两人不久终于做出决定，试验在5点30分进行，其余一切听天由命。

1个小时以后，大雨渐停，风势转弱，天色晴朗起来。

1945年7月16日晨5时许，在新墨西哥州荒僻的沙漠里，奥本海默、费米、西博格、贝特、费曼、斯洛廷一干人等，在微风中一齐望着远处那个尖塔顶端名叫"瘦子"的东西出神。

每一个人都激动得难以自抑，奥本海默除了激动，更多的是担忧。他不知道那个东西能不能从塔顶钻出来，更不知道它出来之后会有怎样的表现。但总统的科技顾问乔治·基斯塔科夫斯基却信心满满。为了给奥本海默信心，他们打了一个10美元的赌。费米则和几个人打了另一个赌。斯洛廷在曼哈顿工程中是专门负责精确测定核裂变材料临界质量数值的，他估计此次的爆炸当量大约2万吨TNT。很多人根本不相信有那么大能量，费米通过自己的计算支持斯洛廷的结果，并和他们打赌，在第一时间让他们得知爆炸的当量。

5点10分，试验场地所有的喇叭传出中央控制室的声音："距离试验还有20分钟，倒数计时开始。"

大约5点30分，所有的人都戴上了防护眼镜，等待人类第一颗原子弹"瘦子"点火。还没等人们反应过来，一道闪电掠过他们眼前，瞬间出现一个巨大的火球，一边缓慢上升，一边变换着自身的颜色，金色、金黄、深蓝，再到紫色。整片沙漠被照得通亮无比，"比1000个太阳还亮"。随后，火球变成了蘑菇云，一直冲到3000多米高的高空。整个美国西部都听到了爆炸的巨响，爆炸威力超出奥本海默此前设想的20倍。

原子弹实验成功了！人们完全忘记了可能的危险，顾不上震动的余波，欢呼雀跃起来。

乔治·基斯塔科夫斯基找到奥本海默，向他讨打赌的10美元。爆炸成功了，他赢了。奥本海默掏出空空的皮夹，要他等一等。大家回到洛斯阿拉莫斯以后，奥本海默特别举行了一个仪式，把一张签了名的10美元纸币郑重颁赠给乔治·基斯塔科夫斯基。

美国第一批制造出三颗原子弹，第一颗试爆的原子弹命名为"瘦子"，另外两颗分别叫"胖子"和"小男孩"。

1945年7月26日的波茨坦会议上，英美敦促日本无条件投降，但遭到日本天皇的拒绝。8月6日和8月9日，美国分别把"小男孩"和"胖子"投向了日本的广岛和长崎。两个城市夷为平地，促成了日本的无条件投降。

趣闻轶事

物理学家的良心

奥本海默对自己造出来原子弹极为后悔，他曾在联合国大会上发言说："我双手沾满了鲜血。"

你知道吗？

钚（Pu）是一种放射性元素，是原子能工业的一种重要原料，可作为核燃料和核武器的裂变剂。投于日本长崎市的原子弹，使用了钚制作内核部分。钚于1940年12月首次在美国加州大学伯克利分校及劳伦斯伯克利国家实验室被合成。参与合成者包括诺贝尔奖得主西博格和埃德温·麦克米伦等人。

2017年10月27日，世界卫生组织国际癌症研究机构公布致癌物清单，钚在一类致癌物清单中。

愚者在未来寻找快乐，智者在自己的脚下种植快乐。

——罗伯特·奥本海默

第10章 中国原子能事业的奠基人——钱三强

在现代中国技术发展史上，钱三强树立起一座不朽的丰碑。他用执着求索的一生，为中华民族的原子能事业奠定了宝贵的基础，并以自己的智慧为党中央确定"两弹一星"的决策提供了重要依据。他的工作精神和道德风范，成为几代科技工作者的光辉楷模。他是第二代居里夫妇的学生，又与妻子一同被西方称为"中国的居里夫妇"。他是中国发展核武器的组织协调者和总设计师，人们称他领导的研究所"满门忠烈"。

钱三强

钱三强是浙江人，1913年10月16日出生于绍兴。这是一块山清水秀、人杰地灵的沃土，不但物产丰富，而且文化教育发达，自古就是人才辈出的地方。钱三强的原籍是浙江湖州，祖辈后迁来绍兴安家，是很有名望的书香门第。不满四岁，祖父就亲自教他念书识字。在还不太懂事的童年，他离开祖父母，随着父母来到北京。

中国核物理学家钱三强

父亲钱玄同是很有名望的文学教授，早年曾赴日本留学，是新文化运动的倡导者和近代著名的语言文字学家。钱玄同的进步思想深深影响着幼年时代的钱三强。

钱玄同虽然工作很忙，仍下了许多功夫教育孩子，他主张启发式，注意引导，放手让孩子发挥自己的才能，引导钱三强博览群书。他鼓励孩子上进，告诉孩子要接受先进思想，接受新鲜事物，不可保守。

钱三强七岁时进入最早采用白话文的孔德学校,这是一所实行十年一贯制,提倡德、智、体、美、劳全面发展的新型学校。这所学校原是由蔡元培、李石曾等北京大学教授们创办的子弟学校,钱三强在这所学校受益甚多,培养了广泛的兴趣,并给法文打下了良好基础。

16岁的钱三强考取了北京大学预科班。北大预科有很好的实验条件,实验课老师热心的指导,使钱三强对实验产生了很大的兴趣。他开始真正体会了实验的重要性。他阅读了大量的物理知识,其中有罗素的名著《原子新论》。钱三强对原子物理学产生了浓厚兴趣,于是在1932年预科毕业时,改变志向报考了清华大学物理系。

1933年10月的一天,钱三强从学校回到家中,父亲钱玄同将自己亲笔书写的一幅字,在他面前慢慢展开,上面写着"从牛到爱"四个大字。这是什么意思呢?其实,父亲这四个字里有两层寓意:一是钱三强属牛,他父亲希望他发扬牛的那股子劲儿,踏实、勤奋;二是鼓励他在科学上不断进取,向牛顿、爱因斯坦学习。从此,这四个字就成了钱三强的座右铭,伴随了他一生。1937年9月,钱三强以全班第一名的优异成绩从清华大学毕业,之后他远赴法国进入巴黎大学学习深造。

☆ 裂变之光

1937年冬,钱三强到达巴黎。正在巴黎考察光学食品制造的严济慈教授,亲自带他到巴黎大学镭学研究所会见了著名物理学家居里夫人的大女儿,曾获得诺贝尔化学奖的伊雷娜·约里奥-居里。因为她的丈夫姓约里奥,所以大家习惯称她为约里奥-居里夫人。

钱三强深知留学的机会来之不易,在这里他非常勤奋地学习与工作。那时,除了受难的祖国时时牵动着他的心外,他把全部时间和精力都用在了做核物理实验上。

钱三强到实验室不久,约里奥-居里夫人和南斯拉夫科学家萨维奇合作,发现铀和钍受中子打击后,生成一种像镧的放射性元素。法国科学家哈恩和斯特拉斯曼也发现铀和钍受中子打击后，生成一种非常像钡的元素。这些实验结果说明，铀和钍受中子打击后，可以分裂成两个质量差不多的原子核，这就是原子核裂变现象。这是1938年底的事情。

1939年初，约里奥-居里夫人与钱三强同做一个实验，目的是观察用中子打击铀的原子核和钍的原子核，得到的非常像镧的放射性元素放出的β射线能谱。做实验时，约里奥-居里夫人做放射源，钱三强用云雾室拍照片，师生二人经过两个星期的紧张工作，最后证明两者的能谱一样，是同一物质。这个实验用物理的方法，为重原子核的裂变理论提供了有力的证据。不久，约里奥-居里夫人用低压云雾室拍摄到世界上第一张记录有原子核裂变碎片的照片，直接证实了原子核裂变现象的存在。

这一重大发现使人类对原子核的研究进入了新时期。那天，钱三强从实验室出来，非常兴奋地对正在法国留学的水声学家汪德昭说："你知道原子核裂变释放能量有多么重要的意义吗？这种能量将来如果为人类服务，那该多好！但是，如果用来制造武器，后果就不堪设想了！"

钱三强很快完成了博士论文。1946年，他与清华大学同学、正在法国留学的何泽慧结婚。婚后，钱三强与何泽慧一起继续研究原子核的裂变现象，他的想法得到了约里奥-居里夫人的热情支持。经过紧张的工作，钱三强夫妇发现：铀的原子核受中子打击后，在300次裂变中，有一次分裂成了3个碎片。这个重大发现，使他们异常兴奋，但是，他们没有声张，而是继续做实验。

何泽慧

又经过一段时间的艰苦研究，他们终于在1946年底证明：铀的原子核在中子的打击下，不仅可以分裂为二，而且可以分裂为三。1947年春天，钱三强和何泽慧对铀原子核"三分裂"的机理做出了解释。这些发现，使人类对原子核的裂变现象有了更深刻的了解。

在法国期间，钱三强先后发表了30多篇论文，获得法国国家博士学位和法国科学院颁发的亨利·德巴微物理学奖金，并先后担任过法国国家科学研究中心的研究员和研究导师职务。

取得上述成就后，钱三强和何泽慧提出了准备回国的想法。离开法国，回到中国，面对众人的不解和疑惑，钱三强只回应了一句话："虽然科学没有国界，但科学家是有祖国的。"当钱三强决定回祖国的消息传开后，国内各大高校和研究机构纷纷向钱三强伸出了橄榄枝,邀请他去任教并从事科研工作,最终钱三强决定接受母校清华大学的邀请,到清华大学物理系任教。

1948年中的一个周末,位于巴黎安东尼镇勒诺特大街的一所老式别墅里,一向严肃、寡言少语的小居里夫人伊雷娜,特意亲自下厨准备了几样拿手的法国菜,而她的丈夫约里奥也亲自打开一瓶上好的红葡萄酒,这个带有很浓厚情感色彩的家宴是为了给钱三强夫妇回国送行。因为他们既是师生又是挚友。当四个人举起酒杯时,伊雷娜说:"我们尊重你们的选择,支持你们回到自己的祖国。"晚宴之后,钱三强与恩师在后花园合影留念。临行前,约里奥-居里夫妇郑重地将一份鉴定书交给了钱三强,这份鉴定书是由他们两位导师共同签署的。"我们可以毫无夸张地说,10年期间,在到我们实验室并由我们指导工作的同时代人中,他是最优秀的"。不仅如此,约里奥-居里夫妇还将一些保密的核数据和一包放射源交给了钱三强,并非常贴心地说,将来你们也许用得着。

1948年5月1日,钱三强与妻子何泽慧抱着刚满六个月的女儿踏上了归国的客轮。

☆ 罗布泊腾空而起的蘑菇云

✧ 钱三强和何泽慧回到祖国

1948年,钱三强携家人回国后,任教于母校清华大学。不久,钱三强便急切地找到清华大学校长梅贻琦,再次提出发展原子科学的想法。可是让他万万没想到的是,之前曾在信中积极响应钱三强建议要设立北平联合原子核研究中心的梅贻琦校长却婉言谢绝了他。梅贻琦校长热情高涨的态度,一夜之间变得冷淡下来,也并非他的本意,而是受时局所限。1948年正值北平解放前夕,钱三强找的几位负责人当时都受到各方面的压力,不得不拒绝了钱三强的宏伟计划。钱三强只好把全部精力都放到培养人才的事业中去,他把小居里夫人送给他的数据和放射源秘密保存起来,等待着黎明的到来。1949年1月31日,北平宣告和平解放,钱三强怀着激动的心情来到长安街,和载歌载舞的人们欢迎解放军进城。

✧ 钱三强申请到新中国第一笔核物理科研经费

1949年3月,北平刚刚解放两个月,钱三强就接到一个重要的通知,请他作为中国物理学家代表到法国巴黎参加巴黎世界和平大会。钱三强兴奋无比,他找到了代表团副秘书长丁瓒说:"这次咱们去巴黎参加和平大会,能否带上外汇,我想托我的导师约里奥-居里先生,帮忙购买一些核科学研究所需的仪器设备和技术资料。有他们的帮助,既可以买到价格合理的东西,又可以打破西方的封锁把设备运回国。"丁瓒问:"估计需要多少外汇?"钱三强回答说:"总估算需要20万美元。"丁瓒惊讶地说:"20万美元。"钱三强赶紧解释道:"核物理科研实验设备都是很贵的,我是想先跟你商量商量。如果觉得不妥当,就不要向上反映了。"此后的一段时间这件事就没消息了。钱三强也意识到,自己的愿望虽好,但对还在筹备中的新中国来说,这实在是太难了,为此,他还埋怨自己书生气太重,没有顾全大局。就在代表团准备启程的前三天,钱三强接到了一个来自中南海的电话,时任中央统战部部长的李维文在中南海热情地接待了钱三强,并对他说,中央领导研究过,周恩来同志认为你的建议很好,对发展中国的核武器事业非常重视,并表示给予支持,决定先拨5万美元。在周恩来安排下,钱三强收到5万美元专款,用于购置核研究用的仪器设备。

41年后,当钱三强重新回顾这段经历时,还是那样记忆犹新、激情未了:"当我拿到那笔用于发展原子核科学的美元现钞时,喜悦之余感慨万千。因为这些美元散发出一股霉味,显然是刚从潮湿的库洞里取出来的。不晓得战乱之中它曾有过多少火与血的经历!今天却把它交给了一位普通科学工作者。这一事实我自己都无法想象。"

不久,新中国诞生,钱三强在北京一个旧式的四合院里筹建中国近代物理研究所。连他和何泽慧在内,研究所总共只有5个人。钱三强认为,中国核物理要起飞了,必须要有领头雁,他想到了清华大学物理系的两位校友,时任浙江大学物理系主任王淦昌教授,曾留学柏林大学并获得博士学位;时任清华大学物理系教授彭桓武,曾留学英国,是当时第一个在英国取得副教授职称的中国人。在钱三强的力邀下,两位核物理顶尖人物很快就聚集到了中国近代物理研究所。此后,钱三强通过各种途径,从国内外招兵买马,并把有才华的科学家推上了科学带头人的岗位。到1955年,白手起家的近代物理研究所已经扩大到150人左右。

✿ 中国的原子能事业艰难起步

1946年8月6日,面对美国记者安娜·路易斯·斯特朗的采访,毛泽东说出了流传于世的一句话"原子弹是美国反动派用来吓人的一只纸老虎,看样子可怕,实际上并不可怕"。然而,接下来美国不断挥动核大棒威胁中国,让毛泽东意识到,要反对核武器,就得自己先拥有核武器。

1955年1月14日下午,毛泽东主席召集中央领导人开会研究核武器方面的问题,特地把几位科学家请到了中南海丰泽园,其中就有原子能专家钱三强和地质学家李四光。毛主席亲切地说:"今天,我们这些人当小学生,关于原子能的相关问题,请你们来上一堂课。"李四光首先介绍了我国铀矿资源情况与发展原子能的关系,并拿出一块红中带黑的铀矿石标本给毛主席看。接着钱三强用所里自制的盖革计数器接通电源,慢慢靠近矿石,立刻发出"咯啦,咯啦"的响声,把计数器从矿石边移开后,响声就停止了,钱三强边演示边介绍说,这块石头里面含有放射性很强的物质,这是发展原子能必不可少的矿石。毛主席听完汇报后高兴地说:"我们国家现在已经知道有铀矿,进一步勘探一定会找出更多的铀矿来的。原子弹这件事现在到时候了,该抓了,我们有人,又有资源,什么奇迹都可以创造出来。"这一天也被全世界记录为中国正式下决心研制原子弹的起始日。

会后,由钱三强组成领导小组,加紧了培养发展原子能事业的科技人才的工作。为了使全国都来关心和重视原子能事业的发展,钱三强等人和高等院校的教授们组成宣传团,到全国各地宣讲关于原子能的科普知识。与此同时,他还率领数十名科技人员到苏联学习。就这样,钱三强历尽艰辛,与物理学家彭桓武、王淦昌等人一起,在一穷二白的基础上创建起了中国的核科学研究机构,为国家培养了大批核科学人才。

然而,中国的核弹研究工作并没有那么一帆风顺。苏联单方面终止中苏两国签订的国防新技术协定,撤走了全部专家,还讥讽说:"离开外界的帮助,中国20年也搞不出原子弹。就守着这堆废铜烂铁吧!"苏联撤走专家,给刚刚起步的原子能事业雪上加霜,而就在这个时候,美国也扬言不管用什么手段,必须阻止中国成为有核武器的国家。钱三强肩负使命,决心自己动手,从头摸起,准备用8年的时间制造出原子弹。他决心重新排兵布阵,他要在科学家中起到磁铁作用,组织合适的人员到位,解决可能出现的科学技术难题。

1958年秋的一天,钱三强的办公室里来了一位三十出头的年轻人,他就是青年科学家邓稼先。邓稼先从西南联合大学物理系毕业后远赴美国普渡大学留学,并获得物理学博士学位。钱三强见到邓稼先后,幽默地对他说:"小邓,国家要放一个'大炮仗',要调你去参加这项工作,你是否愿意?"邓稼先立刻意识

第 10 章　中国原子能事业的奠基人——钱三强

到，这是让他参与研制原子弹，内心顿时一阵激动。钱三强紧接着说："原子弹的理论设计，需要由你领导的那个研究室来承担。"邓稼先深深地理解钱三强交付给他的任务重如泰山。邓稼先义无反顾地接受了。从此邓稼先舍小家，顾大家，隐姓埋名地工作，在与世隔绝的西北戈壁，一去就是28年。在邓稼先的主持下，原子弹的理论设计进展顺利。

然而，钱三强又遇到了新的难题，要研制原子弹，工程力学方面的专家是必不可少的。他找到了时任中科院力学所所长钱学森商量，问他谁是承担核武器爆炸力学工作最佳人选，钱学森毫不犹豫地推荐了著名应用力学家郭永怀。郭永怀是我国近代力学事业的组织者和奠基人之一。1960年5月，郭永怀被任命为北京应用物理与计算数学研究所所长，主管核武器的力学部分和武器化工作。从此，研究所里不分白天黑夜，都能见到郭永怀的身影。

当时，钱三强主抓的制造原子弹的四个前沿阵地分别是理论部、实验部、设计部和生产部，这四个部也被称作原子弹研制的"四匹马"，在那个艰苦的岁月里，钱三强就是驾驭着这"四匹马"在崎岖的道路上艰难地奔驰。

原子弹研究攻关的最后一个环节，就是原子弹点火。钱三强想到了一位年轻的化学工程师王方定。从此，王方定在远离北京的实验室里，和他的同志们将个人生死置之度外，终于以数百次的化学实验，赢来了最后的胜利。

钱三强与其他科学家一起排除万难，解决了一个个的问题，终于，在1964年10月16日下午3点，随着一声惊天巨响，一朵巨大的灰白色的蘑菇云，在新疆的罗布泊戈壁荒漠腾空而起，中国的第一颗原子弹爆炸成功了，中国成为世界上第五个拥有核武器的国家。中国在原子弹的研究上是比西方国家要晚一些，失去了国外的技术支持，中国依旧凭借着自己的努力研制出了第一颗原子弹。那朵美丽的蘑菇云承载了众多科学家夜以继日的努力，使得中国在国际舞台上更进了一步。

当晚，英国《星期日泰晤士报》和法新社编写的消息稿中，都写有钱三强是中国原子弹之父的文字。而钱三强本人并不接受这种说法，他说外国人往往看中个人的价值，喜欢用之父这些词，我们中国人还是多讲点集体主义好！多讲点默默无闻好！因此，钱三强更认同人们给予他的团队的荣誉，那就是一个"满门忠烈"的科技大本营。

一次，一个体质不如钱三强的比较瘦弱的同学给钱三强写信，信中自称"大弱"，而称当时还叫"秉穹"的他为"三强"。这封孩子们之间互称绰号的调皮信，恰巧被秉穹的父亲钱玄同看见了。

"你的同学为什么叫你'三强'呀？"钱玄同风趣地问道。

"他叫我'三强'，是因为我排行老三，喜欢运动，身体强壮，故称我为'三强'。"秉穹认真地回答了父亲的询问。

钱玄同先生一听，连声叫好。他说："我看这个名字起得好，但不能光是身体强壮，'三强'还可以解释为立志争取德、智、体都进步。"

在父亲钱玄同的肯定下，从此以后，"钱秉穹"就正式改名为"钱三强"了。

你知道吗？

中国首颗原子弹外号为何叫"邱小姐"？

档案里原子弹代号叫"老邱"，它是"邱（球）小姐"引申而来，因为那个装原子弹的容器像梳妆台，连接几十根雷管，有很多电缆线，看上去像小姐的头发一样。

古今中外，凡成就事业，对人类有作为的，无一不是脚踏实地、艰苦攀登的结果。

——钱三强

第 11 章 中国核武器研制开拓者——邓稼先

邓稼先

邓稼先,安徽怀宁人,著名核物理学家,中国科学院院士。参加组织和领导我国核武器的研究、设计工作,是我国核武器理论研究工作的奠基者之一。他从原子弹、氢弹原理的突破和试验成功及其武器化,到新的核武器的重大原理突破和研制试验,均做出了重大贡献,被称为"两弹元勋"。

核物理学家邓稼先

1958年8月的一天,一个年轻人走进了时任核工业部副部长钱三强的办公室。钱三强对他说了这么一句话:"国家要放一个'大炮仗',要调你去参加这项工作,你是否愿意?"这个大炮仗,指的就是原子弹,而这个年轻人就是邓稼先。

接受钱三强交与的任务后,邓稼先开始消失在亲戚朋友的视线里,长达28年。直到1986年6月的一天,他的名字出现在全国各大媒体的报道中,一个埋藏了28年的秘密也随之浮出水面——原来当年那个年轻人投身我国的核科学事业去啦。

在当时人才济济的中科院,为什么钱三强会选择年轻的邓稼先主持我国原子弹的研制工作?这恐怕还得从邓稼先小时候说起。

☆ 13岁时当众撕碎侵略者的旗子

安徽省怀宁县白麟坂镇的铁砚山房是邓稼先出生的地方。邓稼先的父亲邓以蛰是我国著名的哲学家和教育家。邓稼先1924年出生。邓稼先出生后不久，母亲就带着他来到当时在北大任教的父亲身边。在父亲的熏陶和影响下，邓稼先在上小学的时候就开始读四书五经，此外，他还对世界名著感兴趣，并且早早地接触了英文、数学等科目。可以说，邓稼先的童年生活充满着书本香气。

中学时代的邓稼先越来越喜爱数学和物理，在崇德中学上学时得到了比他高两届的杨振宁的帮助，学习突飞猛进。就在这时，他平静的学习生活被日本帝国主义侵略者的枪炮声打碎了。

1937年7月7日，卢沟桥事变的枪声响起。22天后，北平沦陷了。占领北平的日军强迫市民游行，庆祝他们所谓的"胜利"。

邓稼先无法忍受这种屈辱，时年13岁的他当众把一面日本国旗撕得粉碎，并扔在地上踩了几脚。这件事发生后，邓以蛰的一个好友劝他说，此事早晚会被人告发，你还是尽早让孩子离开北平吧。无奈之下，邓以蛰让邓稼先的大姐带着他南下昆明，那里有南迁的清华教授和北大教授，还有众多的老朋友。临走前，父亲对他说："稼儿，以后你一定要学科学，不要学文，科学对国家有用。"这句话在邓稼先的脑海里留下了深深的印象。

☆ "我学成后一定回来！"

1941年秋天，邓稼先考上了西南联大物理系。西南联大是原来的北大、清华和南开三所大学在南迁后合并的一所学校。合并后的西南联大物理系汇集了当时国内众多知名专家和学者，例如测得普克朗常数的叶企荪、对证实康普顿效应有贡献的吴有训、对证实正电子存在有过帮助的赵忠尧等。这里的名师严教让好学的邓稼先如鱼得水，他读书的劲头比中学时期更胜一筹，各个科目均成绩优异。

1946年的夏天，毕业后的邓稼先受聘担任北大物理系助教，回到阔别了六年的北平。这期间他一面当助教，一面积极准备留学美国的考试，并在1947年顺利地通过了考试，到美国普渡大学攻读博士学位。1948年秋天，邓稼先从上海启航，向大洋彼岸驶去。临行前，他的一位好友对他说"中国天快要亮了"，邓稼先听了笑了笑，说了这样一句话："将来祖国建设需要人，我学成后一定回来。"

在西南联大打下的坚实基础让他在美国的学习很轻松,邓稼先各门功课优异,还拿到了奖学金。这段时间,邓稼先集中了大量的时间和精力钻研他所喜爱的物理学。三年的博士课程,邓稼先仅仅用了一年零十一个月便读满学分,并完成博士论文,顺利通过了答辩,获得了学位。

1950年8月29日,邓稼先收拾行李登船回国,这位取得学位刚9天的博士放弃了在美国可以有的优越的生活和工作条件,回到了当时一穷二白的祖国。邓稼先实现了他两年前离开中国时许下的诺言:"我学成后一定回来!"

☆ 罗布泊升起了一团蘑菇云

学成归国的邓稼先成了中科院近代物理研究所的一名助理研究员。他扎实的学科基础、高水准的专业水平和科研能力、流利的英文和俄文,让负责筹备组建核武器研究队伍的钱三强选中了他。

1958年8月,我国自主设计开发核武器的工作正式启动,年仅34岁的邓稼先成了领头羊,其他的小组成员都是刚刚走出校门的大学生。当时,我国核武器理论研究工作从零开始,这群年轻人面对的挑战可想而知。要知道,美国第一颗原子弹的科研队伍仅诺贝尔奖得主就有14人。

当时苏联支援我们的专家事实上实行技术封锁,邓稼先等人并没有获得多少帮助,后来,中苏关系恶化,苏联专家干脆全部撤走。邓稼先等人别无选择,只能自力更生。他领衔的理论小组面前的问题很现实,首先要在迷宫中找到方向。很快,他将目光锁定在中子物理、流体力学和高温高压下的物理性质这三个方面。方向确立了,邓稼先迅速把理论部的人员分成三个组,分别攻关。邓稼先晚上备课,白天给年轻人补习专业知识,有时上完课,邓稼先站在黑板前竟睡着了。这是一支年轻的队伍,每个人专长不同,性格迥异,相同的只有"争气"的劲儿和工作的热情,他们为讨论技术问题,经常通宵熬夜。就这样,原子弹的理论设计在两年中获得了很大的进步,在朝着邓稼先确定的方向迈出了大步。不久,他们就走到了一个关键之处,要寻找制造原子弹的一个关键参数。当年苏联专家曾给过一个参数,严谨的理论小组没有轻易使用这个数值,上万次的方程式推算的结果与苏联专家的爆炸参数相差一倍,计算用的纸装进麻袋,堆满了几个仓库。

经过理论小组反复的计算核查,邓稼先意识到,苏联专家给出的参数只是他们的随口一说。为了演算这个数据,邓稼先带着研究员一日三班倒。算一次,要一个多月,算9次,要花费一年多时间,又请物理学家进行估计,确定正确,常常是工作到天亮。每当过度疲劳,思维中断时,邓稼先都着急地说:"唉,一个太阳不够用呀!"

终于,关键性的参数被确定,整个核武器研制的"龙头"昂起来了。数学家华罗庚说这是"集世界数学难题之大成"。制造第一颗原子弹时,科学家们造精密、复杂的核武器用的竟都是最原始的工具,炼制炸药时用的是铝锅,精确计算时用的是手摇计算机、计算尺和算盘,这里有邓稼先和那一代科学家天才般的创造和他们义无反顾的热情。

1964年10月16日,中国的第一颗原子弹按照邓稼先他们的设计,顺利地在沙漠腹地炸响。这一天被历史铭记。

但是,邓稼先等人前进的脚步没有就此打住,继续驻守在大漠深处,开始新的征程。

1967年6月17日,中国第一颗氢弹又在罗布泊上空爆响。从原子弹到氢弹,法国用了8年、美国用了7年、苏联用了4年,中国仅仅用了两年零八个月。

☆ 释放出生命的全部光辉

邓稼先曾说过:"在我们这里没有小问题,任何一件小事都是大事。小问题解决不好就会酿成大祸。"

1979年某一天,在某试验基地,新型核弹实验开始——飞机携带核弹直飞爆心。时间分秒过去了,核弹却没有爆炸,很多人都惊住啦。在场的技术人员正想询问邓稼先时,却意外地发现"老邓"在往试验场跑去。

作为物理学家,他不是不知道辐射核心区有多危险,但是为了弄清楚原因,为了人民的安全和国家的荣耀,他头也没回,现场没有人能拉住他。摔碎的弹片散落在荒垣上,当值的防化兵没有找到核心部件,他先找到了。在捧起碎弹体的一刹那,生命的倒计时也启动了,他已经受过多次辐射伤害,但这一次是致命的。邓稼先被送进医院,检查结果显示白血球内染色体呈粉末状,尿液有极强的放射性。医院的医生不解地问:"这是吃了什么毒药?毒性这么大,身体竟被破坏到这样?"邓稼先什么都没有说,短暂的休息后又回到了戈壁滩。

1984年，距第一颗原子弹爆炸整整20年，邓稼先指挥他一生中最后的一次核试验，这次试验的成功标志着中国第二代核武器的重大突破，然而这时邓稼先的身体已被癌细胞严重侵蚀，没有人知道。1985年，邓稼先回到了北京，回到了妻子的身边，这时，他的生命走到了尽头，他进了医院，再也没能走出来。他住了363天，动了3次手术。363天里，他一直疼痛不止，止痛的杜冷丁（即盐酸哌替啶）从每天一针发展到1小时一针，全身大面积溶血性出血。可就是这样，在生命最后时光，占据邓稼先脑海全部的仍然是中国的核事业。他着重思考的是如何和平利用原子能，但他已无法亲自实现了。邓稼先坐在能减缓压力的橡胶圈上写他一生的积攒，写他最后的思考。邓稼先敏锐的眼光使中国的核武器发展继续快步推进了十年，终于赶在全面禁止核试验之前，达到了实验室模拟水平。

1986年7月29日，邓稼先走完了他62年的生命旅程。十年后同一个日子，中国在成功地进行了最后一次地下核试验之后，向全世界宣告：中国将暂停核试验。

邓稼先

迎来这一天，我们要永远记住邓稼先。是他让一朵蘑菇云升腾而起，如一把利剑，啸出了中华民族复兴的强音！是他，把生命放在危险之间，把国家领向安全地带。

无论是原子弹，还是氢弹，都是中国人自己研制的

1971年夏，阔别22年后，杨振宁与邓稼先在北京相见了。这是杨振宁自1945年公费留学美国后首次回国访问。彼时他离开祖国已经26年了。

邓稼先和杨振宁相见，是邓稼先自1950年在美国与杨振宁分别后，他俩的第一次相见。期间，杨振宁问邓稼先是不是由美国科学家帮助中国研究原子弹。邓稼先当时请示了周恩来，是否如实相告，该怎么说。

周恩来让邓稼先如实告知杨振宁。于是，杨振宁在结束访华的告别晚宴上，收到了一封邓稼先的亲笔信，当看到邓稼先掷地有声的话语化为文字——"无论是原子弹，还是氢弹，都是中国人自己研制的"，杨振宁当即离开席位躲到一旁，流下了热泪。

"两弹元勋"邓稼先只拿到了20元奖金

邓稼先病重期间，杨振宁恰巧在国内，并且前往邓稼先所在的医院看望他。杨振宁问了邓稼先一个有趣的问题："你设计出了原子弹，为中国国防建设做出了这么大贡献，国家给了你多少奖金？"

邓稼先的回答是，发明原子弹拿了10元钱，氢弹拿了10元钱。

那个年代国家最高科研奖是1万元，当时的原子弹给了1万元，氢弹也给了1万元，邓稼先作为研制团队的主创人员本可以多拿些，但是他讲道："我们参加研制的团队有1000人，大家平分"，所以邓稼先研发原子弹分到10元钱，研发氢弹分到了10元钱。

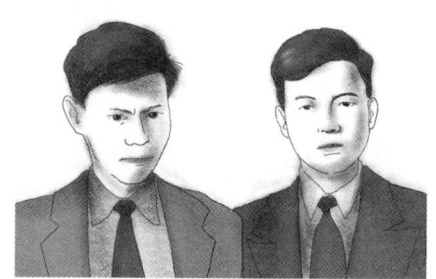

杨振宁和邓稼先

你知道吗？

蘑菇云是怎么形成的？

蘑菇云又名蕈状云，指的是由于爆炸而产生的强大的爆炸云，形状类似于蘑菇，上头大，下面小，由此而得名。云里面可能有浓烟、火焰和杂物，现在一般特指原子弹或者氢弹等核武器爆炸后形成的云。火山爆发或天体撞击也可能生成天然蘑菇云。

当一个核装置被引爆时，周围较大范围内都将产生大量的X射线，中子、α粒子等高能粒子，它们不仅具有摧毁四周一切建筑、杀死大范围内一切有生命的物体的本领，更直接的作用是极迅速地加热周围空气。这些高温空气和着大量尘埃在爆炸力和浮力作用下高速升空。最先它们升空时是形成一道云柱，当云柱升高膨胀后，其顶部空气和尘埃碰到上面的冷空气将开始降温。当这些上升的空气和尘埃降温到同周围空气几乎等温时，它们将减速上升，然后改变运动方向，变成向周围平移，最后逐渐变为下降。由于"云柱"的变化在其顶部的各个方向一般都比较均匀，蘑菇云因此形成。

核爆炸蘑菇云

我不爱武器，我爱和平，但为了和平，我们需要武器。假如生命终结后可以再生，那么，我仍选择中国，选择核事业。

——邓稼先

科技革命：核能、航天、计算机的故事

第12章 世界顶级的氢弹专家——于敏

氢弹，也被称作热核弹，是利用原子弹爆炸的能量点燃氢的同位素氘等轻原子核的聚变反应瞬时释放出巨大能量的核武器。它的爆炸过程大致是裂变—聚变—裂变。它的特点是借助热核反应产生的大量中子轰击铀-238，使铀-238发生裂变反应。这种氢铀弹的威力非常大，放射性尘埃特别多，所以是一种"肮脏"的氢弹。

于敏

1926年8月16日，于敏出生于河北省宁河县（今天津市宁河区）芦台镇的一户普通人家。于敏父母都是天津普通的小职员。于敏自幼喜欢读书，有过目不忘之能，书中的那些人物，如诸葛亮、岳飞等都是他崇敬的对象。和许多热血少年一样，当看到岳飞荡寇平房、诸葛亮兴复汉室的壮举时，于敏无不想象着自己有朝一日也能为国家崛起效力，建功立业。

核物理学家于敏

2015年感动中国组委会给予于敏的颁奖词：

"离乱中寻觅一张安静的书桌，未曾向洋已经砺就了锋锷。受命之日，寝不安席，当年吴钩，申城淬火，十月出塞，大器初成。一句嘱托，许下了一生；一声巨响，惊诧了世界；一个名字，荡涤了人心。他是中国科学院学部委员（院士），国家最高科学技术奖获得者；他是89岁高龄的于敏。"

☆ 勤奋学习为国家崛起效力

虽然家境贫寒，但是于敏自小聪明好学，智力过人。1944年，于敏以出色的成绩考上了北京大学，但此时父亲突然失业，在同窗好友的资助下，于敏才得以进入北大求学。

在北大，于敏开始崭露头角，显示出了过人的智商和超强的记忆力。于敏刚刚进入大学时进的是工学院，但他认为工学教的都是别人已经研究出来的东西，太过简单，没有意思。大二时，于敏发现物理学中还有很多未知的领域需要探索，于是转入理学院学习物理，从此便在物理学领域一发不可收拾。1949年大学毕业时，于敏以北大物理系第一名的成绩考上了北大理学院的研究生。

读研究生的于敏更是以聪慧闻名北大，让导师张宗燧大为赞赏。张宗燧甚至表示："于敏是我带过的最优秀的学生。"张宗燧的称赞不无道理。有一次在代数考试中，试题刁钻古怪，北大数学系的学生平均成绩才20分，最优秀的学生也不过60分，但是唯一的一张满分的卷子显得特别突兀，因为这是别的学院——理学院于敏的试卷。

1951年，于敏被钱三强看中，进入了中科院近代物理研究所工作。这个研究所集合了当时中国所有核领域的顶尖人才，其中就有于敏日后挚友、两弹元勋邓稼先。

在进入研究所之前，于敏研究的是量子场论，没别的原因，就是因为量子场论难度够高，符合于敏的口味。于敏进入研究所时，我国已经开始了原子弹的理论研究，于敏知道原子弹对国家意味着什么，少年时种下的家国情怀让敏很快就转行开始研究原子核物理。

量子物理和原子核物理是两个完全不同的物理学分支，于敏必须从头学起。但是学习对于于敏来说，从来就不是一件什么难事。在不到四年的时间里，于敏不仅掌握了国际核物理的发展趋势和研究焦点，而且在关于核物理研究的关键领域，写出了多篇有重要影响力的论文。

于敏这几篇论文的分量有多重呢？它直接让我国在该领域研究水平上升了一个新的台阶，引起了全世界的震动。国内外专家纷纷好奇，这些震惊世界的论文的作者到底是谁，当时的诺贝尔物理学奖获得者、日本专家朝永振一郎亲自跑到中国，点名要见于敏这位奇才。在得知于敏是一个从来没有出过国，也未得到外国名师指导的本土学者，靠独自钻研获得如此巨大的研究成果后，朝永振一郎惊得说不出话来。待回到日本，朝永振一郎在自己的著作中称于敏是中国"国产土专家一号"。

☆ 隐姓埋名三十载，愿将一生献宏谋

1961年，于敏已经是国内原子核理论研究领域顶级专家，为我国原子弹工程做出了很大的贡献。但是这一年，于敏在钱三强的办公室接到了新的任务：参加氢弹理论的研究。

于敏若接受氢弹研究的任务，意味着他将放弃持续了十年，已取得了很大成绩的原子核研究，在一个基本不了解的领域从头开始研究。而且那个时候，氢弹理论在国内基本处于真空状态，找不到任何可供参考和学习的东西。虽然那时英、美、苏三国已经成功研制出了氢弹，但是关于氢弹的资料都是绝密的，于敏研究氢弹，只能完全依靠自己。

但是于敏想都没想就接受了这个任务。作为一个顶级学霸，于敏是从来不怕从头开始的。十年前，他从研究量子场论转行研究原子核，十年后，他成为原子核领域顶级专家，现在他又从原子核领域转行研究氢弹，于敏只是微微一笑，他就喜欢这种有挑战性的工作。

这个决定改变了于敏的一生。从此，从事氢弹研究的于敏便隐姓埋名，全身心投入到深奥的氢弹理论研究工作中。

与此同时，法国人也在搞氢弹，而且已经研究了好几年，搞氢弹的条件也比于敏好多了。那个时候，很多人都认为，以法国人的优越条件，一定会在中国之前搞出氢弹。于敏虽然也注意到了这一点，却并未发表任何评论，只是默默研究氢弹的理论。

那个时候，可以说，除了知道氢弹是聚变反应外，我国对氢弹的研究基本上就是一片空白。有时候，于敏想去图书馆的书库中找到与氢弹相关的只言片语，比登天还难。于敏的研究方法完全不同，既然找不到资料，那就自己去研究！

于敏研究氢弹理论的过程，完全可以媲美爱因斯坦思考出相对论的过程。二者都是不靠资料支持，完全凭无与伦比的过人智慧思考出来的。仅仅三年时间，于敏就解决了氢弹制造的理论问题，严肃地说就是"突破了氢弹技术瓶颈"。三年之内，于敏就从一个对氢弹完全不懂的人，变成了国内的顶级氢弹专家，当然也是世界上的顶级氢弹专家。

在解决完理论问题后,接下来就是蘑菇弹的制造问题了。大蘑菇弹的制造难度比小蘑菇弹要难千百倍。

1964年,邓稼先和于敏见面后,进行了一次长谈,这两位顶级物理天才在一起,梳理了我国这些年氢弹研究的历程,很快制定了一份全新的氢弹研制计划。此后,二人分工合作,共同开始了我国第一枚氢弹的研制工作。

☆ 中国第一颗氢弹试验成功

1964年,于敏提出了氢弹从原理到构形完整的设想,解决了热核武器的关键性问题。由于于敏的努力,从此时开始,我国氢弹研究开始从纸面转入实际制造,我国第一颗氢弹爆炸只是时间问题。而此时,法国人依然在氢弹构形问题上摸索。

1967年6月17日,我国第一颗氢弹爆炸,成为世界上第四个拥有氢弹的国家!此时的法国依然在摸索,法国总统戴高乐怒不可遏,将法国原子能委员会痛骂了一顿。

1967年6月17日8时整,空军飞行员徐克江驾驶载有氢弹的飞机进入罗布泊空投区。随着指挥员"起爆!"的指令,机舱随即打开,氢弹携着降落伞从空中急速落下。弹体降到距地面2900多米的高度时,只听一声巨响,碧蓝的天空随即翻腾起熊熊烈火,传来滚滚的雷鸣声……红色烟尘在空中急剧翻卷,愈来愈大,火球也愈来愈红。火球上方渐渐形成了草帽状云雾,与地面卷起的尘柱形成了巨大的蘑菇云。强烈的光辐射,将距爆心投影点400米处的钢板铸件烧化,水泥构件的表面被烙;布放在8千米以内的狗、10千米以内的兔子,当场死亡一半;700米处的轻型坦克被完全破坏,车内动物全部炭化;冲击波把距爆心投影点近3千米、重约54吨的火车吹出18米,近4千米处的半地下仓库被揭去半截,14千米处的砖房被吹散。科技人员把爆炸当量的数据送上来了——330万吨。当日,新华社向全世界发布了《新闻公报》,庄严宣告:"我国在两年零八个月时间内进行了五次核试验之后,今天,中国的第

中国第一颗氢弹试验成功

一颗氢弹在中国的西部地区上空爆炸成功!"从原子弹试验成功到第一颗氢弹爆炸成功,中国人只用了两年零八个月的时间,创造了研制氢弹的世界纪录!后来,诺贝尔奖得主、核物理学家玻尔访华时,同于敏晤面,称赞于敏是"一个出类拔萃的人",是"中国的氢弹之父"。

☆ 千万吨级氢弹爆炸

于敏是一个物理学天才,这是没有人否认的。但是,很多人会以为天才就是两耳不闻窗外事的书呆子。但对于于敏,这个命题绝不成立。于敏不仅是物理学天才,而且还是一个伟大的战略家。

就在我国第一颗氢弹爆炸不久,于敏就敏锐地发现,美苏的氢弹研究水平远远在中国之上,其氢弹技术已经到了登峰造极的程度。于敏意识到,美苏此后肯定会采取措施限制其他国家进行热核试验,中国必须抢在苏美采取措

中国氢弹之父于敏

施前,让氢弹技术水平和美苏持平,否则,在美苏面前,中国的核威慑如同纸老虎。

在于敏的领导下,我国后来又进行了多次核试验,使得我国能够制造千万吨级当量的热核弹,也就是传说中的"GWT"核弹。这个千万吨当量的核弹有多可怕呢?曾经美苏都进行过这种当量的氢弹试验,试验的结果惊呆了所有试验参与者,让美苏领导人都害怕不已,用六个字形容就是"世界末日来临"。有了这种技术,我国的核弹才能够真正威慑到美苏。

十年后,于敏的预言成真,1992年,美俄开始核裁军和全面禁止核试验谈判,并很快签署条约。

于敏对于我国的贡献是无价的,也获得过多次国家级的大奖。其中有两次大奖特别值得一提:一次是1999年9月18日,于敏获得"两弹一星"功勋奖章,这个奖章由515克纯金铸成,足见这个奖的分量;另一次是2015年1月9日,于敏获得了国家最高科学技术奖,这是我国对顶级科学家的最高规格的奖励。

于敏与邓稼先的暗号

于敏发现了热核材料自持燃烧的关键，解决了氢弹原理方案的重要课题后，当即给北京的邓稼先打了个耐人寻味的电话。为了保密，于敏使用的是只有他们才能听懂的隐喻，暗指氢弹理论研究有了突破："我们几个人去打了一次猎，打上了一只松鼠。"邓稼先听出是好消息："你们美美地吃上了一顿野味？""不，现在还不能把它煮熟……要留作标本。……但我们有新奇的发现，它身体结构特别，需要做进一步的解剖研究，可是我们人手不够。""好，我立即赶到你那里去。"

核聚变

氢弹是由核聚变驱动的。核聚变是指由质量较轻的原子核，主要是指氢、氘或氚，在一定条件下（如超高温和高压），发生原子核互相融合作用，生成新的质量更重的原子核（氦），并伴随着巨大的能量释放的一种核反应形式。

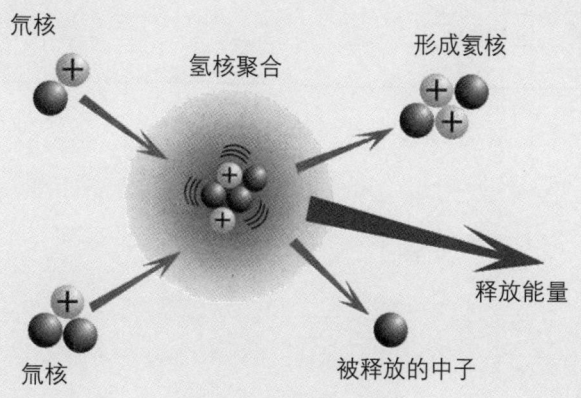

核聚变反应原理示意

我们都知道核武器的力量是巨大的,但是有一种武器的力量却比核武器可能还要厉害,那就是氢弹。氢弹的威力是普通核武器的几千倍,氢弹的保养和维护也比原子弹要复杂很多倍。英国、法国、美国以及苏联当时研制出来的氢弹都存在保存上的困难,氢弹保存一旦出现问题就会引起核泄漏,造成的后果不堪设想,所以这些国家都将氢弹给销毁了!

目前世界仅存的30枚氢弹都在中国,是因为于敏发明的"于氏储存法"可以让中国的氢弹长期储存。于敏也因此被称为一大功臣!

一个现代化国家没有自己的核力量,就不能有真正的独立。一个人的名字,早晚会没有的,能把微薄的力量融入祖国的强盛之中,便聊以自慰了。

——于敏

第 13 章　人类和平利用原子能

核能又称原子能，它是原子核中释放出来的。原子核很小很小，然而它释放出来的能量却极其巨大。1945年的8月6日和9日，人类最早的两颗原子弹于广岛和长崎爆炸，给两个城市带来了空前的浩劫，造成数十万人伤亡。人类深深认识到核武器骇人的能量。此后，通过和平的手段利用核能，成为科学界长久以来的梦想与努力的方向。随着人类对放射性和原子能认识的加深，特别是原子弹问世以后，大批科学家开始了和平利用原子能的研究。现在人们已经知道，原子能不仅可用来造原子弹，还可以用于发展生产、改善人民生活。

☆ 生机勃发的核能发电

20世纪的伟大科技成果之一是科学家打开了核能利用的大门。1905年，爱因斯坦在其狭义相对论中列出了质量和能量相互转化的公式："能量等于质量乘以光速的平方"。这一公式表明即使是极少量的质量也能转换成巨大的能量。以铀-235为例，它在裂变时产生的能量达到了相同质量石油的200万倍！核电站正是利用了它的"燃料"（通常为铀-235和钚-239）核裂变时产生的惊人能量。

核能发电站

核能是极其巨大的，科学家们研究发现，1千克煤如果完全燃烧能发3度电，1千克核燃料铀完全燃烧能发800万度电。差距这么大是因为煤燃烧释放的是化学能，而铀释放的是核能。

核能的优点有很多，如不会产生温室气体、能量密度极高、燃料体积小等。1000百万瓦的核电站一年仅需30吨的铀燃料，一航次的飞机或是一次汽车就可以运送。如果是烧煤发电站，一年所需原煤300万～400万吨，需列车2760辆。

核资源储量丰富。虽然陆地上的铀资源有限,但是在海水中,铀资源"不可斗量",每1000吨海水中大约含铀3克,世界各大洋中铀的总量可达四十多亿吨,这个数字为核能的"异军突起"构筑了坚实的物质基础,这与即将枯竭的煤、石油资源形成了鲜明的对比。

爱因斯坦和科学家们为我们找到了迄今为止能够实现的最清洁、最便宜和最安全的能源。核电站绝对是人们想到的第一个和平利用原子能的方式。自1954年苏联在莫斯科西南奥布宁克斯建成第一个核电站以来,核电成了人类能量来源的重要组成部分。核电站在世界范围内发展迅速,特别是日本等土地面积和自然资源匮乏,科技实力却处于领先地位的国家,几乎把核电站作为本国主要的能源获取方式。

核电站,又称原子能发电站,是一种利用"燃料"在核反应堆中核裂变所释放的能量将冷却水加热,使水变成高压蒸汽,再用蒸汽驱动汽轮机发电的电站。核电站的汽轮机及电气设备与普通火电站大同小异,其奥妙主要在核反应堆上。

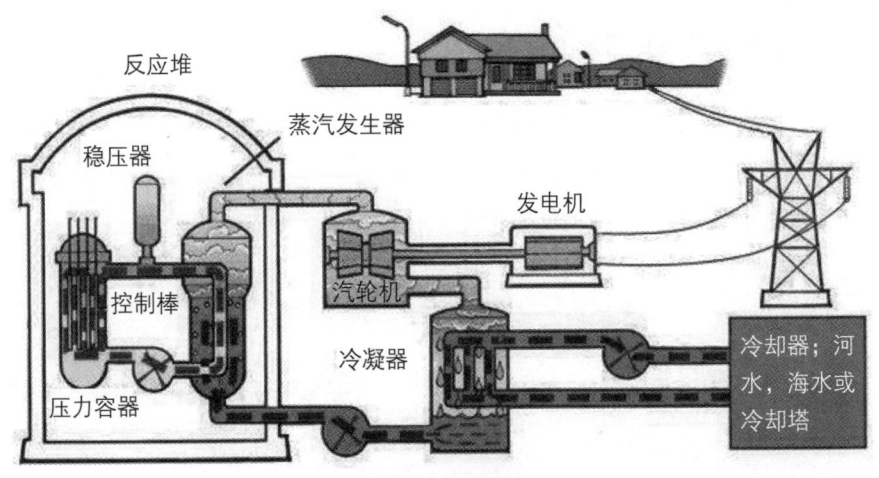

核电站发电原理

核反应堆,又称为原子反应堆或反应堆,是装配了核燃料以实现大规模可控制裂变链式反应的装置,主要分为四类:沸水堆、压水堆、重水堆和快堆。其中快堆与前三种不同,前三种对核燃料铀的利用率只有1%~2%,快堆可以达到60%~70%,但快堆的技术相较于前三种还不完善。

☆ 核动力

核动力是利用可控核反应来获取能量，从而得到动力、热量和电能。利用核反应来获取能量的原理是：当裂变材料（例如铀-235）在受人为控制的条件下发生核裂变时，核能就会以热的形式被释放出来，这些热量会被用来驱动蒸汽机。蒸汽机可以直接提供动力，也可以连接发电机产生电能。世界各国军队中的大部分潜艇及航空母舰都以核能为动力。

"列宁"号核动力破冰船

核动力为潜艇、航母等军用舰船提供动力，核动力的舰船功率很大，反应时不需要氧气。除了大家熟知的核动力航母、核动力潜艇这种军事领域的应用外，核动力在其他领域也发挥了很大的作用。破冰船是目前装备核动力比较多的非军用舰船。

破冰船是一种专门用于在结冰的水面上开辟航道的特种船舶。其特点是，船体宽（纵向短、横向宽）、船壳厚、马力大，且船体各区域设有不同的压水舱，多采用对称的多轴、多螺旋桨。1957年下水的苏联的"列宁"号，是世界上第一艘核动力破冰船，其动力心脏是核反应堆，高压蒸汽推动汽轮机，带动螺旋桨推动船只。"列宁"号主要执行北冰洋地区的考察和救援活动，除了在1967年靠港进行过维修，几乎不间断地航行了30年。

☆ 医生的好帮手

◇ X射线诊断

1895年11月，德国科学家伦琴在实验室发现了X射线并应用于医学领域，标志着核技术的诞生。X射线发现仅仅几个月，苏格兰医生约翰·麦金泰就在格拉斯哥皇家医院设立了世界上第一个放射科。

X射线应用于医学诊断，如胸透、拍胸片就属于X射线诊断方式。由于X射线穿过人体时，受

X光拍胸片

到不同程度的吸收，如骨骼吸收的X射线量比肌肉吸收的量要多，那么通过人体后的X射线量就不一样，这样便携带了人体各部位密度分布的信息，在荧光屏上或摄影胶片上引起的荧光作用或感光作用的强弱就有较大差别，因而在荧光屏上或摄影胶片上（经过显影、定影）将显示出不同密度的阴影。根据阴影浓淡的对比，结合临床表现、化验结果和病理诊断，即可判断人体某一部分是否正常。

1972年4月，在英国放射学年会上，英国工程师豪斯菲尔德发布了他的研究成果——世界上第一台CT机。CT机的成功研制被誉为自伦琴发现X射线以后，放射诊断学上最重要的成就。

20世纪70年代初诞生的X射线断层成像X-CT装置运用"扫描"并采集"投影"的技术，经计算机运算处理，求解出人体组织的衰减系数值在某剖面上的二维分布矩阵，再将其转为图像上的灰度分布，从而建立断层解剖图像。例如将X-CT装置用于脑部诊断，能迅速准确诊断与定位脑瘤，对脑出血、脑梗死、颅内出血、脑挫伤等疾病是一种准确可靠无创伤性检查方法。

X-CT装置

✿ 放射治疗

放射治疗是利用各类X射线治疗机或加速器产生的X射线、电子束、质子束及其粒子束等治疗恶性肿瘤的一种方法。

由于肿瘤细胞比正常细胞对射线更敏感，因此可用一定剂量射线集中照射病灶部位来杀灭癌细胞，遏制其增长，这就是我们通常所说的"放疗"。放射治疗已经有一百年的发展历史，大约70%的癌症病人在治疗癌症的过程中需要用放射治疗，约有40%癌症可以用放疗根治，放射治疗已成为治疗恶性肿瘤的主要手段之一。

✿ 核医学示踪技术

核医学示踪技术是派一些放射性同位素到人体里去当"侦察兵"，通过它们进入人体后不断放出的射线，了解人体内部的结构和健康状况。

由于人体不同组织对不同元素的吸收率不同，可将放射性同位素的药物注入人体,用探测器探测示踪原子在人体组织中的放射物,这些数据经过电脑分析后,转化成影像显现出来,从而可以了解病人的病情。例如,肿瘤细胞比正常细胞能吸收更多的放射性元素,由此可以诊断肿瘤形成的部位。锝-99可用来做脑部扫描,帮助医生诊断脑部疾病。

放射性同位素对诊断癌症也很有帮助。哈佛医学院和马萨诸塞州的许多医院,都在使用一种"正子诊察机"检查脑瘤,而不必开颅。将少量的放射性砷注射到患者的静脉里,几小时后,带有放射性标签的砷便在盖革计数器上显现出来,并显示出何处砷的数量最多。由于癌瘤比正常的组织吸收更多的放射性砷,在大多数情况下,医生都可以准确地判断癌瘤的大小和位置。而乳腺癌可以利用放射性钾来诊断,因为放射性钾集中于乳腺瘤的部分远比其他部位多。

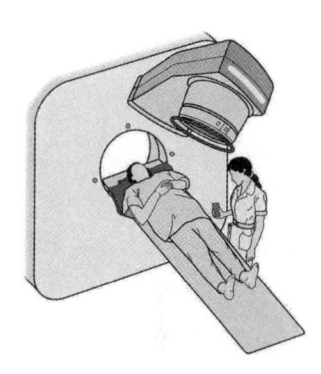

放射治疗

☆ 核技术在工业中的"故障诊断"

放射性同位素可作为一种检查工具,寻找飞机机身损坏的部位,或电气系统连接不良的地方。机身上有些部位肉眼看不到,可以使用放射性同位素如铯-137进行检查,而且轻而易举。

放射性侦察还可以保护机器操作人员的安全。例如,冲压机操作人员的手可用放射性袖口来加以保护,当他没有及时把手抽出来的时候,机器便因放射线的关系而自动停止。

在制造内燃机气缸活塞的材料中掺入放射性同位素,然后用探测器检测润滑油中的放射性强度,就可以了解活塞中的磨损情况。

在制造纸张、金属箔及轮胎等产品时,可用射线测厚仪来控制产品的厚度。在产品的一侧放置放射源,另一侧用探测器计数,并将信号反馈给压辊,从而控制它的压力大小。射线测厚技术不仅是"非破坏"的,而且是无接触的。

☆ 核农业技术

1896年,法国科学家贝克勒尔发现了铀的天然放射性,揭开了原子能时代的序幕。随后核辐射的生物学效应立即引起了科学家们的关注,开始了核技术在生物学和农业科学中的应用研究。原子核技术和农业技术相互渗透,相互结合,在20世纪20年代末形成了一门综合性技术。目前就其研究方法和应用机理来说,主要分为核辐射和核素示踪应用两大部分。核辐射技术在农业中的应用主要有辐射育种、昆虫辐射不育、食品辐射储藏保鲜与低剂量辐射刺激生物生长等。

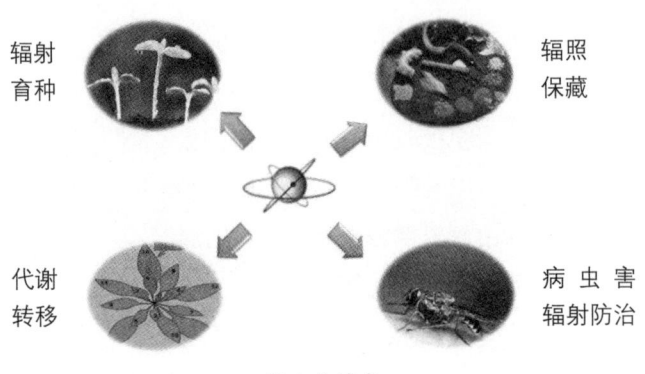

核农业技术

☼ 辐射育种

辐射育种相对于传统育种的优点是:突变率比自然变异率高100～1000倍;方法简便,且育种周期短;由于利用中子、离子束、γ射线等辐射,可引起生物体遗传器官的某些变异,从而达到高产、早熟、增强抗病能力、改善营养品质的目的;可改善作物的孕性,使自交不孕植株变为自交可孕的变异植株。

☼ 食品辐射储藏与保鲜

粮食、果蔬、肉食在制作、运输、储存与销售过程中,常因病虫害侵蚀、腐烂、霉烂、高温发芽等变质。据统计,由此引起的损失高达20%～30%。

食品辐射储藏与保鲜的优点:节约能源;具有保鲜能力,能保持食品原有的色香味;安全卫生;改善食品品质;操作简便,易于实现自动化;采用食品辐射储藏与保鲜不需要化学添加剂,不存在化学保存法带来的残留毒性;保存时间长,辐射处理过的食品在密封条件下几乎可无限保存;由于杀菌效果好,辐射食品作为无菌食品特别适合航天员、野外作业人员以及特护病人食用。

食品辐射达到的效果:抑制发芽、杀菌、杀灭害虫、保鲜。

✪ 病虫害辐射防治

昆虫辐射不育是一种采用核辐射防治病虫害的有效技术。昆虫辐射不育技术的原理是：在电离辐射作用下，昆虫会丧失繁衍能力。现在全世界已有几十个国家对上百种害虫进行了辐射不育研究，用辐照处理使其不育，然后放飞到大田，使果蝇无法繁衍后代而绝种。由此每年带来的经济效益，据国际原子能机构统计，可达数十亿美元。

☆ 核聚变能代表着更美好的能源未来

核能的开发和利用可以采用两种方法：一种是利用核裂变释放能量；另一种是利用核聚变释放能量。由于核聚变需要高温高压，人类还无法和平利用核聚变时放出的能量。

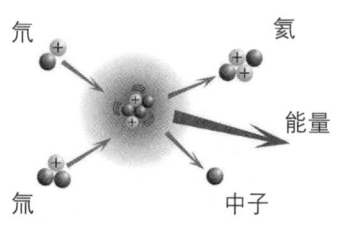

核聚变的化学反应过程

人类探索更高效更持久更清洁能源的努力从未停止。相比于目前已经进行了较充分利用开发的核裂变能，很多科学家认为，可控聚变能代表着更美好的能源未来。

太阳的光与热，其发生原理正是核聚变反应。早在20世纪50年代，人类通过制造氢弹，已经成功实现核聚变反应。核聚变反应如右上图所示，聚变时由较轻原子核聚合成较重原子核释放出能量。最常见的是氢的同位素氘和氚聚合成较重原子核如氦核而释放的能量。

与裂变能相比，聚变能具有资源丰富、安全、清洁、高效的优点，基本满足人类对于未来终极能源的种种设想。

然而，正因为这一能量的巨大，要使之成为服务人类生产生活的理想能源，必须对剧烈的核聚变反应加以控制。这里所说的"可控核聚变"需要满足两个条件：第一，极高的温度；第二，充分的约束。

科学家们本以为可以很快实现聚变能的应用。然而经过了几十年，这一研究却并未取得期望的成果。

可是，为什么现在一直没有一家核电站是利用聚变能产生能量的呢？这是因为触发聚变反应所需要的条件极为苛刻。想要在地球上人为制造类似太阳中心所能达到的超高温高压，不是一件十分容易的事。而氢弹中，利用裂变触发聚变的方式又太过武断、简单，只能瞬间释放能量，无法人为可控地长时间持续提供能量。

但是科学家们并没有停止对核聚变成为理想能源研究的脚步,世界可控核聚变研究领域,中国正努力走到前列。

科学家们预言,人类将在21世纪30年代完成受控核聚变的研究工作,建成核聚变发电站,并将其投入商业经营。到了那一天,能源结构将发生革命性变化,这对人类社会及人类文明将产生深远的影响。

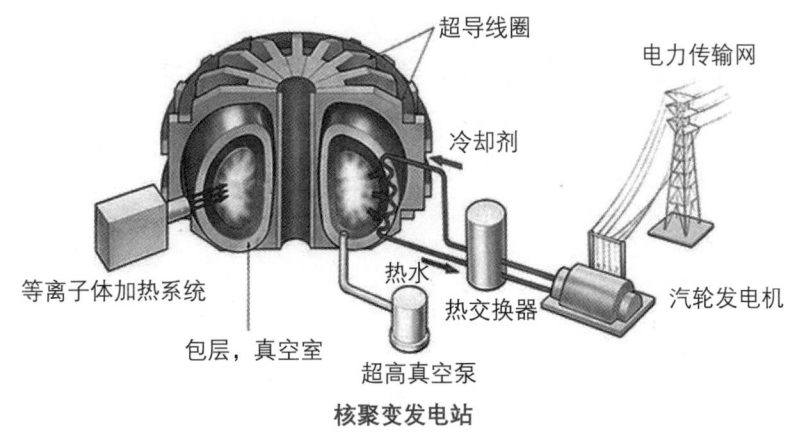

核聚变发电站

人工放射性的发现使和平利用原子能变为现实

自从1934年约里奥-居里夫妇发现人造放射性同位素以后,物理学家们研究和发展了他们的方法。越来越多的、更大的粒子加速器问世了,从此,科学家们几乎能制取到每一种元素的放射性同位素。目前,所知的两千种以上的放射性同位素中,绝大多数都是人工制造的。现在,放射性同位素不但已广泛应用于工业、农业、商业、国防等领域,而且对于推动某些学科的研究也产生了重大的影响,特别是对化学、生物学和医学起了巨大的推动作用。这就使原子(核)能的和平利用变成了现实,极大地造福了人类。约里奥-居里夫妇作为发现人造放射性同位素的先驱,其贡献将永远载入人类文明的史册。

用科学的态度对待辐射

让人们谈之色变的"核辐射"其实离我们的生活并不遥远,在某些领域也造福着人类。

科学家指出,同位素和辐射技术在工业、农业、医学和环保领域取得了卓著成绩,这也是人类和平利用原子能技术的一种展示和决心。原子能技术虽为战争而生,但其应用却远远超越了战争,为人类未来发展提供了更多可能性。

辐射无所不在,我们应该用科学的态度对待辐射。其实我们生活在地球上,每天都会受到宇宙射线的照射;我们吃的食物、住的房屋、天空大地、山川草木,乃至人的身体,都存在着放射性。

科学家用一组数字说明:"核电厂周围的老百姓一年受到0.01毫希(辐射单位)辐射;从北京到欧洲乘飞机来回受到0.02毫希辐射;我们吃水果、粮食、蔬菜,呼吸空气,每年接受0.25毫希辐射;胸部做一次透射,每次有0.3毫希辐射;每天看两个小时的电视,每年有0.01毫希辐射。"

按照世界卫生组织发布的标准,短时间辐射剂量低于100毫希的时候,对人体没有危害;高于4000毫希时,对人体是致命的。

我们要增强对辐射的认识,用科学的态度对待辐射。虽然一定的辐射量会对人体有损伤,但只要注意防护,是完全可以保持在安全状态的。

辐射不仅无法避免,在现代生活中,辐射还被广泛应用。如今辐照加工与高温蒸煮、低温冷藏一样,已经成了安全的食品灭菌方式之一。辐照作为灭菌的一种,实际上就是一种物理方法,能够有效解决因为微生物、细菌引起的食品变质;同时,还能对农药残留进行分解。如农药本身是有毒的,但经过辐照以后,可分解成无毒或者低毒的。

辐照食品是安全的,因为能量不够,这些食物并不会衍生放射性,因此本身不会带有任何辐射性。世界卫生组织已给出结论,辐射食品就像用巴氏灭菌法消毒的食物一样安全。

科学家认为，核技术对工业生产也有很大的帮助。在测控、分析、无损检测领域，利用射线、质谱、X荧光及中子等，相关测试准确度及灵敏度非常高。

科学家们广泛开展辐射在工业、农业、环保、医学、能源中的应用，就是要利用辐射造福于人类。

发达的科学技术是应当用来造福人类的，原子能应当为人类的进步服务。

——巴金

计算机篇

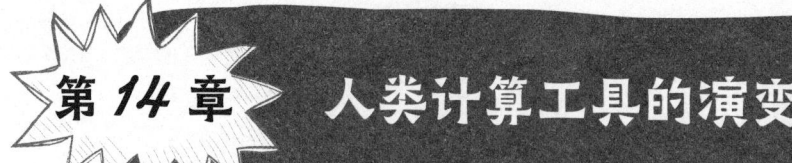

第14章 人类计算工具的演变

随着社会和科技进步，人类计算时所用的工具也经历了由简单到复杂、由低级向高级的发展变化。这一演变过程，反映了人类认识世界、改造世界的艰辛历程和广阔前景。现在我们溯本求源，看一看计算工具是怎样演变的。

原始时代的人类，为了维持生活必须每天外出狩猎和采集果实。有时他们满载而归，有时却一无所获。生活中这种数与量上的变化，使原始人类逐渐产生了"数"的意识。那个时候，他们开始了解有与无、多与少的差别，进而知道了一和多的区别，然后从多到二、三等单个数目概念的形成。

✿ 用实物记数

原始社会，人类用石块或把贝壳串成珠子，采用"一一对应"的方法来记数。

用实物记数

✿ 结绳记数

人们在长绳上打结记事或记数，这比用石块、贝壳方便许多。结绳记数，蕴藏着人类巨大的智慧，让数字变得可以储存。

结绳记数

✿ 刻道记数

刻道记数是指，用树枝在石头上刻圆圈，或者其他形状。右图所示用在木头上刻道的方法记录捕鱼的数量。

刻道记数

✿ 手指记数

人类的十个手指是天生的"记数器"。原始人不穿鞋袜，再加上十个足趾，记数的范围就更大了。至今，有些民族还用

"手"表示"五",用"人"表示"二十"。据推测,"十进制"被广泛运用,很可能与手指记数有关。

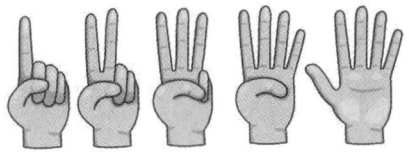

手指记数

✪ 算筹

不知何时,许多国家的人都不约而同想到用"筹码"来改进工具,其中要数中国的算筹最有名气。商周时代问世的算筹,实际上是一种竹制、木制或骨制的小棍。古人在地面或盘子里反复摆弄这些小棍,通过移动来进行计算,从此出现了"运筹"这个词。运筹就是计算。中国古代数学家刘徽用算筹把圆周率计算到3.1410。中国古代科学家祖冲之最先算出了圆周率小数点后的第6位,使用的工具正是算筹,这个结果即使用笔算也是很不容易的。

中国古代数学家刘徽

中国古代科学家祖冲之

算筹

欧洲人发明的算筹与中国不尽相同,他们的算筹是根据格子乘法的原理制成的。1617年,英国数学家纳皮尔把格子乘法表中可能出现的结果,印刻在一些狭长条的算筹上,利用算筹的摆放来进行乘、除或其他运算。

✪ 纳皮尔筹

纳皮尔筹又叫"纳皮尔计算尺",它是由十根木条组成的,每根木条上都刻有数码,右边第一根木条是固定的,其余的都可根据计算的需要进行拼合或调换位置。

纳皮尔只不过是把格子乘法里填格子的工作事先做好而已,需要哪几个数字时,就将刻有这些数字的木条按格子乘法的形式拼合在一起。纳皮尔筹与中国的算筹

英国数学家纳皮尔

在原理上大相径庭，它已经显露出对数计算方法的特征。

纳皮尔筹的计算原理是格子乘法。例如，要计算934×314，首先将9，3，4和3，1，4摆成如右图所示，遇到对角线上的两个数字就加在一起，这就容易得到934分别乘以3，1，4的结果为2802，934和3736，然后再错位相加，就得到所要求的结果293276。这种简单的计算器在当时很受欢迎，流行了许多年。

纳皮尔算筹在很长一段时间里，是欧洲人主要的计算工具。算筹在使用中，一旦遇到复杂运算常弄得繁杂混乱，让人感到不便，于是中国人又发明了一种新式的"计算机"——算盘。

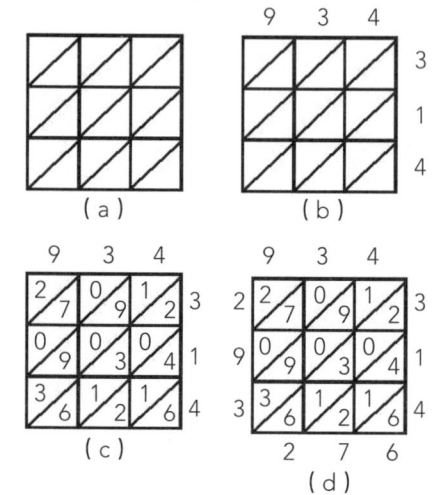

纳皮尔筹的计算原理

✿ 算盘

世界文明的四大发源地——黄河流域、印度河流域、尼罗河流域和幼发拉底河流域先后出现过不同形式的算盘，只有中国的珠算盘一直沿用至今。珠算盘最早可能萌芽于汉代，定型于南北朝。它利用进位制记数，通过拨动算珠进行运算：上珠每珠当五，下珠每珠当一，每一档可当作一个数位。打算盘必须记住一套口诀，口诀相当于算盘的"软件"。算盘本身还可以存储数字，使用起来的确很方便，它帮助中国古代数学家取得了不少重大的科技成果，在人类计算工具史上具有重要的地位。

珠算盘

2013年12月4日，联合国教科文组织正式将中国珠算项目列入人类非物质文化遗产名录，表明珠算将成为人类共同的文化财富！

✿ 计算尺的诞生

15世纪以后，随着天文、航海的发展，计算工作日趋繁重，迫切需要探求新的计算方法并改进计算工具。1630年，英国数学家奥特雷德使用当时流行的对数刻度尺做乘法运算，突然萌生了一个念头：若采用两根相互滑动的对数刻度尺，不就省得用两脚规度量长度吗？他的这个设想促使了机械化计算尺的诞生。奥特雷德是理论数学家，对这个小小的计算尺并不在意，也没有打算让它流传于世，此后二百年，他的发明未被实际运用。18世纪末，以发明蒸汽机闻名于世的瓦特，成功地制出了第一把名副其实的计算尺。瓦特原本是一位仪表匠，他的蒸汽机工厂投产后，需要迅速计算蒸汽机的功率和气缸体积。瓦特设计的计算尺，在尺座上多了一个滑标，用来存储计算的中间结果，这种滑标很长时间一直被后人所沿用。

英国数学家威廉·奥特雷德

1850年以后，对数计算尺迅速发展，成了工程师们随身携带的"计算机"，直到二十世纪五六十年代，它仍然是代表工科大学生身份的一种标志。

使用计算尺

✦ 人类第一台机械计算机

1623年，德国科学家契克卡德制造了人类有史以来第一台机械计算机，这台机器能够进行六位数的加减乘除运算。

德国科学家契克卡德

✦ 帕斯卡发明的机械计算机

1642年，年仅19岁的法国数学家帕斯卡发明了帕斯卡加法器。该机器用齿轮来表示十进制各个数位上的数字，低位齿轮每转动10圈，高位齿轮转动1圈，从而实现进位，采用手摇方式操作，实现8位数的十进制加法运算。

法国数学家帕斯卡

帕斯卡加法器的发明首次确立了计算机器的概念，并启示人们，人的某些思维过程与机械过程没有差别，因此可以用机械模拟人的思维。

✧ 莱布尼茨四则运算机

帕斯卡的一篇关于帕斯卡加法器的论文激发了德国数学家莱布尼茨强烈的发明欲望,他决心把这种机器的功能扩大为乘除运算。1674年,莱布尼茨对帕斯卡加法器进行了改进,发明了莱布尼茨四则运算机。该机器能够连续重复地执行加法规则,从而将乘除运算转换为加减运算进行。

德国数学家莱布尼茨

连续重复计算加法就是现代计算机做乘除运算采用的办法。莱布尼茨的计算机,加、减、乘、除四则运算一应俱全,给其后风靡一时的手摇计算机的出现铺平了道路。莱布尼茨提出了可以用机械代替人进行繁琐重复的计算工作的重要思想。

莱布尼茨四则运算机在计算工具的发展史上是一个小高潮,此后的一百多年中,虽有不少类似的计算工具出现,但除了在灵活性上有所改进外,都没有突破手动机械的框架,使用齿轮、连杆组装起来的计算设备限制了它的功能、速度以及可靠性。

✧ 巴贝奇研制的差分机和分析机

19世纪初,英国数学家巴贝奇取得了突破性进展。巴贝奇在剑桥大学求学期间,正是英国工业革命兴起之时,为了解决航海、工业生产和科学研究中的复杂计算,许多数学表(如对数表、函数表)应运而生。这些数学表虽然带来了一定的方便,但由于采用人工计算,其中的错误很多。巴贝奇决心研制新的计算工具,用机器取代人工来计算这些实用价值很高的数学表。在英国政府的支持下,差分机历时10年研制成功,这是最早采

巴贝奇

用寄存器来存储数据的计算工具,体现了早期程序设计思想的萌芽,使计算工具从手动机械跃入自动机械的新时代。

1832年,巴贝奇开始进行分析机的研究。在分析机的设计中,巴贝奇采用了三个具有现代意义的装置:存储装置,采用齿轮式装置的寄存器保存数据,既能存储运算数据,又能存储运算结果;运算装置,从寄存器取出数据进行加、减、乘、除运算,并且乘法是以累次加法来实现,还能根据运算结果的状态改变计算的进程,用现代术语来说,就是条件转移;控制装置,使用指令自动控制操作顺

序，选择所需处理的数据以及输出结果。巴贝奇的分析机是可编程计算机的设计蓝图。实际上，我们今天使用的每一台计算机都遵循着巴贝奇的基本设计方案。但是巴贝奇先进的设计思想超越了当时的客观现实，由于当时的机械加工技术还达不到所要求的精度，使得这部以齿轮为元件、以蒸汽为动力的分析机一直到巴贝奇去世也没有完成。

机电计算机的诞生

1938年，德国科学家朱斯研制出Z-1计算机，这是第一台采用二进制的计算机。在接下来的四年中，朱斯先后研制出采用继电器的计算机Z-2、Z-3、Z-4。Z-3计算机是世界上第一台真正的通用程序控制计算机，不仅全部采用继电器，同时采用了浮点计数法、二进制运算、带存储地址的指令形式等。这些设计思想虽然之前有人已经提出过，但朱斯第一次将这些设计思想具体实现。在一次空袭中，朱斯的住宅和包括Z-3在内的计算机统统被炸毁。德国战败后，朱斯流亡到瑞士一个偏僻的乡村，转向计算机软件理论的研究。

德国科学家朱斯

第一台电动计算机

1936年，美国哈佛大学应用数学教授霍德华·艾肯在读过巴贝奇和爱达的笔记后，发现了巴贝奇的设计，并被巴贝奇的远见卓识所震惊。艾肯提出用机电的方法而不是纯机械的方法来实现巴贝奇的分析机。

计算机软件的先驱爱达

霍华德·艾肯

格雷斯·霍波

1944年8月7日，由IBM出资，霍德华·艾肯负责研制的马克1号计算机在哈佛大学正式运行，它装备了15万个元件和长达800千米的电线，每分钟能够进行200次以上运算。女数学家格雷斯·霍波为它编制了计算程序，并声明该计算机可以进行微分方程的求解。马克1号计算机的问世不但实现了巴贝奇的夙愿，而且也代表着自帕斯卡加法器问世以来机械计算机和电动计算机的最高水平。

✪ 人类第一台电子计算机

1939年，美国爱荷华州立大学数学物理学教授阿塔纳索夫和他的研究生贝利一起研制了一台称为ABC的电子计算机。由于经费的限制，他们只研制了一个能够求解包含30个未知数的线性代数方程组的样机。在阿塔纳索夫的设计方案中，第一次提出采用电子技术来提高计算机的运算速度。特别要指出的是，这台ABC计算机才是世界上第一台电子计算机，而不是后来的ENIAC。

阿塔纳索夫

✪ 第一台运转的电子数字计算机

埃尼亚克（ENIAC）的出现，拉开了现代电子计算机的序幕。"埃尼亚克"是美国陆军军械部的一个项目。项目主要是为解决火炮的火力计算而设计一个计算机。冯·诺依曼是一次偶然的机会参加到"埃尼亚克"的研制中。

1945年6月，数学家冯·诺依曼与戈德斯坦、勃克斯等人联名发表了一篇长达101页的报告，这份报告奠定了现代电脑体系结构坚定的根基。报告规定了计算机的五大部件，并用二进制替代十进制运算，这就是著名的诺依曼机。直到今天，我们都没能够跳出诺依曼机的掌心。

冯·诺依曼

继诺依曼提出了二进制的思想后，由莫奇利（John Mauchly，1907—1980）与埃克特（John Presper Ecket" Jr.，1919—1995）在20世纪40年代设计和开发出了世界上第一台可应用的电子计算机，这也是今天计算机能够如此贴近我们生活的一次伟大革命，两人当之无愧地被授予了首批计算机先驱奖。第一台得到应用的电子计算机非常庞大，它有17468只电子管、7200只晶体二极

莫奇利

埃克特

管、70000多电阻器、10000多只电容器、6000只继电器和5万多个焊点，庞大的身躯挤进一排2.75米高的金属柜里，占地面积为170平方米左右，总重量达到30吨。它能在1秒内完成5000次加法，也可以在3/1000秒时间内做完两个十位数乘法，一条炮弹的轨迹20秒就能被它算完。在今天看来这绝对是"用料奢华"。如果两位能够看到现在的笔记本电脑、平板电脑，他们一定不敢相信自己的眼睛。

祖冲之求圆周率

祖冲之（429—500），范阳郡遒县（今河北省涞水县）人，南北朝时期的数学家、天文学家、物理学家。他一生有许多卓越成就，其中最重要的是对圆周率的推算。

"圆周率"是说一个圆的周长同它的直径有一个固定的比例。我们的祖先很早就有"径一周三"的说法，就是说，假如一个圆的直径是1尺，那它的周长就是3尺。后来，人们发现这个说法并不准确。东汉的大科学家张衡认为应该是3.162。三国到西晋时期的数学家刘徽经过计算，求出了3.14的圆周率，这在当时是最先进的，但是刘徽只算到这里就没有继续算了。祖冲之打算采用刘徽"割圆术"（在圆内做正6边形，6边形的周长刚好是直径的3倍，然后再做12边形、24边形……边数越多，它的周长就和圆的周长越接近）的方法算下去。

在当时的情况下，不但没有计算机，也没有笔算，只能用长4寸、方3寸的小竹棍来计算。工作是艰巨的，这时祖冲之的儿子也能帮助他了。

父子俩算了一天又一天，眼睛熬红了，人也渐渐瘦了下来，可大圆里的多边形却越画越多，3072边、6144边……边数越多，边长越短。父子俩蹲在地上，一个认真地画，一个细心地算，谁也不敢走神。

最后，他们在那个大圆里画出了24576边形，并计算出它的周长是3.1415926。

两人看看摆在地上密密麻麻的小木棍，再看看画在地上的大圆里的图形，高兴地笑了。

后来，祖冲之推算出，49152边形的周长不会超过3.1415927。所以，他得出结论，圆周率是在3.1415926和3.1415927这两个数之间。

祖冲之是世界上第一个计算圆周率精确到小数点后7位的人，比欧洲人早了1000多年，这是多么了不起啊！

小小的芯片奠定了现代微电子技术的基础

1947年12月23日，第一块晶体管在贝尔实验室诞生，人类步入了电子发展阶段。

1958年9月12日，杰克·基尔比研制出世界上第一块集成电路，这一发明奠定了现代微电子技术的基础。

20世纪60年代，英特尔公司率先推出了微处理器4004，而后推出了8008。微处理器的出现，使计算机的体积大大缩小。微处理器将原来复杂的计算机系统的核心功能，集成到一个芯片上，只要在外面搭配存储器、IO设备，即可成为一台计算机。

1978年，英特尔推出了16位的微处理器8086/8088，并且第一次提出来指令集的概念。

世界上第一款个人电脑由IBM推出，人类迈入计算机时代

1981年，世界上第一款个人电脑（personal computer，PC），由美国IBM公司研制推出，开创了全新的PC时代。

PC从此登上历史舞台，这台PC采用8088处理器，运行微软的MS-DOS系统。这也同时成就了英特尔和微软，分别成为芯片界和软件界的两大巨头。

第 15 章 机械加法器的诞生

布莱斯·帕斯卡

法国的科学家布莱兹·帕斯卡（Blaise Pascal，1623—1662）发明的机械计算机告诉人们用纯机械装置可代替人的思维和记忆，是人类历史上不朽的珍品。

布莱斯·帕斯卡

☆ 充满幻想、富有才气的布莱兹·帕斯卡

1623年6月19日，布莱兹·帕斯卡出生于法国中部的克勒蒙菲朗的一个贵族家庭。帕斯卡生下时十分瘦弱，为使他健康成长，父母操尽了心。帕斯卡的父亲酷爱数学，深深地体会到数学是一门探索性很强的学科。他担心孩子学数学会劳神伤身，出于对儿子溺爱，他决心不让帕斯卡涉足数学。当然，父亲的顾虑是多余的。

小帕斯卡天赋很高，他虽体弱多病，但他勤奋好学，兴趣广泛，平时很少外出玩耍，整天如饥似渴地看书学习，做札记。他七八岁就学完了差不多相当于小学的全部课程。他充满幻想，富有才气，尽管父亲把自己全部的数学书籍都收藏起来，只让他看语文书和儿童诗歌，连学校开设的数学课也不让他上，可是，这一切还是不能阻碍帕斯卡对数学产生浓厚的兴趣。而且父亲越是不让他学习数学，他心里萌发的探索数学奥秘的愿望越是强烈。12岁那年，帕斯卡常听到父亲与朋友们谈论"几何"，他听不懂，不知"几何"为何物，就去问老师。老师告诉他："几何就是做出正确无误的图形，并找出它们之间的比例关系的一门科学。"他深信几何是一门十分有趣的学科，便偷偷地借来几本几何书，边读边用鹅毛笔在纸上画几何图形，兴趣盎然。

1635年，帕斯卡随父亲迁居巴黎。初秋的巴黎郊外，气候宜人，景色美丽。一天，帕斯卡和父亲到郊外游玩，回到家里，准备稍作休息后一起共进晚餐。这时，帕斯卡好像自言自语，又好像是告诉父亲一件重大事情似的说："三角形三个内角的总和是两个直角。"父亲为儿子的这一见解惊呆了。儿子的见解意味着一个不平常的发现。这个发现来自一个年仅12岁的少年，做父亲的内心不知有多么激动。他抚摸着帕斯卡的头，过了好半天才喃喃地说："是的，孩子，是的。"

帕斯卡的重大发现改变了父亲的做法。父亲挑选了欧几里得的《几何原本》给儿子学习，也不再阻拦他上数学课，平时还常为他解答疑难问题，并带帕斯卡参观各种科技展览，参加数学、物理的学术讨论会，鼓励他大胆地发表自己的见解。帕斯卡接触到了不少当时著名的数学家、物理学家、机械师……他领略到了数学的奥秘，眼界大开，学识上大有长进。

1639年，刚满16岁的帕斯卡对圆锥曲线等问题进行了大量的研究，掌握了圆锥曲线的共性，写出了震惊世界的论文。1640年，《圆锥曲线论》一书出版，人们把他的这一伟大贡献誉为"阿波罗尼斯之后的两千年的巨大进步。"从此，帕斯卡英名传遍欧洲。

☆ 机械加法器的诞生

帕斯卡的父亲，作为一名数学家和税务统计师，每天要解答各方面提出的疑难问题，在一旁的帕斯卡看到父亲整天苦于统计大量的数据，便产生了强烈的愿望，要造一个理想的计算工具，来缓解父亲的辛劳。以前的计算工具和计算方法，如笔算、算表、算图等速度慢、精度低，远远不能满足当时统计工作的需要。帕斯卡想，如果能有一台专门进行加减运算的机械，用它来替代人工的计算，那该有多好啊！帕斯卡不仅对数学非常了解，而且还在实践过程中通过自学，掌握了不少物理学方面的基本知识。他发现，有一种齿轮传动现象。在这一现象当中，几个大小成一定比例的齿轮，通过齿对齿结合起来，当匀速转动其中任何一个齿轮时，就会带动其他几个齿轮以不同比例的速度均匀转动。而这一现象与数学的初级运算的过程、原理非常相似。这一发现使帕斯卡大受鼓舞。但是，怎样才能把这一物理机械运动现象运用到数学当中，或者说，数学当中抽象的理论问题怎样才能由现实直观的、具体的机械运动来解决呢？帕斯卡一边想，一边开始动手做。他要造出这样一台集物理与数学知识于一体的机器来！

帕斯卡研究了机器运转的各种传动机构，又走访听取了一些著名工匠的意见，对自己设计的计算机图纸反复推敲，反复试验。一天晚上，帕斯卡还在设计草图前思索着，房间里静悄悄的，只能听到座钟"滴答""滴答"的摇摆声。忽然钟声响了10下，时针在一种力的牵引下，微微地弹了一下准确地指到10的位置上。这短暂的一瞬就像黑夜中射来了一道强光，使帕斯卡感到眼前为之一亮，对呀！逢10进1，他根据数的进位制（十进位制）想到了采用齿轮来表示各个数位上的数字，通过齿轮的比来解决进位问题。低位的齿轮每转动10圈，高位上的齿轮只转动1圈。这样采用一组水平齿轮和一组垂直齿轮相互啮合转动，解决了计算和自动进位的问题。

帕斯卡夜以继日地埋头苦干，先后做了三个不同的模型，耗费了整整三年的光阴。他不仅需要自己设计图纸，还必须自己动手制造。从机器的外壳，直到齿轮和杠杆，每一个零件都由这位少年亲手完成。为了使机器运转得更加灵敏，帕斯卡选择了各种材料做试验，有硬木、乌木，也有黄铜和钢铁。终于，第三个模型在1642年，帕斯卡19岁那年获得了成功，他称这架小小的机器为"加法器"。世界上第一台机械计算器诞生了。

加法器

☆ 机械加法器是怎样工作的

帕斯卡加法器是由系列齿轮组成的装置，外壳用黄铜制作，长20英寸（1英寸≈2.54厘米）、宽4英寸、高3英寸，面板上有一列显示数字的小窗口，旋紧发条后才能转动，用专用的铁笔来拨动转轮以输入数字。这种机器开始只能够做6位加法和减法。

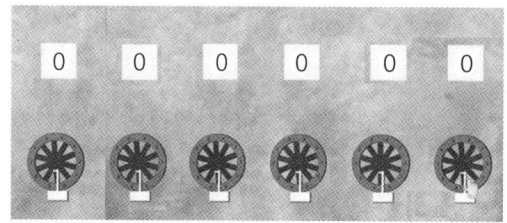
机械加法器操作面板

机械加法器的内部结构

计算器表面有一排窗口，每个窗口下都有一个刻着0～9这10个数字的拨盘（与现在电话拨盘相似）。拨盘通过盒子内部齿轮相互啮合，最右边的窗口代表个位，对应的齿轮转动10圈，紧挨近它的代表十位的齿轮才能转动一圈，以此类推。在进行加法运算时，每一拨盘都先拨"0"，这样每一窗口都显示"0"，然后拨被加数，再拨加数，窗口就显示出和数。在进行减法运算时，先要把计算器上面的金属直尺往前推，盖住上面的加法窗口，露出减法窗口，接着拨被减数，再拨减数，差值就自动显示在窗口上。

然而，即使只做加法，也有个"逢十进一"的进位问题。聪明的帕斯卡采用了一种小爪子式的棘轮装置。当定位齿轮朝9转动时，棘爪便逐渐升高；一旦齿轮转到0，棘爪就"咔嚓"一声跌落下来，推动十位数的齿轮前进一挡。

父亲的上司、法国财政大臣来到他家，观看帕斯卡表演"新式的计算机器"，并且鼓励他投入生产，大力推广这种计算器。不久，帕斯卡"加法器"在法国引起了轰动，机器展出时，人们成群结队前往卢森堡宫参观。就连大数学家笛卡儿听说后，也趁回国探亲的机会，亲自上门观看。帕斯卡后来总共制造了50台同样的机器，有的机器计算范围扩大到8位，其中有两台，至今还保存在巴黎国立工艺博物馆里。

第15章　机械加法器的诞生　　121

帕斯卡加法器的出现，告诉人们用纯机械装置可代替人的思维和记忆。机械来模拟人的思维，在今天看来是十分落后的，然而这种想法正是现代计算机发展的出发点。因此，帕斯卡在计算机史上功不可没。不幸的是，帕斯卡终身被病魔困扰，在39岁时便英年早逝了。

1642年，年仅19岁的法国数学家帕斯卡发明了世界上第一台真正的机械式计算机器——帕斯卡加法器。为表达对帕斯卡的敬意，1971年，瑞士人沃斯把自己发明的高级语言命名为Pascal。

研究真理可以有三个目的，当我们探索时，就要发现真理；当我们找到时，就要证明真理；当我们审查时，就要把它同谬误区别开来。

——帕斯卡

科技革命：核能、航天、计算机的故事

第16章 莱布尼茨的计算机

　　戈特弗里德·威廉·莱布尼茨是德国犹太族哲学家、数学家，历史上少见的通才，被誉为十七世纪的亚里士多德。在哲学上，莱布尼茨的乐观主义最为著名。他认为，"我们的宇宙，在某种意义上是上帝所创造的最好的一个"。他和笛卡儿、巴鲁赫·斯宾诺莎被认为是十七世纪三位最伟大的理性主义哲学家。

　　在数学上，莱布尼茨和牛顿先后独立发现了微积分，而且他所发明的微积分的数学符号使用更广泛。莱布尼茨还发明并完善了二进制。

　　莱布尼茨是现代机器数学的先驱，他在帕斯卡加法器的基础上进行改进，使这种机械计算机加、减、乘、除四则运算一应俱全，也给其后风靡一时的手摇计算机的出现铺平了道路。

戈特弗里德·威廉·莱布尼茨

　　莱布尼茨（Gottfried Wilhelm Leibniz，1646—1716）出生于德国东部莱比锡的一个书香之家，父亲是莱比锡大学的道德哲学教授，母亲出生在一个教授家庭。莱布尼茨的父亲在他年仅6岁时去世了，给他留下了丰富的藏书。莱布尼茨因此得以广泛接触古希腊罗马文化，阅读了许多著名学者的著作，由此而获得了坚实的文化功底和明确的学术目标。15岁时，他进莱比锡大学学习法律，一进校便跟上了大学二年级标准的人文学科的课程，还广泛阅读了培根、开普勒、伽利略等人的著作，并对他们的著述进行深入的思考和

戈特弗里德·威廉·莱布尼茨

评价。在听了教授讲授欧几里得的《几何原本》课程后，莱布尼茨对数学产生了浓厚的兴趣。17岁时他在耶拿大学学习了一段时间的数学，并获得了哲学硕士学位。

　　20岁时，莱布尼茨转入阿尔特道夫大学，这一年，他发表了第一篇数学论文《论组合的艺术》。这篇论文虽不够成熟，但却闪耀着创新的智慧和数学才华。莱布尼茨在阿尔特道夫大学获得博士学位后便投身外交界。在出访巴黎时，莱布尼茨深受帕斯卡事迹鼓舞，决心钻研高等数学。1673年，莱布尼茨被推荐为英国皇家学会会员。此时，他的兴趣已明显地转向数学和自然科学，开始了对无穷小算法的研究，独立地创立了微积分的基本概念与算法，和牛顿并蒂双辉共同奠定了微积分。1676年，他到汉诺威公爵府担任法律顾问兼图书馆长。1700年被选为巴黎科学院院士，促成建立了柏林科学院并首任院长。1716年，莱布尼茨在汉诺威逝世，终年70岁。

☆ 莱布尼茨的计算机

　　1671年，德国数学家莱布尼茨发现了一篇由帕斯卡亲自撰写的"加法器"论文，勾起了他强烈的发明欲望，决心把这种机器的功能扩大为乘除运算。一次出使法国的机会，为实现制造计算机的愿望创造了契机。在巴黎，莱布尼茨聘请到一些著名机械专家和能工巧匠协助工作，终于在1674年造出了一台更完善的机械计算机。

　　他设计的这种新型机器，由两个部分组成：第一部分是固定的，用于加减法，与帕斯卡先前设计的加法机基本一致；第二部分用于乘除法，这部分是他专门设计的乘法器和除法器，由两排齿轮构成（被乘数轮与乘数轮），这是莱布尼茨首创的，这个装置成为后来的技术标准，称为"莱布尼茨轮"。

　　莱布尼茨发明的机器叫"乘法器"，是有史以来第一台有完整的四则运算能力的机械计算机。乘法器约1米长，内部安装了一系列齿轮机构，除了体积较大之外，基本原理继承于帕斯卡，仍然是用齿轮及刻度盘操作。莱布尼茨为计算机

科技革命：核能、航天、计算机的故事

增添了一种名叫"步进轮"（也叫莱布尼茨轮）的装置。步进轮是一个有9个齿的长圆柱体，9个齿依次分布于圆柱表面；旁边另有个小齿轮可以沿着轴向移动，以便逐次与步进轮啮合。每当小齿轮转动一圈，步进轮可根据它与小齿轮啮合的齿数，分别转动1/10、2/10圈……直到9/10圈，这样一来，它就能够连续重复地做加减法，并自动地加入加数器里，在转动手柄的过程中，使这种重复加减转变为乘除运算。稍熟悉电脑程序设计的人都知道，连续重复计算加法就是现代计算机做乘除运算采用的办法。

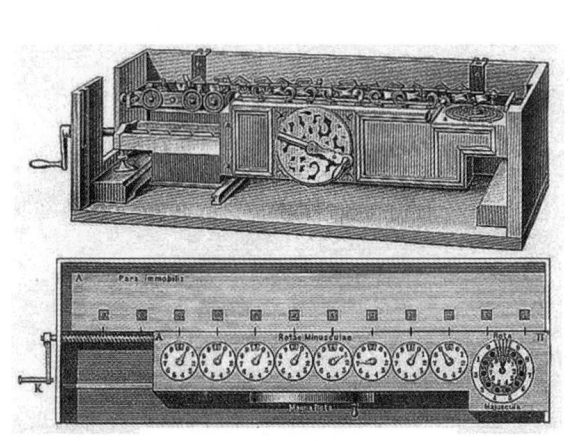

莱布尼茨乘法器

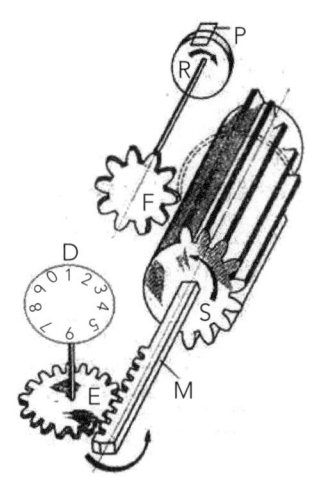

莱布尼茨的步进轮

☆ 莱布尼茨发明的"二进制"

莱布尼茨对计算机的贡献不仅在于乘法器，公元1700年左右，他还悟出了二进制之真谛。虽然莱布尼茨的乘法器仍然采用十进制，但他率先为计算机的设计系统提出了二进制的运算法则，为计算机的现代发展奠定了坚实的基础。

在莱布尼茨的二进制中，通过0与1引申，就可以表示一切数字，如000，001，010，011，100分别代表0~4这几个数字。而在易经八卦中，通过阴阳引申，就可以

伏羲先天八卦图

表示宇宙万有的原理。如果把阴爻看作0，把阳爻看作1，所有的卦象也就可以看成0和1的组合。如坤卦就是000000，乾卦就是111111，大有卦就是111101。伏羲图的六十四个卦象，也正好可以看作二进制算术从0到63的数字。

有传言说莱布尼茨是在《周易》和八卦符号的启发下发明了"二进制"，但这是个谬传。事实上，莱布尼茨在首次提出"二进制"法则的时候，甚至根本不知《周易》和八卦为何物。据中国学者孙小礼教授考证，莱布尼茨在后来见到《周易》和八卦图形时，曾猜想古代中国已有"二进制"算术，人们可能是将莱布尼茨的这一猜想当作了事实，故而认为中国拥有"二进制"的发明权，或至少也该与莱布尼茨分享。

其实，早在1679年，莱布尼茨就已完成了论文《二进制算术》的草稿。文中莱布尼茨不仅详尽说明了"二进制"算术原理，而且还给出了加、减、乘、除四则运算的规则。

1701年，莱布尼茨给在北京的法国传教士白晋的信中，再次阐述了二进制的算术规则，并希望白晋将二进制介绍给康熙皇帝。收到信的白晋感觉莱布尼茨的二进制似乎与中国的八卦图形有某种联系，例如八卦中的阴爻就像二进制中的"0"，阳爻就像"1"。于是他在回信中说明了自己的这个想法，并且把一幅"伏羲六十四卦方位图"一并寄回。

莱布尼茨见到白晋的回信时已是1703年4月，但那张六十四卦图还是令他兴奋不已。不久后的5月5日，莱布尼茨终于在法国科学院院报上发表了自己那篇关于"二进制"的文章，题目就叫《关于仅用0和1两个记号的二进制算术的解释，和对它的用途以及据此解释中国古代伏羲图的意义的评注》。

趣闻轶事

德国数学家戈特弗里德·威廉·莱布尼茨十分爱好和重视中国的科学文化和哲学思想。他曾说："中国许多伟大的哲学家都曾在《易经》中的六十四个图形中寻找过哲学的秘密。这恰好是二进制算术，这种算术是伏羲所掌握而几千年之后由我发现的。"据说他还送过一台他制作的计算机的复制品给康熙皇帝。

0和1的世界多神奇

二进制中只有0和1，却能与十进制自然数一一对应，相互转化。二进制逢1进位，十进制是逢9进位。二进制的缺点是数字长，例如二进制数110110有6位，对应的十进制数54才两位，那么二进制有什么用呢？

二进制诞生了几百年似乎都没什么用处，不过1和0正好与电子元件的开与关不谋而合。正好解决了计算机发明者头疼的问题，于是成了计算机工作的基本数制。

早期的计算机很"笨"，人们在操作台上扳动开关设定计算规则，还要把十进制转换成二进制，制作成穿孔纸带，有孔表示1，没孔表示0，计算机吞下并识别纸带后开始计算，最后再把表示结果的穿孔纸带吐出来，或者是用一大排指示灯告诉人们答案。这些纸带或指示灯都是用二进制表示的，还得再转换成十进制。虽然这么麻烦，但是第一台计算机也比人工快上很多倍。

莱布尼茨是乐于看到自己提供的种子在别人的植物园里开花的人。

——丰唐尼尔

我有那么多的想法，如果那些比我更敏锐的人有一天深入其中，把他们绝妙的见解同我的努力结合起来，这些想法或许有些用处。

——莱布尼茨

第 17 章 计算机的先驱者——查尔斯·巴贝奇

查尔斯·巴贝奇是一名英国发明家,计算机的先驱者。今天出版的许多计算机书籍扉页里,都登载着这位先生的照片:宽阔的额,狭长的嘴,锐利的目光,坚定但绝非缺乏幽默的外貌,给人以一种极富深邃思想的学者形象。

查尔斯·巴贝奇

查尔斯·巴贝奇(Charles Babbage,1791—1871),1791年出生在英格兰西南部的托特纳斯,是一位富有的银行家的儿子。童年时代的巴贝奇显示出极高的数学天赋,考入剑桥大学后,他发现自己掌握的代数知识甚至超过了教师。24岁的查尔斯·巴贝奇毕业后受聘担任剑桥的数学教授。

查尔斯·巴贝奇

☆ 巴贝奇的差分机

18世纪末,法兰西发起了一项宏大的计算工程——人工编制《数学用表》,当时没有先进的计算工具,人工编制《数学用表》是件极其艰巨的工作。法国数学界调集大批精兵强将,组成了人工手算的流水线,费了很大的力气,才完成了17卷大部头书稿。即便如此,计算出的数学用表仍然存在大量错误。

有一天,巴贝奇与著名的天文学家赫舍尔凑在一起,对两本大部头的天文数表进行检验,翻一页就是一个错,翻两页就有好几处错。面对错误百出的数学表,巴贝奇目瞪口呆,他甚至喊出声来:"天哪,但愿上帝知道,这些计算错误已经充斥弥漫了整个宇宙!"这件事也许就是巴贝奇萌生研制计算机构想的起因。巴贝奇在他的自传《一个哲学家的生命历程》里,写到了大约发生在1812年的一件事:"有一天晚上,我坐在剑桥大学的分析学会办公室里,神志恍惚地低头看着面前打开的一张对数表。一位会员走进屋来,瞧见我的样子,忙喊道:'喂!你梦见什么啦?'我指着对数表回答说:'我正在考虑这些表也许能用机器来计算!'"

巴贝奇的第一个目标是制作一台"差分机",那年他刚满20岁。他从法国人杰卡德发明的提花织布机上获得了灵感,差分机能够按照设计者的旨意,自动处理不同函数的计算过程。

1822年,经过多年的努力,巴贝奇第一台差分机制成了。但是当时的工业技术水平极差,从设计绘图到零件加工,都得自己亲自动手。好在巴贝奇自小就酷爱并熟悉机械加工,车钳刨铣磨,样样拿手。在他孤军奋战下造出的这台机器,运算精度达到了6位小数,当即就演算出好几种函数表。以后实际应用证明,这种机器非常适合编制航海和天文方面的数学用表。

成功的喜悦激励着巴贝奇,他连夜奋笔上书英国皇家学会,要求政府资助他建造第二台运算精度为20位的大型差分机。英国政府破天荒地与科学家签订了第一个合同,财政部为这台大型差分机提供了1.7万英镑的资助。巴贝奇自己贴进去1.3万英镑,用以弥补研制经费的不足。

第二台差分机大约有25000个零件,主要零件的误差不超过每英寸千分之一,即使用现在的加工设备和技术,要想造出这种高精度的机械也绝非易事。巴贝奇把差分机交给了英国最著名的机械工程师约瑟夫·克莱门特所属的工厂制造,但工程进度十分缓慢。设计师心急火燎,从剑桥到工厂,从工厂到剑桥,一天几个来回。他把图纸改了又改,让工人把零件重做一遍又一遍。年复一年,日复一日,直到1832年全部零件亦只完成不足一半数量。参加试验的同事们再也坚持不下去,纷纷离他而

巴贝奇的差分机

去。巴贝奇独自苦苦支撑了10年，终于感到自己再也无力回天。那天清晨，巴贝奇蹒跚走进车间。偌大的作业场空无一人，只剩下满地的滑车和齿轮，四处一片狼藉。他呆立在尚未完工的机器旁，深深地叹了口气，难受地流下了眼泪。在痛苦的煎熬中，他无计可施，只得把全部设计图纸和已完成的部分零件送进伦敦皇家学院博物馆供人观赏。

☆ 共同的理想

就在这痛苦艰难的时刻，一缕春风悄然吹开巴贝奇苦闷的心扉。他意外地收到一封来信，写信人不仅对他表示理解，而且还希望与他共同工作。娟秀字体的签名，表明了她不凡的身份——伯爵夫人。接到信函后不久，巴贝奇实验室门口走进来一位年轻的女士。只见她身披素雅的斗篷，面带矜持的微笑，向巴贝奇弯腰行了个致敬礼。巴贝奇一时愣在那里，他与这位女士似曾相识，又想不起曾在何处邂逅。女士落落大方地做了自我介绍。"您还记得我吗？"女士低声问道，"十多年前，您还给我讲过差分机原理。"看到巴贝奇迷惑的眼神，她又笑着补充说："您说我像野人见到了望远镜。"巴贝奇恍然大悟，想起已经十分遥远的往事。面前这位俏丽的女士和那个小女孩之间，依稀还有几分相似。

原来，夫人本名叫爱达·奥古斯塔，是英国大名鼎鼎的诗人拜伦的独生女。她比巴贝奇的年龄要小20多岁。爱达自小命运多舛，出生的第二年，父亲拜伦因性格不合与她的母亲离异，从此别离英国。可能是从未得到过父爱的缘由，小爱达没有继承到父亲诗一般的浪漫热情，却继承了母亲的数学才能和毅力。那还是爱达的少女时代，母亲的一位朋友领着她们去参观巴贝奇的差分机。其他女孩子围着差分机叽叽喳喳乱发议论。只有爱达看得非常仔细，她十分理解并且深知巴贝奇这项发明的重大意义。或许是这个小女孩特殊的气质，在巴贝奇的记忆里留下了较深的印记。他赶紧请爱达入座，并欣然同意与这位小有名气的数学才女共同研制新的计算机器。

30年的困难和挫折并没有使巴贝奇折服，爱达的友情援助更坚定了他的决心。还在大型差分机进军受挫的1834年，巴贝奇就已经提出了一项新的更大胆的设计。他最后冲刺的目标，不是仅仅能够制表的差分机，而是一种通用的数学计算机。巴贝奇把这种新的设计叫作"分析机"，它能够自动解算有100个变量的复杂算题，每个数可达25位，速度可达每秒运算一次。今天我们再回首看看巴贝奇的设计,分析机的思想仍然闪烁着天才的光芒。

巴贝奇首先为分析机构思了一种齿轮式的"存储库",每一齿轮可储存10个数,总共能够储存1000个50位数。分析机的第二个部件是所谓"运算室",其基本原理与帕斯卡的转轮相似,但他改进了进位装置,使得50位数加50位数的运算可在一次转轮之中完成。此外,巴贝奇也构思了送入和取出数据的机构,以及在"存储库"和"运算室"之间运输数据的部件。他甚至还考虑到如何使这台机器处理依条件转移的动作。一个多世纪过去后,现代电脑的结构几乎就是巴贝奇分析机的翻版,只不过它的主要部件被换成了大规模集成电路而已。仅此一说,巴贝奇就是当之无愧的计算机系统设计的"开山鼻祖"。

爱达非常准确地评价道:"分析机编织的代数模式同杰卡德织布机编织的花叶完全一样。"于是,为分析机编制一批函数计算程序的重担,落到了数学才女柔弱的肩头。爱达开天辟地第一回为计算机编出了程序,其中包括计算三角函数的程序、级数相乘程序、伯努利函数程序等。爱达编制的这些程序,即使到了今天,电脑软件界的后辈仍然不敢轻易改动一条指令。人们公认她是世界上第一位软件工程师。

不过,以上讲的都是后话,殊不知巴贝奇和爱达当年处在怎样痛苦的水深火热之中!由于得不到任何资助,巴贝奇为把分析机的图纸变成现实,耗尽了自己全部财产,搞得一贫如洗。他只好暂时放下手头的活,和爱达商量设法赚一些钱,如制作国际象棋玩具、赛马游戏机等。为筹措科研经费,他们不得不搞"创收"。最后,两人陷入了惶惶不可终日的窘境。爱达忍痛两次把丈夫家中祖传的珍宝送进当铺,以维持日常开销,而这些财宝又两次被她母亲出资赎了回来。

贫困交加,无休无止的脑力劳动使爱达的健康状况急剧恶化。1852年,怀着对分析机成功的美好梦想,巾帼软件奇才魂归黄泉,香消魄散,死时年仅36岁。

爱达去世后,巴贝奇又默默地独自坚持了近20年。晚年的他已经不能准确地发音,甚至不能有条理地表达自己的意思,但是他仍然坚持工作。

分析机没能造出来,巴贝奇和爱达的失败是因为他们看得太远,分析机的设想超出了他们所处时代至少一个世纪!然而,他们留给了计算机界后辈们一份极其珍贵的遗产,包括30种不同的设计方案、近2100张组装图和50000张零件图,更包括那种在逆境中自强不息,为追求理想奋不顾身的拼搏精神!1871年,为计算机事业而贡献了终生的先驱者终于闭上了眼睛。

第 17 章 计算机的先驱者——查尔斯·巴贝奇

分析机

电脑音乐的起源

电脑音乐几乎是和电脑相伴相生的。说起电脑音乐的起源，还有一个有趣的"预言"故事。早在第一台电脑发明出来一百多年前，英国剑桥大学的查尔斯·巴贝奇教授发明了电脑的前身——分析机。当时他的助手、著名诗人拜伦的女儿爱达·奥古斯塔就曾预言："这台机器总有一天会演奏出音乐的。"果然不出爱达所料，1946年，世界上第一台通用电子计算机ENIAC在美国诞生了，这台笨重的机器本是为了研究对付法西斯的新式武器而研制的，但它刚刚被研制出来，第二次世界大战就结束了。由于这种计算机的计算能力在当时算得上非常强大，各个学科的科学家纷纷利用其来进行分析、研究工作，很快，一些数学和音乐的双料天才开始在音乐上使用这种工具。1948年，计算机首先被应用于音乐理论的分析、研究中，实践证明，它在分析风格、调性与和声结构等方面是十分有用的。1957年，美国作曲家理查伦·希勒尔和数学家伦纳德·艾萨克合作首次制作出了真正的"计算机音乐"，爱达的预言在一百多年后终于得以实现。

你知道吗？

世界第一位程序员

爱达·奥古斯塔是计算机程序创始人，建立了循环和子程序概念，为计算程序拟定算法，写了第一份程序设计流程图，被珍视为第一位给计算机写程序的人。为了纪念爱达·奥古斯塔对现代电脑与软件工程所产生的重大影响，美国国防部将耗费巨资、历时近20年研制成功的高级程序语言命名为Ada语言，它被公认为是第四代计算机语言的主要代表。

爱达·奥古斯塔

如果有人在未被告诫以我的前车之鉴的情况下，试图尝试这项如此了无指望的工作，并通过完全不同的原理或更简化的机械手段而成功实现了一台可与整个数学分析部门相当的机器，那么我不怕把自己的名誉托付给他，因为他肯定会完全理解我当年努力的性质及其成果的价值。

——查尔斯·巴贝奇

第18章 计算机科学之父——图灵

图灵

艾伦·麦席森·图灵（Alan Mathison Turing，1912—1954），英国著名数学家、逻辑学家，被称为计算机科学之父、人工智能之父，计算机逻辑的奠基者，其提出的"图灵机"和"图灵测试"等重要概念至今仍被沿用学习。图灵这个名字无论是在计算机领域、数学领域、人工智能领域还是哲学、逻辑学等领域，都可谓掷地有声。许多人工智能的重要方法也源自这位伟大的科学家。

艾伦·麦席森·图灵

☆ 图灵的青少年时代

1918年，图灵进入圣莱奥纳兹昂西的圣迈克尔初级小学学习，他对于讲授的课程领悟得并不很快，但他在自学了《阅读的原理》后，就有了自己独特的阅读方法。做算术时他能一眼就看出答案。女校长泰勒小姐说："我教过一些聪明而勤勉的男孩，但图灵却是个天才"

1926年，也就是图灵14岁的时候，他考取了舍本公学，这是在多塞特的一所公立寄宿学校。图灵在科学与数学上的天才表现并没有为他在舍本公学的老师面前赢得尊敬，他的老师们对教育的定义比较狭隘古板。他的校长在给图灵父母的信中写道"我希望他不要在两个学校之间犹豫不定，如果他待在公立学校，那我希望他的目标是成为一个有教养的人，如果他想做一个独来独往的科学家，那我劝他还是不要来公立学校了"。

小时候的图灵生性活泼好动,很早就表现出对科学的探索精神。据他母亲回忆,3岁时,小图灵就进行了他的首次实验,尝试把一个玩具木头人的小胳膊、小腿掰下来栽到花园里,等待长出更多的木头人。到了8岁,他开始尝试写一部科学著作,题目为《关于一种显微镜》。在这部很短的书中,图灵拼错了很多单词,句法也有些问题,但写得还能让人看懂,很像那么一回事儿。在书的开头和结尾,他都用同一句话"首先你必须知道光是直的"作前后呼应,但中间的内容却很短。图灵曾说:"我似乎总想从最普通的东西中弄出些名堂。"就连和小朋友们玩足球,他也能放弃当前锋进球这样出风头的事,只喜欢在场外巡边,因为这样能有机会去计算球飞出边界的角度。他的老师认为:"图灵的头脑思维可以像袋鼠一样进行跳跃。"图灵16岁就开始研究爱因斯坦的相对论。

☆ 图灵机的诞生

1931年10月,图灵进入剑桥大学国王学院,他感到如鱼得水,松紧适度,这是他欣赏的第一个鼓励学生自由思考的"家"。图灵开始了他的数学生涯,研究量子力学、概率论和逻辑学。

1934年毕业后,为了表彰他在概率论方面的研究,他被选为国王学院的研究员。

1936年,美国数学逻辑学家阿朗佐·丘奇推荐发表了图灵的开创性论文《论可计算数及其在判定性问题上的应用》。丘奇本人刚刚发表了一篇论文,得出了与图灵相同的结论,不过方法不同。图灵的方法对新兴的计算机科学有着深远的意义。

论文中提到的"判定性问题"寻求一种有效的方法来解决基本数学问题,即确定在给定的形式数学系统中哪些数学命题是可证明的,哪些是不可证明的。确定这一点的方法称为决策方法。

事实上,图灵和丘奇的研究表明,即使是一些比算术弱很多的纯逻辑系统,也没有有效的决策方法。

丘奇和图灵的论文还提出了"丘奇-图灵命题",即所有可以被人类计算的东西也可以被通用的图灵机器计算。这一论断很重要,因为它指出了人类计算的极限。

这个结果粉碎了一些数学家的希望，他们希望发现一个正式的系统，将整个数学归结为人类计算机可以实现的方法。

图灵机是由图灵在1936年提出的，它是一种精确的通用计算机模型，能模拟实际计算机的所有计算行为。即将人们使用纸笔进行数学运算的过程进行抽象，由一个虚拟的机器替代人们进行数学运算。所谓的图灵机就是指一个抽象的机器，它有一条无限长的纸带，纸带分成了一个一个的小方格，每个方格有不同的颜色。有一个机器头在纸带上移来移去。机器头有一组内部状态，还有一些固定的程序。在每个时刻，机器头都要从当前纸带上读入一个方格信息，然后结合自己的内部状态查找程序表，根据程序输出信息到纸带方格上，并转换自己的内部状态，然后进行移动。

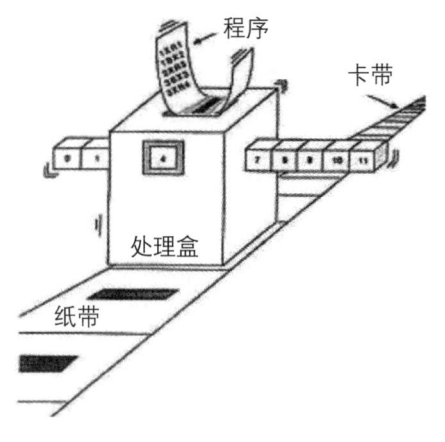

图灵机

我们都知道现代计算机（包含我们常见的电脑、手机等）其实开始于图灵这个人。图灵在数学上证明了如果处理盒（相当于处理器）选择了一套正确的规则，并给予无限长的纸带（相当于内存和硬盘），那么这种装置可以进行任何宇宙里可以定义的操作。

☆ 破解密码

第二次世界大战期间，德军设计了一种性能优良的编制密码的机器，称之为"谜"（Enigma）。德军指挥机关向其部队发布的军令都是通过"谜"加密之后再往下发布的。当时英军就认识到，要打败德军就必须要破译德军的密码，掌握德军的军事动向。

图灵接受英国政府的征召，在布莱契利公园组织了一个秘密工作站，由他领导一群杰出的学者专家，研究如何破解德军的密码。图灵发明了第一台军事译码器，命名为"超越（Bombe）"，专门对付"谜"，破译了大批德军密码。这台由12组电路连接的计算转轮，可以24小时分析所有拦截到的德军电报，通过字母顺序来破解通信的内容。这其实是人类的第一台计算机，图灵就是这台计算机的发明人。

☆ 电脑设计师

1945年，图灵被招募到伦敦的英国国家物理实验室，创建了一台电子计算机。他设计的自动计算引擎（ACE）是第一个完整规格的电子存储程序通用数字计算机。如果图灵的ACE按照他的计划建造，它将拥有比任何早期计算机都大得多的内存，而且速度更快。然而，他的同事们认为这项工程太难了，于是在1950年制造了一台小得多的机器，即ACE的试验模型。

图灵对计算机发展的主要贡献是设计了一个输入输出系统，并设计了它的编程系统。1951年，他还编写了第一本编程手册，他的编程系统被用于第一台畅销的电子数字计算机。

☆ 机器能思考吗？

通过长期研究和深入思考，图灵预言，总有一天计算机可通过编程获得能与人类竞争的智能。1950年10月，图灵的一篇里程碑式的论文《机器能思考吗？》又为人类带来了一个新学科——人工智能，在计算机科学界引起巨大震撼，为人工智能的创立奠定了基础。图灵指出："如果机器在某些现实的条件下，能够非常好地模仿人回答问题，以至提问者在相当长时间里误认它不是机器，那么机器就可以被认为是能够思维的。"他发明的图灵测试今天仍被沿用。他指出，最好的人工智能研究应该着眼于为机器编制程序，而不是制造机器。而他在论文中预测的计算机发展过程中将会出现的一些问题，至今仍未被解决。

图灵测试把被提问的一个人和一台计算机分别隔离在两间屋子，让提问者用人和计算机都能接受的方式来进行问答测试。如果提问者分不清回答者是人还是机器，那就证明计算机已具备人的智能。1993年，美国波士顿计算机博物馆举行的著名的"图灵测试"充分验证了图灵的预言。

现代计算机之父冯·诺依曼生前曾多次谦虚地说："如果不考虑巴贝奇等人早先提出的有关思想，现代计算机的概念当属于艾伦·麦席森·图灵。"冯·诺依曼能把"计算机之父"的桂冠

图灵测试

戴在比自己小10岁的图灵头上，足见图灵对计算机科学影响之巨大。

牛津大学著名数学家安德鲁·哈吉斯在为图灵写的一部脍炙人口的传记《谜一样的图灵》中这样描述："图灵似乎是上天派来的一个使者，匆匆而来，匆匆而去，为人间留下了智慧，留下了深邃的思想，后人必须为之思索几十年、上百年甚至永远。"

运动健将

众所周知，图灵除了在计算机领域才能卓越之外，还是一位举世闻名的长跑运动员。他马拉松最好成绩仅比1948年奥运会金牌慢11分钟，甚至在一次跨国举行的长跑赛事中，他还打败了当年奥运会的银牌得主。据说在最有望打入奥运赛场的那一年里，图灵锻炼过度，腿部受伤，因而遗憾地成为座上观众。

在图灵十几岁的时候，他转到一所离家较远的寄宿学校上学。预备乘车前往学校的他刚好赶上了大罢工，交通全部停运，想赶上第一天课程的他，竟骑了一辆自行车前往，全程近100千米，中途还在一间旅社过夜，这次壮举让他蜚声全校。

破自行车

图灵有一辆破旧的自行车，那是他上下班的交通工具。这辆车经常掉链子，他却懒得把车送去修理，而是想办法对付它。他发现总是骑到一定的圈数时，链子就掉下来。于是他在骑车时就在心中计数，边骑边数脚蹬子轮盘转过的圈数，就在链子快要掉下前一刹停车，倒一下脚蹬子轮盘，上车再骑。图灵就这样一路走走停停，链子再也掉不下来了。后来他还在脚蹬子旁边安装了一个小巧的计数器，代替心中计数。

你知道吗？

图灵奖，是美国计算机协会1966年设立的，又叫"A.M. 图灵奖"，专门奖励那些对计算机事业做出重要贡献的个人。其名称取自世界计算机科学的先驱、英国科学家、英国曼彻斯特大学教授艾伦·图灵。

图灵奖是计算机界最负盛名的奖项，有"计算机界诺贝尔奖"之称。图灵奖对获奖者的要求极高，评奖程序也极严，一般每年只奖励一名计算机科学家，只有极少数年度有两名以上在同一方向上做出贡献的科学家同时获奖。目前图灵奖由英特尔公司以及Google公司赞助，奖金为250000美元。

每年，美国计算机协会要求提名人推荐本年度的图灵奖候选人，并附加一份200～500字的文章，说明被提名者为什么应获此奖。任何人都可成为提名人。美国计算机协会组成评选委员会对被提名者进行严格评审，并最终确定当年的获奖者。

图灵奖

第 19 章 电子计算机之父——约翰·阿塔纳索夫

约翰·阿塔纳索夫

约翰·阿塔纳索夫（John V. Atanasoff，1903—1995）是公认的计算机先驱，为今天大型机和小型机的发展奠定了坚实的基础。1939年阿塔纳索夫和他的研究生贝利一起研制了一台称为ABC的电子计算机。由于经费的限制，他们只研制了一个能够求解包含30个未知数的线性代数方程组的样机。在阿塔纳索夫的设计方案中，第一次提出采用电子技术来提高计算机的运算速度。特别要指出的是，这台ABC计算机才是世界上第一台电子计算机，而不是后来的ENIAC。

1994年，阿塔纳索夫去世，他的讣告中有这么一句："电子时代，只有他能与爱迪生媲美，是被人遗忘的电子计算机之父。"

约翰·阿塔纳索夫

☆ 童年的阿塔纳索夫

阿塔纳索夫于1903年10月4日在美国马里兰州的哈密尔敦出生。他在佛罗里达州度过了童年。他的父亲是保加利亚侨民，在保加利亚得过最高级别的科学奖，到美国后担任矿山电气工程师。他的母亲是数学教师。阿塔纳索夫从小与电气和数学结下不解之缘。

阿塔纳索夫儿时兴趣爱好特别广泛，尤其热爱打棒球，直到有一天父亲买回一把计算尺,他对棒球的狂热才消失得无影无踪。他恳求父亲教他使用方法,当看到父亲把尺子拉来拉去,很快算出一道有乘有除的数学题,阿塔纳索夫惊讶得瞪大了双眼。从此,他对计算尺的酷爱简直到了痴迷的程度,结果促使他更努力去钻研数学。在母亲的帮助下,阿塔纳索夫中学时期就自学了大学数学课程,如数学原理和微积分等。

阿塔纳索夫于1920年高中毕业,理科和数学成绩都非常优秀。1921年进入佛罗里达大学,选择的专业与父亲相同,也是电气工程。在同学中间,他的数学成绩最好,而且是唯一学习过二进制数运算的人。1925年,阿塔纳索夫获得电气工程理学士后进入爱荷华大学学习数学,1926年6月获得数学硕士学位。他得到硕士学位后进入威斯康星大学,攻读物理学博士学位。1930年,当阿塔纳索夫获得博士学位时,他所学的专业已经横跨了电气、数学和物理。他的广博的知识是他日后发明创造的坚实基础。

☆ 构思计算机

1930年7月,约翰·阿塔纳索夫返回爱荷华大学,很快晋升为数学物理的助理教授。由于研究工作的需要,他试图开发计算机工具帮助求解线性代数方程。

经过仔细研究,他把当时已有的计算机分为两类:一类是模拟机,又慢又不精确;另一类他称为"彻底的计算机"。他深信采用数字式机器比那些又慢又不精确的模拟式机器会有更多好处。但是,经过多年的钻研,他并没有达到自己的目的。

阿塔纳索夫的发明过程颇具传奇色彩。在回忆那次难忘的"顿悟"经历时,他写道:"我还记得,1937年冬天我有点垂头丧气。当时自己的设想虽然有些眉目,但疑难问题一直没有解决,研究工作停滞不前。随着严冬来临,我的失望情绪与日俱增。在这种精神状态下能想出什么解决办法来呢?

那天我决定什么事情也不干,独自开着汽车到高速公路上去兜风。我在公路上驱车好几个小时,一直跑到邻近的伊利诺伊州边境。由于这段时间全神贯注于开车,我的神经逐渐放松了。

我把汽车从高速公路开到一条小路上,进了路旁一个年久失修的小店。在店员为我上饮料时,我觉得已不像以前那样心灰意懒。我的精神振作起来,注意力不知不觉地又被吸引到计算机上去。

第 19 章　电子计算机之父——约翰·阿塔纳索夫

现在连我自己也不知道，为什么那时思想一下子开了窍，而以前却是那么迟钝。或许是喝了两杯饮料后思维变得活跃的原因，长期困惑不解的问题迎刃而解……"

阿塔纳索夫没有写出他驱车200多里出来散心的真正原因。那一年，他34岁，在美国爱荷华州立大学物理系担任副教授。在给研究生讲量子力学课时，因为缺乏有效的计算工具，刚好学校里有一台IBM的小型制表机，但使用起来很不顺手，他决定做些改进，就把机器拆开仔细研究。不久，他收到IBM推销员的一封措辞强硬的信，说此机不属于爱荷华大学，而是IBM的财产，不得随意乱动。阿塔纳索夫十分生气，决心自己做一台计算机来实现自己的构想，但一系列难题的困扰又使他举步维艰。那一天，他再次受到IBM的警告，这事甚至引来同事的讥笑，一气之下，他驱车跑上公路，却阴错阳差地迎来了好运气。

灵感从天而至，阿塔纳索夫一把抓过一叠餐巾纸，头也不抬地奋笔疾书。他首先想到的就是采用电子管取代机械装置或者继电器等元件。其次，他头脑中闪现出"逻辑电路"的思想火花，决定用二进制而不是十进制作为机器的运算基础，因为他已经隐约感到，逻辑运算规则完全可以由电子器件直接实现。关键的问题是如何解决二进制数的存储，他以前曾经考虑过用电容器，但电容器里保存的电荷很快就会因泄漏而消失殆尽……阿塔纳索夫皱着眉，把杯中剩下的饮料一饮而尽。

店员走过来，往他的杯中添上一些水。阿塔纳索夫看着杯中再次充满了水，心中豁然开朗：水喝完了可以补充，电容器里的电荷只要不断地刷新，存储的数据就不会消失——"再生存储"的概念终于被阿塔纳索夫给悟了出来。他弓着身开始描画设计草图：由自行车链条带动的滚筒旋转，滚筒上安装着许多电容器，这些电容器在旋转中扫过已经充电的刷子。只要这个过程不中断，电容器便周而复始存储某一种状态——充电（1）或未充电（0）。

电子管、二进制、逻辑电路、再生存储……阿塔纳索夫继续奋笔疾书，餐巾纸一张张堆满了破旧的餐桌。就是在这个小店，就是用这些餐巾纸，阿塔纳索夫创造了计算机史上的奇迹，他为计算机设计提出的一系列基本概念，对现代电脑产生了极其深远的影响。

☆ ABC计算机的诞生

1939年，学院给他650美元的经费，以便启动建造计算机。这时约翰·阿塔纳索夫找到了一个合作者，一个可以帮助他建造机器的工程师。阿塔纳索夫学的大都是理科，偏重理论设计，对制造机器的工艺并不在行。于是，他四处寻找合适的人选，终于在自己的学生里，发现了一位非常有才华的研究生克利夫·贝瑞。

贝瑞是一位文静腼腆的青年，个头不高，与阿塔纳索夫一样，戴一副宽边眼镜。贝瑞出生在纽约，读小学时就被同学称为"天才"，以各科全优的成绩高中毕业。他爱好无线电，是当地小有名气的业余发报员。他最大的特点是有极强的动手能力，任何东西都做得细致而精巧。在爱荷华大学，他学的专业也是电气工程，听过阿塔纳索夫副教授讲的几堂物理课。他一边读书，一边到当地一家电气公司兼任技术员。1939年，他以全班第一的成绩毕业，准备继续攻读硕士学位。当阿塔纳索夫找来时，贝瑞高兴地同意担当副教授的研究助手。两个人在物理楼地下室里建立了一个简陋的制造车间。

事实证明，贝瑞确实给阿坦纳索夫餐巾纸上构思的蓝图注入了生命。他用最简陋的设备和元件，如自行车齿轮和链条制造了传动装置，由一台小电机驱动存储鼓旋转，存储鼓上则精细地装配了许许多多的电容器。为了解决数据输入问题，贝利找到了一台旧的IBM穿孔机，但他发现这种机器不好使，灵机一动想出了一个"电弧烧孔"的办法：用高压电产生电弧，给穿孔纸带烧出一个个小孔。

第一台电子计算机的试验样机于1939年10月开始运转。这台计算机帮助爱荷华大学的教授和研究生们解算了若干复杂的数学方程。阿塔纳索夫把这台机器命名为ABC，其中，A、B分别取两人姓氏的第一个字母，C即"计算机"的首字母。

阿坦纳索夫和贝瑞并不认为这台样机已研制成功。1940年秋，他们写了一份更详细的建议书，用300多个电子管组装一台正式的ABC电子计算机，将可以解出有30个未知数的联立方程。当时电子管是十分昂贵的物品，仅购买一只就需50美元。他们初步预算的结果，研制这台机器需要5000美元。保守的爱荷华大学认为这是浪费金钱，断然拒绝了他们的请求。阿塔纳索夫和贝瑞只得自己想办法，因陋就简，继续改进他们的ABC计算机。

他们从1939年一直工作到1941年，发明了ABC计算机。遗憾的是ABC计算机的专利申请一直没有完成。

第 19 章　电子计算机之父——约翰·阿塔纳索夫

☆ 约翰·阿塔纳索夫对计算机的贡献

约翰·阿塔纳索夫与克利夫·贝瑞一起开发了第一台电子数字计算机，这台机器有什么意义呢？

ABC计算机包括四个重要而新颖的操作原理：首先，采用了二进制，便于发挥电子器件的作用；其次，利用电子管器件作为承载数据的媒体；第三，设计了逻辑电路，使运算能正确进行；第四，发明了用磁鼓来存储数据的方法。

约翰·阿塔纳索夫写道："在这个ABC计算机开始工作后，我们深信能够建造计算机，完成过去我们希望它能进行的工作。"ABC计算机开辟了通向现代计算机的道路。

ABC计算机有两个长11英寸、直径8英寸的酚醛塑料做成的鼓，保存数据的电容就放在这两个鼓上，鼓的容量是30个二进制数（每个含15个十进制数字），当鼓旋转时，就可以把这些数读出来。输入采用穿孔卡片，每张卡片上放5个数。机器中包含30个加减器，共用了300多个电子管，这些加减器接收从鼓上读出的数进行运算，实现对微分方程的求解。按照阿塔纳索夫的设计目标，ABC计算机应该能够解29个联立方程，但由于穿孔卡片机工作不可靠，这个指标未能达到。阿塔纳索夫和贝利曾用各种不同材料制作卡片进行试验，以求提高卡片机的可靠性，但没有成功。虽然如此，ABC计算机仍然证明了用电子电路构成灵巧的计算机确实是可能的，它确实也是世界上第一台这样的电子计算机，尽管它不够完善。

从电子计算机装置的观点看，ABC计算机是第一台电子数字计算机，约翰·阿塔纳索夫与克利夫·贝瑞使用的磁鼓存储器是出色的创造。不过，在1972年以前，没人承认约翰·阿塔纳索夫的贡献。

1942年，日本袭击珍珠港，每一个爱国的科学家都准备上前线报效祖国。阿坦纳索夫和贝瑞主动放下手中的研制计划，转向更紧迫的国防科研项目。1942年底，贝瑞前往洛杉矶参加一项国防承包工程，而阿坦纳索夫

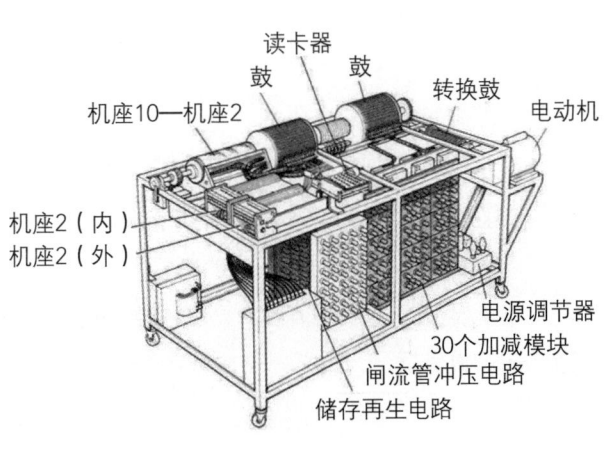

ABC计算机原理图

则去华盛顿一个海军军械实验室工作,研究炸弹引信。从此,两人失去了联系。

在阿塔纳索夫和贝瑞离开之前,已有两台改进后的ABC计算机能够运行,它的主要部件基本定型,但毕竟未能最终完成。这两台ABC计算机被存放在爱荷华大学物理楼的储存室里,逐渐被人遗忘。1946年,由于物质短缺,两台机器都被人拆散,零件移作他用,只留下一个电容存储器部件。爱荷华大学没有为ABC计算机申请专利,也给电子计算机的发明权问题带来了旷日持久的法律纠纷。

世界上第一台电子计算机是谁发明的?

世界第一台电子计算机真正的发明人是美国人约翰·阿塔纳索夫教授。大多数书上说,美国籍匈牙利裔科学家冯·诺依曼是电子计算机的发明人,他历来被誉为"电子计算机之父"。但是,冯·诺依曼本人却不认为自己是"电子计算机之父"。美国物理学家、曾在洛斯阿拉莫斯实验室担任过冯·诺依曼助手的弗兰克尔在一封信中这样写道:"许多人都推举冯·诺依曼为'计算机之父',然而我确信他本人从来不会促成这个错误。或许,他可以被恰当地称为助产士。但是他曾向我,并且我肯定他也曾向别人坚决强调:如果不考虑巴贝奇、爱达和其他人早先提出的有关概念,计算机的基本概念属于图灵。按照我的看法,冯·诺依曼的工作使世界认识了由图灵引入的基本概念。"正是冯·诺依曼本人,亲手把"计算机之父"的桂冠转戴在英国科学家图灵头上。但是,真正的"计算机之父"既不是冯·诺依曼,也不是图灵。在1973年以前,大多数美国计算机界人士认为,电子计算机发明人是宾夕法尼亚大学莫尔电气工程学院的莫奇利和埃克特,因为他们是第一台具有很大实用价值的电子计算机ENIAC的研制者。

现在国际计算机界公认的事实是:第一台电子计算机的真正的发明人是美国的约翰·文森特·阿塔纳索夫。他在国际计算机界被称为"电子计算机之父"。

关于电子计算机的真正发明人是谁,阿塔纳索夫、莫奇利和埃克特

第19章 电子计算机之父——约翰·阿塔纳索夫

曾经打了一场旷日持久的官司，法院开庭审讯135次。最后由美国的一个地方法院作出判决。1973年10月19日，法院当众宣布判决书："莫奇利和埃克特没有发明第一台计算机，只是利用了阿塔纳索夫发明中的构思。"理由是阿塔纳索夫早在1941年，就把他对电子计算机的思想告诉过ENIAC的发明人莫奇利。

虽然莫奇利与埃克特失去了专利，但是他们的功劳还是不能抹杀，毕竟是他们按照阿塔纳索夫的思想完整地制造出了真正意义上的电子数字计算机ENIAC，而ABC只是给出了样机。

总之，ABC计算机正好处于模拟计算与数字计算的门槛上，而ENIAC的问世则让计算机进入数字的时代，最终冯·诺依曼吸收了图灵机的理论成果，开发出冯·诺依曼架构。从此，数字计算机的整体架构得以确立。

计算机三原则

1939年10月，约翰·阿塔纳索夫制造了后来举世闻名的ABC计算机的第一台样机，并提出了计算机的三条原则：①以二进制的逻辑基础来实现数字运算，以保证精度；②利用电子技术来实现控制、逻辑运算和算术运算，以保证计算速度；③采用把计算功能和二进制数更新存储的功能相分离的结构。这就是著名的计算机三原则。

灵感不过是"顽强的劳动而获得的奖赏"。

——列宁

第20章 现代计算机之父——约翰·冯·诺依曼

电子计算机已经经历70多个春夏秋冬了,虽然在历史的长河中只是一瞬间,但彻底改变了我们的生活。

回顾电子计算机的发展历史,历数计算机史上的英雄人物和跌宕起伏的发明故事,将给后人留下长久的思索和启迪。

约翰·冯·诺依曼

1903年12月28日,匈牙利布达佩斯城的大银行家马克斯·诺依曼喜添贵子。马克斯生长在一个大家族里,从小受到良好的教育。在他事业有成之时又新添贵子,自然望子成龙。所以,当1913年他花钱买了个以"冯"表示的荣誉称号后,并未像常人那样将此荣誉称号用于自己,而是用在这个孩子的姓名中间。这孩子也真是争气,日后成为蜚声世界的计算机科学家,他就是约翰·冯·诺依曼(John von Neumann,1903—1957)。

约翰·冯·诺依曼

冯·诺依曼自小就显示出过人的天赋。他6岁能心算八位数除法,8岁掌握微积分,12岁能读懂波莱尔的《函数论》。中学期间即与给他上课的青年数学家费凯特合作,对布达佩斯大学耶尔教授的一个分析定理加以推广,写出了他的第一篇论文。

1921年,在选择大学的专业志愿方面冯·诺依曼与父亲发生了冲突。马克斯希望他选择商务专业以期将来子承父业,而冯·诺依曼却酷爱数学。于是马克斯请人说服儿子。此人没有完成说服工作，但最终大家都做了妥协，冯·诺依曼选择了布达佩斯大学的化学专业。在四年大学期间，冯·诺依曼仅在布达佩斯大学的化学系注册并参加考试，而足迹遍及欧洲一些科学中心，到柏林大学、苏黎世联邦工业大学、哥廷根大学等一流名校听课。在苏黎世大学期间，他经常找韦尔教授和鲍利亚教授请教数学问题。甚至还曾当韦尔教授不在时，替他上过一堂数学课。鲍利亚教授后来回忆时说："冯·诺依曼是我曾教过的唯一令我害怕的学生。只要我在讲课过程中出一道不给出解法的题目，他总是在课程一结束即走到我跟前，拿着一张字迹潦草的纸片，上面写着他关于那道题完整的解法。"冯·诺依曼扎实的数学功底为他以后在计算机科学方面的建树奠定了基础。

1929年，冯·诺依曼受聘前往美国普林斯顿大学任教。一年后，年仅27岁的他被提升为教授。1933年，普林斯顿大学高等研究院任命了包括爱因斯坦在内的第一批6位终身教授，冯·诺依曼是其中最年轻的一位。冯·诺依曼一生在数学、量子物理学、逻辑学、军事学、对策论等诸多领域均有建树，但参与人类第一台实用数字电子计算机的研究却始于偶然。

☆ 埃尼亚克的研制

1944年，青年数学家、美国陆军军械部弹道实验室上尉赫尔曼·戈德斯坦作为军方代表参与人类第一台实用数字电子计算机埃尼亚克（ENIAC）的研制工作。此时，专为计算炮弹火力表而研制的埃尼亚克已快要成型了，其内存极小，只用于储存数据，处理弹道计算的程序是用硬件实现的。戈德斯坦抽空将埃尼亚克的硬件重新拆装，让它解一两道数学难题，发现简直是手到擒来。戈德斯坦心中兴奋极了，他想："这等神奇的通才怎么只用于计算弹道呢？但假如要计算不同的问题，就必须把代表程序的接插头连线重新拆装。"埃尼亚克解题的过程可能仅需几分钟，而重新拆装硬件的时间却至少要几个小时。拆装硬件的过程费时费劲。能否用埃尼亚克做通用计算而无须在硬件上做变更呢？戈德斯坦苦苦思索着，却不得其解。

同年仲夏的一个傍晚，戈德斯坦在阿伯丁车站等候去费城的火车。突然，他发现大数学家冯·诺依曼从不远处向自己走来。他听过冯·诺依曼的讲座，尽管冯·诺依曼不认识自己。戈德斯坦哪里肯放过当面向大师请教的机会！他主动向冯·诺依曼迎上去并做自我介绍。令戈德斯坦感动的是，冯·诺依曼平易近人，很耐心地听他提出的问题。不过，冯·诺依曼一连串的反问使他像参加数学博士论文答辩一样，紧张得直冒汗。冯·诺依曼从他的问题觉察到面前这位年轻人正在从事着不寻常的事情。当戈德斯坦告诉冯·诺依曼他正在费城宾夕法尼亚大学的摩尔学院参加研制每秒能进行333次乘法运算的计算机时，冯·依依曼顿时兴奋起来。冯·诺依曼正在参加研制原子弹的曼哈顿工程，也遇到了大量复杂的计算问题。原子核裂变反应过程的计算非常复杂，即便使用当时最先进的计算工具也显得太慢了。他一直在苦思冥想着如何研制更为快速的计算工具。于是，冯·诺依曼拉着戈德斯坦的手，提出想去摩尔学院看看他们正在研制的机器。

与冯·诺依曼分手后回到摩尔学院，戈德斯坦把冯·诺依曼要来学院的消息告诉了研究小组的成员。年轻有为且才高气傲的普雷斯珀·埃克特（John Presper Ecket Jr.，1919—1995）对埃尼亚克的总体方案设计师约翰·莫奇利（John Mauchly，1907—1980）教授说："如果冯·诺依曼问的第一个问题是机器的逻辑结构问题，我就佩服他是个天才。"

八月初，顶着如火的骄阳，冯·诺依曼来到了摩尔学院。莫奇利想起了埃克特的那句话，一番客套之后，静静地等着冯·诺依曼发问。当冯·诺依曼提出的第一个问题果然是关于机器的逻辑结构问题时，他与埃克特对视后都会心地笑了。他们无不被这位大科学家的天才所折服，因为冯·诺依曼问的正是最为要害的问题。此后，冯·诺依曼主动参与了埃尼亚克的研制工作。他比数学家更能有效地与物理学家合作，以极其熟练的计算能力解决技术上的关键问题。在参与埃尼亚克的研制工作中，冯·诺依曼经常举办学术讨论会，讨论新型存储程序通用计算机的方案，不断提出自己关于埃尼亚克改进的思考，与大家交换意见。从1944年到1945年，冯·诺依曼撰写了长达101页的研究报告，详细阐述了新型计算机的设计思想。在报告中，他给出了第一条机器语言、指令和一个关于程序的实例。这份报告，奠定了现代计算机系统结构的基础，直到现在仍被人们视为计算机科学发展史上里程碑式的文献。冯·诺依曼的思想可归纳为以下三点：

第一，新型计算机不应采用原来的十进制，而应采用二进制。采用十进制不但电路复杂、体积大，而且由于很难找到10个不同稳定状态的机械或电气元件，使得机器的可靠性较低。而采用二进制，运算电路简单、体积小，且实现两个稳定状态的机械或电气元件比比皆是，机器的可靠性明显提高。

第二，采用"存储程序"的思想。即不像以前那样只存储数据，程序用一系列插头、插座连线来实现，而是把程序和数据都以二进制的形式统一存放到存储器中，由机器自动执行。不同的程序解决不同的问题，实现了计算机通用计算的功能。

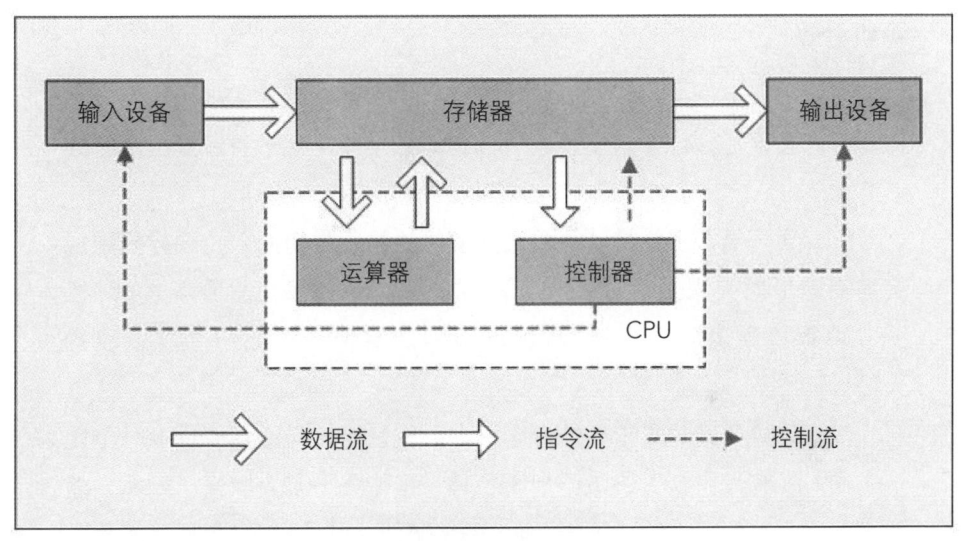

冯·诺依曼体系结构图

第三，把计算机从逻辑上划分为五个部分，即运算器、控制器、存储器、输入设备和输出设备。运算器和控制器采用电子管，主存储器采用汞延迟线或磁鼓，外存储器采用磁鼓和磁带。

由于冯·诺依曼加入埃尼亚克的研制工作时，耗资巨大的埃尼亚克的总体设计和主体建造已经完成，做大的改动已很不现实，所以埃尼亚克未能完全实现冯·诺依曼的思想。1946年，在宾夕法尼亚大学举办了"电子数字计算机的设计理论与技术"国际研讨会。冯·诺依曼提出了制造世界首台存储程序电子计算机的方案。其设计思想在会议上引起强烈反响。三年以后，由英国剑桥大学威尔克斯等人研制成功了世界首台存储程序的"冯·诺依曼机器"，名为"爱达赛克"（EDSAC，Electronic Delay Storage Automat Calculator）。

1957年2月8日,冯·诺依曼因患癌症去世,终年54岁。冯·诺依曼一生在诸多科学领域做出了卓越的贡献,所获得的荣誉遍及方方面面。时至今日,遍布世界各地大大小小的计算机都仍然遵循着冯·诺依曼的计算机基本结构,统称之为"冯·诺依曼机器"。所以,人们尊称冯·诺依曼为现代计算机之父。

神机妙算

在研制ENIAC期间,几位数学家在一起切磋一道数学难题,百思不得其解,又不甘心放弃。于是,一位青年数学家决定带着台式机回家继续演算。

第二天一早,那位带计算机回家演算的同事推门而入,模样狼狈但笑容得意地对大家炫耀道:"我从昨晚开始用计算机算到凌晨4时30分,总算找到这道难题的5种特殊解答。它们一个比一个难,我的天哪!"

就在此时,冯·诺依曼恰好刚进办公室,随口问道:"什么一个比一个难?"有人将题目讲述给他听,冯·诺依曼一听立即来了劲头,随即陷入沉思之中。大约过了5分钟,冯·诺依曼就给出了4个正确答案。这下那位熬了一夜的青年数学家赶紧脱口说出了最后一个答案。冯·诺依曼先是一愣,但没有接过话茬。1分钟之后,他才肯定地说:"你的答案是正确的。"当那位青年数学家怀着无比敬佩而又尴尬的复杂心情离去后,冯·诺依曼仍在原地苦苦思索,一脸困惑,许久不能自拔。

有人悄悄地问他在想什么。冯·诺依曼不安地说:"我在想,他究竟用的是什么方法,这么快就算出了答案。"众人忍俊不禁,道出了原委:"他可是用台式机算了整整一个晚上啊!"冯·诺依曼这才释怀地大笑起来。

第 20 章　现代计算机之父——约翰·冯·诺依曼

你知道吗？

"爱达赛克"在1949年5月建成，这是世界上第一台实际运行的存储程序计算机，与三年前建成的"埃尼亚克"相比，它的突破就在程序上，从而实现了冯·诺依曼1945年提出的设想。因此"爱达赛克"成为人类历史上第一台真正实现内部存储程序的电子计算机。这台承"埃尼亚克"而来，又凝聚着冯·诺依曼等人设想的机器，是后来所有电脑的真正原型和范本。"爱达赛克"也是世界上第一台商用电脑的母机。

若人们不相信数学简单，只因他们未意识到生命之复杂。

——冯·诺依曼

第21章 不可遗忘的互联网先驱

在过去的三百年中，每一个世纪都有一种技术占据主要的地位。18世纪伴随着工业革命而来的是蒸汽机时代；19世纪末人类进入了电气时代；20世纪40年代人类进入新科技时代，而在21世纪的今天人们则进入了一个网络时代，我们周围的信息更在高速地传递着。

☆ 互联网的诞生

1957年10月4日，苏联成功地将人类史上第一颗人造卫星斯普特尼克1号（Sputnik-1）送入了地球轨道，引起了美国对于国家安全问题的恐慌。美国认为如果指挥中心受到苏联的攻击，那么整个国防系统都会瘫痪，为此，他们计划建立多个指挥系统，这些指挥系统之间可以共享数据，这样一来，就算共享的其中几个系统被摧毁，其余的仍然能够正常工作。在这个设想的基础上，两个月后，时任美国总统德怀特·戴维·艾森豪威尔（Dwight David Eisenhower，1890—1969）向国会提出，建立国防高级研究计划局（Advanced Research Project Agency）的计划，这个计划简称"阿帕"（ARPA）。此计划的筹备金520万美元，总额预算为2亿美元，"阿帕"以提升国防实力为目标，获得强大的资金支撑，也意外成为当今互联网发展的根基。

罗伯特·泰勒

罗伯特·泰勒（Robert Taylor，1932—2017）1932年出生于美国，更为人熟知的名字是鲍勃·泰勒，互联网之父，曾任阿帕信息技术处理办公室主任。

罗伯特·泰勒的写字台旁环绕着三个功能不同的终端，这些庞然大物互不兼容，造成经费的极大浪费。罗伯特·泰勒想要做的事就是，如果你在某个地区使用一台系统时，你还可以使用位于另一地区的其他系统，就像这台系统也是你的本地系统一样。将孤独的计算机连接的念头，在美国科学界酝酿已久，曾经参与发明第一颗原子弹和第一台电子计算机的科学家万尼瓦尔·布什，1945年就提出了记忆延伸的概念，展望了关于信息检索网络建设的可能前景。罗伯特·泰勒的前任利克莱德，也在1960年发表了题为《人机共生》的文章，预言人们通过机器的交流将变得比人与人面对面的交流更为有效。

罗伯特·泰勒

1966年春，罗伯特·泰勒走进阿帕署长赫兹菲尔德的办公室，提出了建构一个小型实验网络的计划。短短二十分钟的交谈，罗伯特·泰勒的计划得到了署长的大力称赞和一百万美元的启动资金。计划通过后罗伯特·泰勒不遗余力地搜罗各方计算机将才，其中包括计算机天才劳伦斯·罗伯茨，提出"分布式通信理论"的保罗·巴兰，起草TCP/TP协议的温顿·瑟夫、罗伯特·卡恩和分组交换理论的专家伦纳德·克兰罗克等一系列专业人才，这组精英计算机科学家被授权自由研究，这恰恰是爱好自由的他们适合的科研工作氛围。他们描绘了如渔网般分布式网络的构想，提出取消中心节点的特权地位。这张网提出了数据流动的无限可能的途径。简单地说，就是渔网上一个节点到达另一个节点有无限多的可能性。每一个点都是重要的，每一个点同样也是不重要的，这张网上每一个新加入的点都能和已有的节点互相扩张和增强。

罗伯特·泰勒在《计算机作为一种通信工具》的论文里畅想了计算机联网时代的到来，而伦纳德·克兰罗克的畅想更实际一些。他看到犹他州大学拥有的图形处理能力，加利福尼亚大学洛杉矶分校有很高的仿真水平，斯坦福大学有高性能的计算能力，于是就想能不能把这些优势整合起来，如果计算机能联网，当然就可以实现这个梦想。

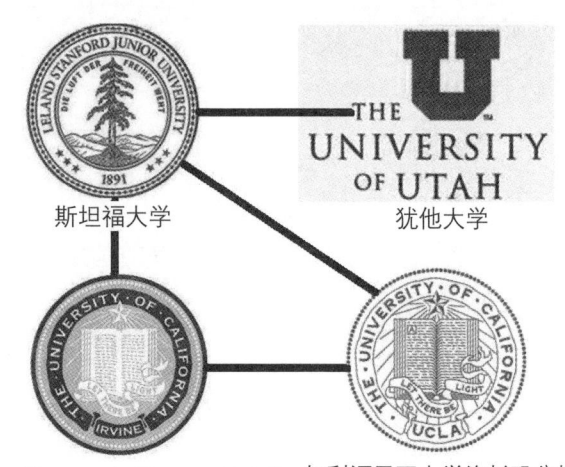

世界上第一个网络——阿帕网

美国将西部四所大学，加利福尼亚大学洛杉矶分校、加利福尼亚大学圣巴巴拉分校、斯坦福大学、犹他大学的四台主要的计算机连接起来，建立了世界上第一个网络——阿帕网。

1969年10月29日晚，加利福尼亚大学洛杉矶分校和斯坦福大学研究学院相隔五百多千米，预备传递"LOGIN"这五个字母，最终因为系统崩溃，只成功对传了两个字母"LO"。这两个字母的传递成功成为互联网诞生的标志，成为日后大数据和云网络的摇篮。

1983年1月1日，阿帕的TCP/TP协议在众多的网络通信协议中胜出，打破了各种机构设立不同规则的局限性，成为人类至今共同遵循的网络传输控制协议。

1991年，曾供职日内瓦欧洲核子研究组织总部的蒂姆·伯纳斯-李和同伴通过HTTP（超文本传输协议）和HTML（超文本记录语言）实现了他的目标——连接所有的人。然而蒂姆·伯纳斯-李放弃了自己的专利申请，从此，网络应用终于走出专业代码的狭窄通道，普通人也可以通过页面连接自由浏览信息。

互联网掀起了一场建立在计算机技术基础上的社会革命，改进了文明演进的方式，创造了一种无所不在的新型网络社会，彻底改变了全球化进程中的各种联系，毫不夸张地说，互联网开创了人类文明的新时代。生活在互联网时代的我们拥有着前人从未有过的如此巨大的信息资源。

☆ 打开互联网大门的人——伦纳德·克兰罗克

伦纳德·克兰罗克（Leonard Kleinrock）1934年6月13日生于美国纽约，人称数据网之父，是他敲击出了人类历史上第一次通过计算机网络传输的信息，给这个世界打开了互联网的大门。

少年时代的克兰罗克即利用废旧物品制作了一台不用电池的矿石收音机。24岁的他以优异的成绩获得了全额奖学金，进入麻省理工学院攻读博士学位。也许是好奇，或是带着对未知领域的探索精神，伦纳德·克兰罗克为自己的博士论文选择了一个全新的研究领域——数据网络。1964年，他的博士论文《通信网络》出版，首次提出"分组交换"概念，为互联网奠定了最重要的技术理论基础。毕业后，克兰罗克进入加利福尼亚大学洛杉矶分校工作，并担任计算机科学教授。后来，克兰罗克领导主持了人类社会第一次分组交换通信网络的试验，从而敲开了网络时代的大门。

伦纳德·克兰罗克

伦纳德·克兰罗克获奖无数，其中较为著名的奖项有30多项。2001年，由于克兰罗克对计算机网络领域做出了重要的贡献，特别是计算机网络的理论领域，与其他三位科学家一起获得美国工程院德雷珀奖，并共称为"互联网之父"。

☆ ARPA网总设计师——劳伦斯·罗伯茨

劳伦斯·罗伯茨（Lawrence Roberts，1937—2018）出生于1937年，父母亲是耶鲁大学的化学家，而劳伦斯·罗伯茨毕业于另一所美国名校——麻省理工学院。劳伦斯·罗伯茨是一个不折不扣的学霸，拥有超高智商的他在软件设计、电脑绘图以及通信技术方面都获得了非凡的成就，除此之外他还有着很好的组织管理能力。在麻省理工学院拿到博士学位后的劳伦斯·罗伯茨选择了留校，并在林肯实验室担任高级研究员，他的计算机知识都是自学而来，此后更是成为这一领域中的行家。

劳伦斯·罗伯茨

进入20世纪60年代后，ARPA在美国国防部官员兼学者利克莱德领导下致力于当时许多人没有理解到的"目标是使电脑成为人们进行交流的中介"这一研究工作。1964年9月,在美国第二届信息系统科学大会上利克莱德与一些科学家们探讨了如何建立一个网络以实现不同电脑之间的资源共享问题,于是建立电脑网络的思想就这样被提了出来。

但是当时要建立这样一个网络主要缺的不是经费而是人才,这时在计算机领域表现出色的罗伯茨成了最佳目标人选。1966年,时任阿帕信息处理技术办公室主任的罗伯特·泰勒盛情邀请罗伯茨"出山"上任,然而只想潜心在大学里搞自己研究的"技术宅"劳伦斯·罗伯茨对此并不感冒。在多次被拒之门外后,罗伯特·泰勒无奈之下找到ARPA署长赫兹菲尔德求助,由于赫兹菲尔德掌握着罗伯茨工作所在林肯实验室的经费,最终在赫兹菲尔德的"胁迫"下罗伯茨只好同意。

1967年,罗伯茨正式进入ARPA,虽然是"被迫"上任,但仍然不负所托。上任不到一年他就提出了阿帕网的构想——多电脑网络与电脑间通信。随着整个计划的不断改进和完善,罗伯茨在描图纸上陆续绘制了数以百计的网络连接设计图,使之结构日益成熟。

1968年,罗伯茨提交了一份题为《资源共享的电脑网络》的报告,其中主要表述的就是让阿帕的电脑互相连接,以达到大家信息共享的目的。他们选择了加利福尼亚大学洛杉矶分校、加利福尼亚大学圣巴巴拉分校、斯坦福大学、犹他州大学四所大学进行试验。在他的引领之下,多所大学和研究机构共同协作,终于试验成功,"天下第一网"阿帕网正式诞生,劳伦斯·罗伯茨也因此被称为"阿帕网之父"。阿帕网实现了不同电脑之间的数据共享,较好地解决了异种机网络互联的一系列理论和技术问题,为此后互联网的出现和发展奠定了基础。

1969年底,阿帕网正式投入运行,但是在技术上它还不满足向外普及的条件。发展到1975年,接入阿帕网的主机已有100多台,并交由美国国防部国防通信局运行,但阿帕网还无法做到和个别计算机网络交流,于是研究人员开始了第二代网络协议的设计工作,而解决网络互联问题则成了这个阶段的研究重点。

☆ 互联网发明者——蒂姆·伯纳斯-李

1969年互联网开始出现,但是1989年之后才爆炸式地繁荣起来,伯纳斯-李发明的万维网起了决定性的作用。

第 21 章 不可遗忘的互联网先驱

蒂姆·伯纳斯·李（Tim Berners-Lee）发明了万维网，并建立第一个网站，这个发明原本可以让他坐拥财富，但他却选择把专利向全世界开放，赢得了所有人的尊重，他是全球千年技术首位获奖者，被《时代》周刊评为世纪最杰出科学家之一。

1955年6月8日，伯纳斯-李出生于英格兰伦敦西南部。他的父母都参与了世界上第一台商业电脑——曼彻斯特1型的建造。不得不说，家庭氛围可能对其此后的事业有耳濡目染的影响。1973年，伯纳斯-李中学毕业，进入牛津大学王后学院深造，并以一级荣誉获得物理学士学位。伯纳斯-李打小就是一个"不安分"的孩子，大学时代他用电烙铁、晶体管、晶体管逻辑门、一块摩托罗拉6800微处理器和一台旧电视机制作了一台电脑，还因与一个朋友私自闯入其他电脑系统而被禁止使用大学的电脑。

蒂姆·伯纳斯-李

大学毕业后，伯纳斯-李在欧洲粒子物理研究所担任软件工程顾问。在此期间，他一直构想可以采用超文本技术把研究所内部的各个实验室连接起来。试验成功后，他又不断修改立项书，规划在系统建成后，可以扩展到全世界。经过不断的修改和完善，1989年仲夏之夜，伯纳斯-李成功开发出世界上第一个网络服务器和第一个客户机，用户可以通过超文本传输协议从一台网络服务器转到另一台网络服务器上检索信息。同年12月，欧洲粒子物理研究所首次启动了万维网并成立了全球第一个网站，第二年万维网开始得到广泛应用。

在此之后，伯纳斯-李又相继制定了互联网的URIs、HTTP、HTML等技术规范，并在美国麻省理工学院成立了非营利性互联网组织——万维网联盟。

2012年7月27日，在伦敦奥林匹克体育场举行的伦敦奥运会开幕式上，一位英国科学家隆重登场，接受全场掌声，这个"感谢蒂姆"的场面惊动全球，成为开幕式的一个亮点。他就是互联网的发明者、被业界公认为"互联网之父"的英国人蒂姆·伯纳斯-李。在全世界的注目下，他在一台电脑前象征性地打出了一句话："This is for Everyone"，含义是：互联网献给所有人。蒂姆·伯纳斯-李不仅被视为英国人的骄傲，他同样无可争辩地赢得了全世界的尊重。

2017年4月4日，美国计算机协会宣布蒂姆·伯纳斯-李获得2016年"图灵奖"，以奖励其发明了万维网、世界第一个网页浏览器以及发明了允许网页扩展的基本协议和算法。了解伯纳斯-李的人都认为，此奖项对他来说实至名归。

☆ TCP/IP协议发明者

温顿·瑟夫（Vinton Cerf）与罗伯特·卡恩（Robert Kahn）构建了TCP/IP协议，从此让不同的网络能够直接对话。TCP/IP协议是一系列网络协议的总和。它定义了电子设备如何接入互联网，以及数据如何在它们之间互相传输。

温顿·瑟夫

罗伯特卡恩

20世纪70年代初期，计算机的种类五花八门，不同类型的计算机使用着不同的语言，导致"鸡同鸭讲"的局面频繁上演，信息的传达极不方便，急需一种可以让大家统一遵循的"语言"——通信协议。

当时就职于美国国防部高级研究计划局并担任信息处理技术办公室主任的罗伯特·卡恩与工作伙伴温特·瑟夫为了开发这种通信协议绞尽脑汁。

1974年5月，罗伯特·卡恩和温特·瑟夫在IEEE期刊上发表了题为《关于分组网络交互通信的协议》的论文，提出了使用传输控制协议TCP和网际互连协议IP来实现计算机网络之间的互连。

经过罗伯特·卡恩和温特·瑟夫的不断改进，TCP/IP协议终于在1978年完成基础架构搭建，其中，IP协议为每一台联网设备指定一个地址，而TCP协议负责发现传输的问题，只要发现不符合传输标准的数据就发出要求重新传输的信号，直到所有的数据正确到达目的地。

可是由于TCP/IP协议动了他人的奶酪，罗伯特·卡恩在推广上遇到了不少阻碍。

首先是在TCP/IP协议出来之前，实际上已经存在一个互联技术（ARPA），虽然技术上ARPA无法支持10万台计算机的互联，但习惯了ARPA技术的用户出于防御心理，还是选择了抵制TCP/IP协议。再者，标准化组织ISO自己推出了一套开放式互联的架构标准化组织，TCP/IP协议因此又遭到了白眼。

为此，罗伯特·卡恩和温特·瑟夫进行了长期的斗争与交涉。

一直到1983年1月1日，美国国防部高级研究计划局决定ARPANET网络将以TCP/IP协议取代旧网络核心协议NCP后，才结束了旧通信协议多方割据的状态。

事后，罗伯特·卡恩与温特·瑟夫并未将TCP/IP协议占为己有，而是选择将TCP/IP协议的规范和技术开放出去，让所有厂家生产的计算机都能免费实现相互通信，并且在接下来的十年时间里，用尽各种方式说服人们使用这项新技术。

20世纪90年代中期，TCP/IP协议终于得到大范围的推广，加之另几项重要网络技术的出现，如超文本标记语言HTML和浏览器等，导致因特网应用的飞速发展，正因为这个基础才有了我们后来的互联网形态。

1997年，美国总统克林顿向温顿·瑟夫博士和他的伙伴罗伯特·卡恩颁发了美国国家技术奖章并表扬了他们对互联网的创立和发展做出的巨大贡献。2004年，温顿·瑟夫博士和罗伯特·卡恩因为他们在互联网协议方面所取得的杰出成就而荣获了美国计算机学会颁发的"图灵奖"。2005年，美国总统乔治·布什向卡恩和瑟夫博士颁发了美国政府授予其公民的最高民事荣誉——总统自由勋章。

趣闻轶事

"互联网之父"的趣闻轶事

互联网的起源本来就是网络结构的、去中心化的，互联网绝非某个人的发明专利，它得益于很多人所做的贡献。被誉为"互联网之父"的人有好多位，除世界公认的互联网之父罗伯特·泰勒、劳伦斯·罗伯茨、蒂姆·伯纳斯-李、温顿·瑟夫、罗伯特·卡恩耀眼外，还有很多英雄在互联网发展史做出了贡献，是他们一起创造了互联网。所以"互联网之父"是一个群体，而不是一个人。

跨界正是互联网成功的秘诀

罗伯特·泰勒更为人熟知的名字是鲍勃·泰勒，1965年，他担任美国国防部高级研究计划局（ARPA，即"阿帕"）信息处理技术处处长。任职期间，他第一个萌发了新型计算机网络试验的设想，并筹集到资金启动试验。令人意外的是，这位互联网创始人在大学和硕士时期学习的都是心理学。虽然他的硕士论文是有关神经系统的功能，但是他一直认同利克莱德（阿帕信息处理技术处的第一任处长，也是一位心理学家）提出的计算机研究理论。因此他从对心理学的研究转向了对计算机的研究，并且加入阿帕走上互联网研究的道路。

为了挖掘那些"非他莫属"的人才，有时候就得"不择手段"

劳伦斯·罗伯茨是互联网的前身"阿帕网"的发明人。1969年，劳伦斯·罗伯茨在阿帕负责开发一个程序，使得该研究机构内的电脑能够互联互通，这个程序就是被视为互联网前身的"阿帕网"。要说这位互联网之父是在"胁迫"之下加入研发计划的，这是怎么一回事呢？原来，劳伦斯·罗伯茨用我们今天的话说是一个不折不扣的"技术宅男"，智商超高但不擅与人交往，喜欢潜心搞研究。1966年，当他的伯乐罗伯特·泰勒邀他加入阿帕开发互联网时，29岁的罗伯茨认为去到华盛顿，会让他因为繁琐的行政事务而不能专心科研，所以纵使泰勒百般利诱也坚决不从。泰勒百般考察，都找不出一个比罗伯茨更合适的人选来担此重任。一年后，泰勒终于抓住一个要害，因为他发现罗伯茨所在的林肯实验室大部分资金由阿帕提供，由此，在现实的"威胁"和国家利益的感召下，罗伯茨终于加入阿帕。2年后，"阿帕网"诞生。

伟大的历史时刻，常常出人意料的简单

克兰罗克是互联网"信息包交换"理论的重要贡献者，这是早期互联网传输的基础之一。1969年10月29日晚上10点30分，克兰罗克在位于加利福尼亚大学洛杉矶分校的一个房间里，准备通过网络向身在500多千米外的斯坦福研究所的研究员比尔·杜瓦传递一个简单的单词"LOGIN（登录）"，然而，这次标志着网络技术诞生的试验，事实

上只传递了两个字母"L"和"O",因为在敲出第三个字母"G"时,传输网络系统突然崩溃了!"LO"成为互联网历史上第一条传输的信息。当然在系统修复后,LOGIN这个单词最终被完整地传输了。

你知道吗?

世界上第一封电子邮件的诞生

被大家昵称为"伊妹儿"的电子邮件,使用者可以在几秒之内,与世界上任何一个角落的网络用户传送信息,邮件的内容可以是文字、图像、声音等各种形式。这么方便、快捷的电子邮件是三十多年前美国人雷·汤姆林森发明的。汤姆林森深受父母的影响,从小就对电子科技产品产生了浓厚的

兴趣。1967年,他接受了BBN计算机研究中心的聘请,成了那里的工程师。1971年,BBN研究中心与美国国防部合作开发一个军用网络。开发如火如荼地进行着,很快,一个非常棘手的问题出现了:科学家们因为使用不同的计算机,很难做到信息传递和共享。他们迫切需要一种能够借助于网络在不同的计算机之间传送数据的方法。

汤姆林森通过自己的研究,发明了一个非常简单的软件,命名为SNDMSG(即Send Message)。他实际上是把一个可以在不同的计算机网络之间进行拷贝的软件和一个仅限于单机的通信软件进行功能合并,使计算机和计算机之间可以传输电子信件。设计完成之后,为了测试,他使用这个软件在网上发送了第一封电子邮件,这封邮件具有很大的历史意义,它标志着电子邮件的诞生。汤姆林森把这个软件告诉了其他的同事。同事们经过试用,很快就喜欢上了这个小发明。科学家们利

用它，可以瞬间与别人交流自己的想法和研究成果，使工作效率大大提高。

汤姆林森并没有因此就飘飘然，而是不断地修改这个程序。1972年3月，他在邮箱地址上使用了"@"符号，把用户名和地址分隔开。这个符号选取得非常成功，因为"@"在当时是一个比较生僻的符号，不会出现在任何一个人的名字当中。而且，它的读音和英语单词"at"一样，而"at"刚好有"在"的意思。

"@"使汤姆林森成了传奇人物，电子邮件的发明也使他获得了美国计算机学院的"技术发明终身成就奖"。面对荣誉，他保持着始终如一的谦虚和低调，只是说："电子邮件的发明是一个巧合，那个符号是我随便想出来的，选它的唯一原因是这个符号在当时还未被使用过。"

随着计算机的普及，电子邮件也流行了起来，使用它来传递信息，比其他传统的通信方式便捷、便宜许多。如果说计算机的发明改变了人们的工作习惯，那么"@"的出现则改变了人们的沟通习惯，带给了人们一种全新的交流方式。

我只是一个科学家，一个喜欢与别人分享技术的人，我希望别人更加关注我所做的事情。

——罗伯特·卡恩

航天探索篇

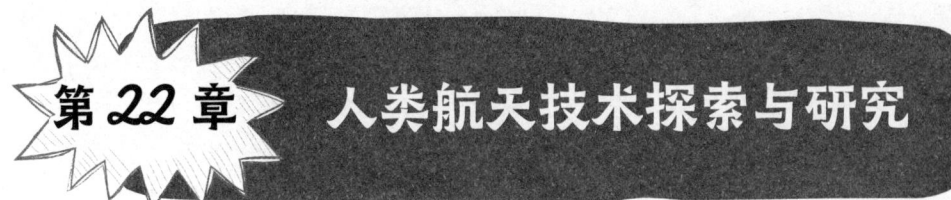

第22章 人类航天技术探索与研究

地球是人类文明的摇篮，可是地球的引力又把人类紧紧地束缚在地球表面；大气层为人类营造了安全、温暖、湿润的生存环境，可是它又限制了人类的视野和活动范围。不过，人类的想象力和探索精神并不会因此泯灭。几百年来，科学家和天文爱好者们一直在为实现人类飞出地球的梦想而做着不懈的努力。

☆ 火箭技术推动人类航天发展

航天飞行的历史是从火箭技术开始的，没有火箭也就没有航天飞行。追溯源头，中国是最早发明火箭的国家。"火箭"这个词在三国时期（220年—280年）就出现了。不过那时的火箭只是在箭杆前端绑有易燃物，点燃后由弩弓射出，故亦称为"燃烧箭"。

火箭其实就是点着火的弓箭，以达到纵火和制造混乱的目的，然而随着火药技术的持续进步，"火箭"一词有了新的含义。随着中国古代四大发明之一的火药出现，火药便取代了易燃物，使火箭迅速应用到军事中。唐末宋初就已经有了火药用于火箭的文字记载，这时的火箭虽然使用了火药，但仍须由弩弓射出。

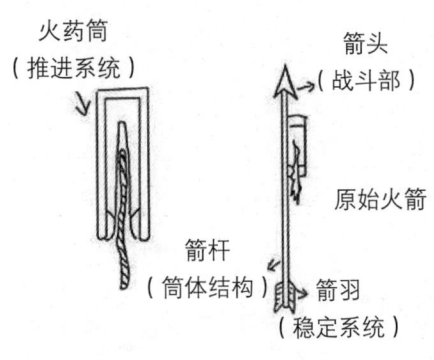

古代的科学家早在烟花爆竹中意识到了火药燃气反作用力的原理，并以此为基础研制出中国古代的火箭，而其中最为突出的当属明代。

中国古代的火箭是在竹筒或纸筒中装满火药，筒上端封闭，下端开口，筒侧小

中国古代的火箭

孔引出药线。点火后，火药在筒中燃烧，产生大量气体，高速向后喷射，产生向前的推力。这就是现代火箭发动机的雏形。作为武器用的古代火箭，箭杆的顶端装有箭头，起杀伤作用；尾端装有箭羽，起稳定飞行的作用。这种古代火箭的工作原理和基本结构，为现代火箭的设计和制造提供了宝贵的启示。

明代是火箭技术发展迅速的时期，广泛运用于军事战争。明代史书上记载的军用火箭"神火飞鸦"如下图所示。外形如乌鸦，用细竹或芦苇编成，内部填充火药，鸦身两侧各装两支"起火"，"起火"的药筒底部和鸦身内的火药用药线相连。作战时，用"起火"的推力将飞鸦射至100丈（1丈≈3.33米）开外，飞鸦落地时内部装的火药被点燃爆炸。爆炸时的飞鸦宛如今日的火箭弹。

《武备志》也记载了一种名曰"火龙出水"的多级火箭，如下图所示。纸糊筒外捆绑第一级火箭，而龙口内则有第二级火箭，用以加大射程，主要用于水上攻击，最大射程高达1500米，但是精确度难以保证，且制作成本高。

神火飞鸦

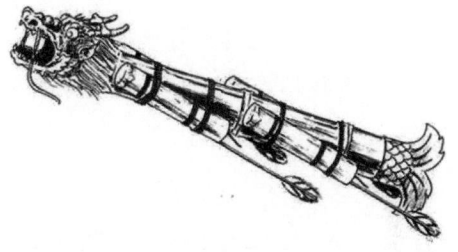
火龙出水

同样是《武备志》记载，有一种名为"一窝蜂"的集束火箭，其实就是利用火药的燃气作用，将一捆箭矢射出，不需要一队弓箭手，就可以发挥出箭雨效果，因此明朝军队大规模装备这种集束火箭。明朝这种集束火箭，可同时发射32发火箭，是火箭炮的鼻祖，也是当时世界上威力最大的武器。"一窝蜂"箭全长140厘米，

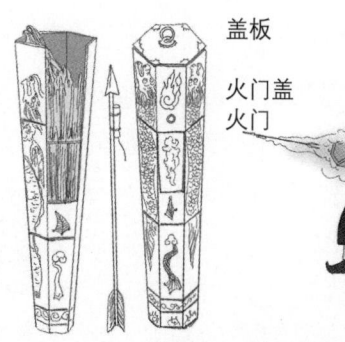
"一窝蜂"的集束火箭

发射口宽35厘米，呈六角形，很像蜂巢。其中一面有火门，火门上有防止火箭发射时漏气的火门盖，不发射时盖上盖板，防止雨水淋湿内装火箭。发射筒内装有火箭，长为131厘米。发射时，士兵将发射器的皮带挂在肩上，怀抱发射筒发

射。"一窝蜂"箭最大射程500～600米，一般在敌人进入300米范围内发射，可对敌人进行致命打击。

☆ 第一个想利用火箭飞行的人

第一个试图乘坐火箭上天的"航天员"出现在中国。相传在14世纪末期，中国有位称为"万户"的人，两手各持一大风筝，请他人把自己绑在一把特制的座椅上，座椅背后装有47支当时最大的火箭。他试图借助火箭的推力和风筝的气动升力来实现"升空"的理想。但是一声爆炸之后，只见烟雾弥漫，

万户飞天

碎片纷飞，人也找不见了。为纪念这位世界上第一个试验火箭飞行的勇士，月球表面东方海附近的一个环形山以"万户"命名。

☆ 第一次气球载人飞行

最早帮助人类飞上天空的工具并不是飞机，而是热气球。它是在1783年由蒙哥尔费兄弟发明出来的，不过有趣的是蒙哥尔费兄弟并不是什么专业的研究人员，只是造纸工人。

约瑟夫·米歇尔·蒙哥尔费　雅克·艾蒂安·蒙哥尔费

1778年11月，约瑟夫·米歇尔·蒙哥尔费在面对自己壁炉内熊熊燃烧的火焰时陷入了沉思，为什么烟、火星和许多固态微粒会随着炉火上升，从烟囱中冒出去呢？能否将带动它们上升的"气体"收集起来，把人升到空中呢？

蒙哥尔费灵机一动，立即做了一个试验，他利用丝绸做了一个大口袋，在口

袋下面点了一个火堆,热空气进入口袋,口袋鼓起来,飞上了天花板。

试验成功后,约瑟夫·米歇尔·蒙哥尔费非常兴奋并找到了弟弟雅克·艾蒂安·蒙哥尔费,两人商议做规模更大的试验。这一次试验使丝绸口袋上升了20多米高。受此鼓舞,蒙哥尔费兄弟决定公开进行试验,并邀请法国科学院的人员参加。

1783年6月4日,蒙哥尔费兄弟在家乡小镇广场上,事先挖了一个大坑,坑内堆满了稻草与羊毛,兄弟俩制作了一个直径大约11米的大气球,气球下部开口正对着大坑。他俩点燃了坑内的羊毛和稻草,产生的热气冲入了气球内部,有八个人抓住气球的绳索使之不离开地面,当热烟充满后放开绳索,气球竟飞上了457米的高度,然后降落到离升空处1.6千米处,整个飞行时间持续了10分钟。这是人类第一次热气球不载人飞行。

同年9月19日,蒙哥尔费兄弟在凡尔赛宫中央广场筑了一座高台,台内一大坑堆满了羊毛、旧鞋和其他废弃物,当坑内燃起大火时,臭气熏天。法国国王路易十六带着众多官员却在现场看得津津有味。蒙哥尔费兄弟把装有一只绵羊、一只公鸡和一只鸭子的篮子挂在气球下方,三声炮响之后,绳索松开,气球腾空而起一直升到518米,飞行8分钟,最后降落在距起飞3.2千米的农田里。三只动物安然无恙。路易十六大喜,命名此气球为"蒙哥尔费气球"。

1783年6月4日,法国蒙哥尔费兄弟首次将热气球升上蓝天。这件事使当时在场观看的法国科学家查理激动不已,是否可以制造出比热气球的举升力更大的气球呢?他想到英国科学家卡文迪许刚刚发现的最轻的气体——氢,如果把氢气灌入气球的话,必然会有更好的效果。于是,他请机械师罗伯特兄弟制造了一个直径3.7米,重约11千克,用浸涂橡胶的丝织品制成的气球,外面用丝绳罩住。他足足花了三天时间制造氢气,然后充满这只气球。

1783年8月27日,查理在巴黎进行了氢气球升空试验。查理发明的世界上第一只氢气球从巴黎皇宫著名的提勒里斯花园冉冉升空。这只氢气球很快升到约900米的高度,偏偏天不作美,竟下起雨来,它在空中停留了45分钟,飘飞了24千米,之后降落在巴黎郊外的贡尼斯村。村民们看到这个从天而降的怪物大惊失色,急忙唤来牧师。牧师认定它是不祥之物,指挥村民们用刀、木棒和农具对气球发起了进攻。接着,他们把气球拴在马尾,让惊马冲出村外,世界上第一只氢气球就这样被撕成了碎片。

氢气球被毁的消息很快传回到巴黎城里,热衷科技发明的法国国王路易十六深感痛心，他发出一纸告示昭告全国：气球是一项科技发明，它不仅无害于人类，而且很可能有一天会造福于人类。今后凡法国臣民遇到降落的气球时，一律不得加以破坏。

查理在发明了氢气球之后，又考虑用氢气球做载人飞行试验。因为在当年11月21日，法国科学家罗齐埃和达尔朗德完成了世界上第一次热气球载人飞行，这也是人类第一次飞上蓝天。查理相信氢气球在载人飞行上会更胜热气球一筹。他找到机械师罗伯特兄弟，又制造了一个直径8.6米的氢气球。12月1日，在4万巴黎市民的注视下，查理和罗伯特兄弟中的弟弟小罗伯特乘坐氢气球从巴黎市的勒斯图勒瑞斯广场升空。氢气球经过2小时的自由飘飞，飞行高度曾达650米，降落在43千米外的田野上。之后，查理又乘氢气球上升到高空，做了一次35分钟的单独飞行。他成为"在一天之内两次看到晚霞的人"。

法国科学家查理

氢气球载人飞行

☆ 人类第一架飞艇上天

法国工程师朱尔斯·亨利·吉法德设计和驾驶了第一艘蒸汽机飞艇上天，该飞艇形状如雪茄，气囊有143英尺（44米）长，安装了以蒸汽机为动力的推进器。1852年9月24日，吉法德驾驶飞艇从巴黎的跑道上起飞，飞行了近17英里（27千米）。

人类第一架飞艇上天

☆ 人类第一架飞机

二十世纪最重大的事件之一就是飞机的诞生。1903年12月17日，这是个寒冷的冬天，来自美国俄亥俄州代顿的自行车制造商莱特兄弟在北卡罗来纳州的基蒂·霍克试飞成功一架结构单薄、样子奇特的双翼飞机——"飞行者1号"。飞机安装了12马力的发动机，飞行速度为34英里每小时（55千米/时），飞机飞行了12秒，飞行距离约为120英尺（37米）。这是人类历史上第一架能够自由飞行，并且完全可以操纵的动力飞机。这一天就成了飞机诞生之日。

威尔伯·莱特

奥维尔·莱特

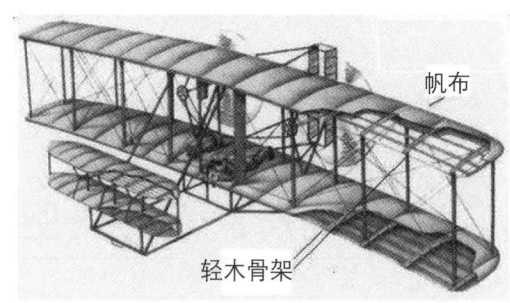
飞行者1号

☆ 人类第一架硬式飞艇

1900年，齐柏林（Ferdinand von Zeppelin）制造了第一架硬式飞艇。它的最大特点是有一个硬的骨架，艇体内有17个气囊，总容积达到1.2万立方米，总浮力达13吨。比当时软式飞艇大5~6倍。由于多气囊还能起到类似船上隔水舱的作用，所以大大提高了飞行的安全性。

1908年，齐柏林设计制造的"Lz-5"号、"Lz-6"号飞艇，在空中停留的时间都超过24小时，试飞成功。随后，齐柏林成立航空公司，起名叫德拉格公司。这是世界上第一家航空公司。这时，距莱特兄弟发明飞机，才刚过去了5年。

斐迪南·冯·齐柏林

1910年6月22日，第一艘飞艇正式从德国法兰克福飞往杜塞尔多夫，建立了第一条定期空中航线，担任首航运输任务的就是"Lz-7"号飞艇，它一次可载24名旅客，有12名乘务员，飞行速度为69~77千米/时。

1917年3月8日，齐柏林逝世。他的继承人艾肯纳（Hugo Eckener）博士提出了一个大胆的计划：建造一艘环球飞艇，开辟洲际长途客运。

1927年7月，齐柏林伯爵号飞艇建成。这的确是个庞然大物，飞艇长236米，最大

"齐柏林伯爵"号飞艇

直径30.48米，可充10.47万立方米的氢气，本身重量为118吨，艇上装有5台412千瓦的内燃发动机和5副螺旋桨，最高速度128千米/时，艇上可载客20～35人，艇上工作人员40人，此外可搭载15吨货物。

1929年8月8日，"齐柏林伯爵号"飞艇开始了一次伟大的环球飞行，从美国的新泽西州出发，经过德国、苏联、中国、日本，于8月29日回到洛杉矶市。

☆ 现代航天探索的先驱者

19世纪末20世纪初，随着科学技术的进步，近代火箭技术和航天飞行快速发展起来。

齐奥尔科夫斯基是现代宇宙航行学的奠基人，被称为航天之父。他最先论证了利用火箭进行星际交通、制造人造地球卫星和近地轨道站的可能性，指出发展宇航和制造火箭的合理途径，找到了火箭和液体发动机结构的一系列重要工程技术解决方案。他有一句名言："地球是人类的摇篮，但人类不可能永远被束缚在摇篮里。"

现代火箭之父齐奥尔科夫斯基

赫尔曼·奥伯特，德国火箭专家，现代航天学奠基人之一，是与齐奥尔科夫斯基和戈达德齐名的航天先驱，他有关火箭推进的经典著作，被整整一代工程师视为航天领域的"圣经"。

赫尔曼·奥伯特创立了空间火箭点火理论公式，并用数学方法阐明火箭脱离地球引力的方法和速度，完整介绍了宇宙飞船及其发射飞行原理，并且是第一个宇航协会的发起者和领导者。

赫尔曼·奥伯特

☆ 人类历史上第一枚液体火箭

罗伯特·戈达德是美国教授、工程师和发明家，液体火箭的发明者。他从1920年开始研究液体火箭，1926年3月16日在马萨诸塞州沃德农场成功发射了世界上第一枚液体火箭。

火箭长约3.4米,发射时重量为4.6千克,空重为2.6千克。飞行延续了约2.5秒,最大高度为12.5米,飞行距离为56米。这是一次了不起的成功,宣告了现代火箭技术的诞生。

罗伯特·戈达德

☆ 运载火箭的鼻祖

德国物理学家韦纳·冯·布劳恩是20世纪30—70年代在火箭科学和空间探索方面最杰出的科学家之一。1936年开始研发军用导弹。1942年发射了V-1和V-2火箭。V-2火箭是世界上出现的第一种弹道导弹,是现代航天运载火箭和导弹的鼻祖。V-2火箭在工程技术上实现了宇航先驱的技术设想,对现代大型火箭的发展起了承上启下的作用,成为航天发展史上一个重要的里程碑。

韦纳·冯·布劳恩

☆ 人类第一颗人造卫星

1957年10月4日,一条火龙腾空而起,为月球添了一个新伙伴,世界上第一颗人造地球卫星"东方一号"由苏联发射成功。这在空间技术发展史上是划时代的大事件。苏联火箭专家、航天系统总设计师科罗廖夫为这次人造地球卫星发射做出了杰出贡献。

科罗廖夫研制了世界上第一颗人造地球卫星,从而开创了航天时代;研制了许多颗探索宇宙空间物理特性的卫星,使航天技术进入新时期;实现了首次飞向月球,环绕月球飞行,拍摄月球背面照片,开创了探索其他星球奥秘的新时期;实现了宇宙飞船和人类首次航天,为人类探索宇宙开创先河。

科罗廖夫

卫星由镀铬合金制成,重83.6千克,外表呈圆球形,直径58厘米,轨道远地点为986.96千米,近地点为230.09千米,每96分钟绕地球一周。卫星载有两部无线电发报机,通过安置在卫星表面的4个天线,发报机不断地把最简单的信号发射到地面。世界各地许多无线电爱好者当时都接收到了这一来自外空的信号。第一颗人造地球卫星在近地轨道上运行了92个昼夜，绕地球飞行1400圈，总航程6000万千米。

☆ 人类第一次登上太空

1961年4月12日，苏联首先将载有世界上第一名宇航员尤里·加加林的"东方一号"宇宙飞船送入离地面181～327千米的空间轨道。加加林在环绕地球一周后，重新进入大气层，在距离发射地数百千米之外的苏联萨拉托夫州捷尔诺夫卡区斯梅洛夫村着陆，全程历时108分钟。因为这次创举，加加林的名字传遍了全世界。当他回到莫斯科时，受到成千上万群众的夹道欢迎。苏联第一书记赫鲁晓夫亲自授予加加林列宁勋章，并授予其"苏联英雄"和"苏联宇航员"称号。尤里·加加林的航天飞行，实现了人类梦寐以求的飞天愿望，开创了载人航天的新时代。

尤里·加加林

你知道吗？

人造地球卫星

人造地球卫星指环绕地球飞行并在空间轨道运行一圈以上的无人航天器，简称人造卫星。其运动服从开普勒行星运动定律，其轨道一般是以地心为焦点的椭圆，特殊情况下是以地心为中心的圆。它离地面的高度根据用度而定，从几百千米到几万千米不等，一般不低于200千米。

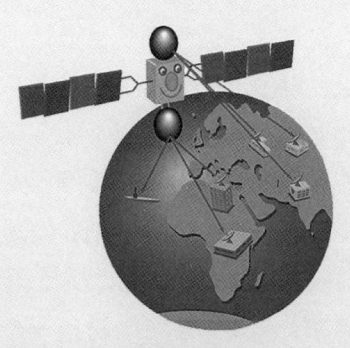

人造地球卫星

人造卫星是发射数量最多的一种航天器,占全部航天器的90%左右,在科学、军事和国民经济各个方面都获得了极其广泛的应用。以科学探测和研究为目的有天文卫星、观测卫星、地球物理卫星、大气密度探测卫星和电离层卫星等;用于军事目的的有照相侦察、电子侦察、海洋监视、核爆炸探测、导弹预警、拦截等卫星;为国民经济服务的有通信、导航、气象、测地和地球资源等卫星。

如果上帝不想让人类探索宇宙,只要把天梯推倒就行了。

——韦纳·冯·布劳恩

第23章 航天探索的先驱者——齐奥尔科夫斯基

在人类航天历史上,有三位科学家的名字将被永远铭记,他们是俄国的康斯坦丁·齐奥尔科夫斯基、美国的罗伯特·戈达德和德国的赫尔曼·奥伯特。

康斯坦丁·齐奥尔科夫斯基

康斯坦丁·爱德华多维奇·齐奥尔科夫斯基,俄国科学家,现代宇宙航行学的奠基人,被称为航天之父。他最先论证了利用火箭进行星际交通、制造人造地球卫星和近地轨道站的可能性,指出发展宇航和制造火箭的合理途径,找到了火箭和液体发动机结构的一系列重要工程技术解决方案。他撰写了超过400件作品,包括大约90篇关于太空旅行和相关科目的出版物,对科学发展具有重要意义。

康斯坦丁·齐奥尔科夫斯基

☆ 齐奥尔科夫斯基的成才之路

齐奥尔科夫斯基1857年出生在俄国梁赞省伊柴夫斯克村。他9岁时得了猩红热,虽然及时治疗,保住了性命,却成了聋人。那时没有聋哑学校,他失去了上学读书的机会,但他在悲惨遭遇面前没有失去求知的信心和欲望。他14岁开始在家自学父亲仅有的几本自然和数学方面的书籍。没有老师的指导,没有参考资料,全凭自己刻苦钻研,冲破了一个一个的难关。他在童年非常喜欢儒勒·凡尔纳的科幻小说。科学幻想在他幼小的心灵中插上了飞往星际空间的翅膀。齐奥尔

第 23 章　航天探索的先驱者——齐奥尔科夫斯基

科夫斯基以顽强的意志自学自修完成了大学的物理和数学。经考试测验完全达到了大学毕业的文化水平，于是在23岁时，他被伯洛夫公立中学聘去教中学的物理和几何课程，从此便成了一名有真才实学的中学老师。

他的一生有40年是在教学生活中度过的，他对教学非常认真负责。他的生活是极其困难的。他曾回忆说："当时，我除了凉水和黑面包外，就一无所有了。"可是，他对科学实验却从不吝啬，把节省下来的钱全部用在了科研投入上。他一边教学，一边向星际科学高峰攀登。在他顽强的拼搏下，很快就完成了全金属飞艇和星际火箭等的设计工作。

当时，有人骂他是空想家和疯子。他却理直气壮地回答他们："没有疯子的空想是飞不上天空的。"他在研究星际航行时，世界上还没有一架真正的飞机飞上天空，1895年，齐奥尔科夫斯基提出征服星际空间的具体主张，这比飞机试飞成功还早了将近十年，是多么大胆的创新思维啊！他发表了人造卫星的图样，提出人造卫星为星际航行的中途"基地"，以及从这个"基地"再向月球和其他星球发射火箭的主张，这和现在的空间站是多么的相似呀！这个主张得到了许多科学家的钦佩。这个勇敢的幻想家，决心要通过实践，克服地球引力，使人类成为遨游太空、科学利用宇宙的主人。

他认为火箭是飞出地球最理想可靠的工具，几年后，他出版了《可驾驶的金属飞船》一书。这是他最初提出的火箭飞行的理论。在书中他做了一个具体的设计：外壳是用钢制成的飞船，有着蛋形的椭圆舱室。头部可以容纳乘客、仪表以及储备等；舱内大部分空间一隔为二，分装液体燃料和氧化剂。燃料燃烧后成为高温高压的气体推动火箭高速飞行。尾艇装在喷口边，用来控制

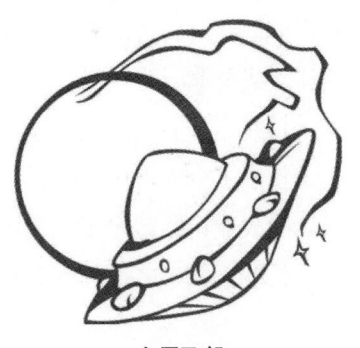

金属飞船

飞行的方向，似乎像现在的核潜艇的模样。尽管这只是一个设想，却是一个先进的理念，他有把握地说："星际和星球之间的旅行是可以实现的。"他自称为"宇宙的公民"。在一百多年后的今天，人类登上了月球，飞向了火星，建立了一个又一个的太空空间站，正在向其他星球奔驶，遨游太空不是空想而成了现实。

齐奥尔科夫斯基经过了无数个日日夜夜，不知多少次的计算，清楚地算出要摆脱地球引力，火箭必须具有11.2千米/秒的速度，才可以沿抛物线轨道飞离地

球，进入茫茫的星际空间，这为后人研制宇宙飞行器提供了基本的理论依据。可是当时他设计的火箭速度还超不过2.5千米/秒。但他坚信："今天不可能，明天就会变成可能的了。"齐奥科夫斯基不断对火箭进行改进设计。1929年，他终于提出了用多级火箭取得高速度，使火箭飞离地球的理论。齐奥科夫斯基把他的星际航行站称为地球外的火箭码头。当星际航船路经码头时，可以在这里加上燃料和食物，然后再飞向遥远的星际空间。他的设计多么的美好！卫星上有大街，有综合科研站，有住宅，有温室，还有燃料库和加工厂。他还建议，在卫星上，应尽量使用取之不尽的太阳能，或者通过光电装置作为卫星动力的来源，或者栽种植物生产食物。这是一个多么美好的世界！现在空间站上培育的幼苗和种子，不就是他当年美好理想的缩影吗？齐奥科夫斯基在1903年发表了《自由空间》《利用喷气装置探测宇宙空间》等诸多科技论著，然而却得不到政府的支持和认同，只有一些高瞻远瞩的科学家们给这个中学教师以最高的评价和精神鼓励。

直到20世纪20年代，齐奥尔科夫斯基的科研成果终于得到了重视。在政府的资助下，他制成了一个不锈钢的飞船模型，这艘飞船长15米，最大直径达7.2米。接着他又研制出了喷射推动机。这时他又接二连三地发表了《宇宙火箭列车》《钢质飞船》《喷射推进飞机》《星际航空》等著作和论述。1932年，在他75岁诞辰之时，苏联科学院举行了隆重的祝寿大会，庆祝他在航空航天科学史上的伟大成就。

1935年，齐奥科夫斯基逝世，享年78岁，一个小小的中学教师，一个聋人为人类作出了令人不可想象的贡献。在他死后，一代一代的科学家们继承了他航行星际的大业，制造出了高速喷气式飞机、洲际导弹、人造卫星、宇宙飞船……实现了长眠于九泉之下的齐奥科夫斯基宇宙公民的伟大理想。

你知道吗？

多级火箭

火箭为了获得足够的升力进入太空，需要携带足够的燃料，还需要配置足够的燃料舱来储备这些燃料。燃料舱也具有一定的重量，当燃料舱中的燃料燃尽之后，燃料舱便成了火箭继续上升的负担。为了解决这个问题，工程师设计了多级火箭，当第一级火箭的燃料燃烧殆尽后，会自动脱落，同时第二级火箭的燃料点火燃烧，提供持续的动力让火箭上升，第二级火箭工作完毕又与本体脱落，并启动第三级火箭，直至最后一级火箭。这种多级的结构能让火箭轻装上阵，得到更大的速度。不过复杂的结构也会带来问题，火箭分级越多，稳定性就越差，因此运送载人航天器的火箭，通常只有2~3级。

火箭的基本结构

简单的火箭包括一个高细的圆柱体，由相对较薄的金属制造而成。在这个圆柱体内存放着火箭发动机的燃料和补给燃料罐，而为火箭提供推进力的发动机则放在圆柱体的底部。发动机的底部看起来像一个钟形的喷管，发动机通过燃料输送系统把燃料注入喷管顶部的燃烧室，在圆柱体的上部装有一个中空的流线型圆锥体，这个圆锥体为有效载荷整流罩或整流罩。推进剂的能量在发动机内转化为燃气的动能形成高速气流喷出，产生推力。

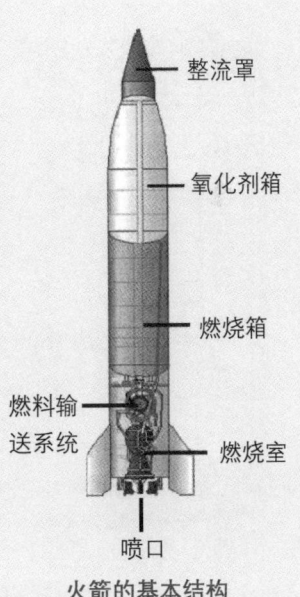

火箭的基本结构

火箭推进剂

火箭是靠燃料推力产生的反作用力冲上云霄的。它自身携带燃烧剂与氧化剂，不依赖空气中的氧助燃，既可在大气中，又可在外层空间飞行。在飞行过程中随着火箭推进剂的消耗，火箭质量不断减小，是变质量飞行体。

火箭推进剂一般分为固体推进剂和液体推进剂。

固体推进剂又称"火药"，火药铸成块状，排放在箭体内。其燃烧特点是从底层向顶层或从内层向外层快速燃烧。固体火箭结构简单，制作方便，装入火药后可以长期存放，随时可以点火，但是点燃后燃烧时间短，燃烧的激烈程度无法控制，发射时震动大，因此它不适于发射载人的飞行器，多用于军事方面。

液体火箭的推进剂为液体，燃料和氧化剂的组合情况很多，如酒精和液态氧、煤油和液态氧、液态氢和液态氧等。液体火箭燃烧时间长，便于控制，控制推进剂的输送，可以使火箭停火，重新点燃，从而控制火箭的飞行速度，操作方便。液体火箭的燃料不易储藏，成本很高。液体火箭是进行宇宙航行的主要交通工具。

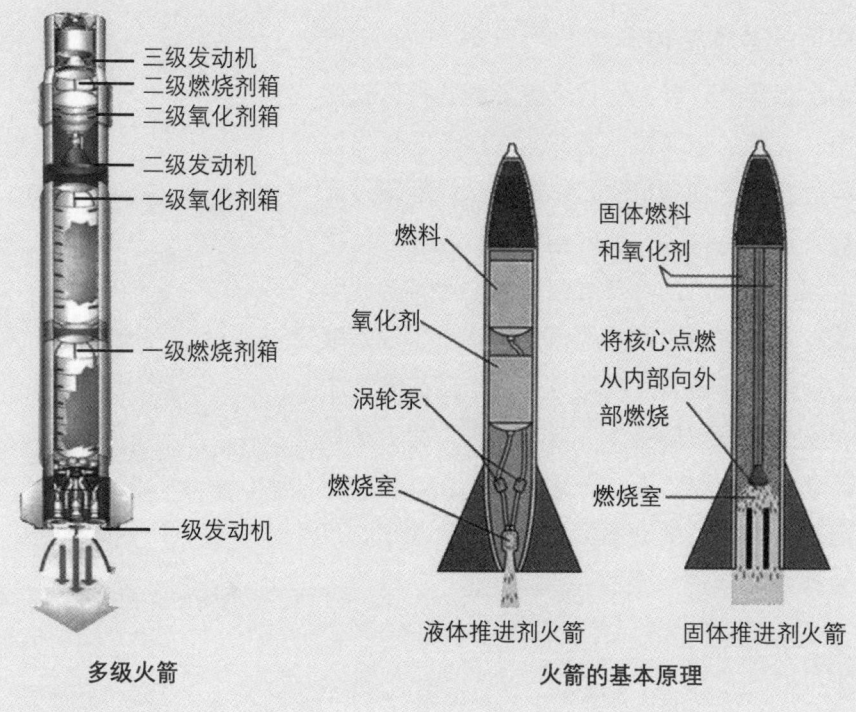

多级火箭　　　　　　火箭的基本原理

地球是人类的摇篮，但人类不可能永远被束缚在摇篮里。

——齐奥科夫斯基

第24章 世界上第一枚液体火箭

罗伯特·戈达德

世界上第一枚火箭以液氧和汽油作推进剂，于1926年3月16日在美国马萨诸塞州的奥本发射成功。虽然只飞了12.5米高，却是人类开始月球飞行之首步。这枚液体火箭由美国科学家罗伯特·戈达德发明、研制并发射，成为火箭控制技术的里程碑。罗伯特·戈达德是美国最早的火箭发动机发明家，被公认为现代火箭技术之父。

罗伯特·戈达德

☆ 飞向太空是我的梦想

罗伯特·戈达德（Robert Hutchings Goddard，1882—1945）于1882年出生在美国马萨诸塞州伍斯特。戈达德童年时，举家搬迁到马萨诸塞州波士顿。其父精通机械，系波士顿机械业刀具加工商。戈达德小时候经常生病，没法坚持正常上学。17岁时，全家回迁伍斯特。戈达德留过级，年龄比同学大。他讨厌数学，可是后来是数学帮助他成就了一番事业。

在一个美丽的秋天，有一天戈达德坐在自家屋后的一棵树下读英国作家H·G·威尔士的科幻小说《星际大战：火星人入侵地球》，他被这本科幻小说深深吸引着。说来也真奇怪，罗伯特说："当我仰望天空时，我突然想，要是我们能够做个飞行器飞向火星多好啊！怎样才能制造出飞上火星的装置呢？我幻想着有这么个小玩意可以从地上腾空而起，飞向蓝天。从那时起，我像变了个人，定下了人生的奋斗目标。"

罗伯特·戈达德很少谈起他在树下看书的那一天,但他却永远牢记这一天。就在这一天,他想发明一种飞行器,这飞行器可以比什么都飞得更高、更远。他认准了人生这一奋斗目标,相信自己一定能够成功。他说:"我明白我必须做的头一件事就是读好书,尤其是数学。即使我讨厌数学,我也必须攻下它。"童年的美丽梦想成了戈达德所有生活的支柱。在随后的日子里,他攻读数学,坚持做实验,到长大些的时候,他居然攻读起物理学家牛顿的著作来。两年后,戈达德身体好了,可以上学了。他上了伍斯特南方中学,非常用功地学习数学。戈达德的父亲倾其所有照顾患病的妻子,没钱再交戈达德中学毕业后的学费了。戈达德从别处得到了资助,1904年考入伍斯特理工学院。1908年,他拿到物理理学学士学位,留校当了一名物理教师,后来又上了克拉克大学。1910年,他从克拉克大学获得硕士学位,一年后获博士学位,并在这所大学开始了火箭研制工作,1912年成为普林斯顿大学的研究员。

☆ 将梦想变为现实

戈达德在他17岁的时候就向往火星之旅了。十年以后戈达德认识到,唯一能达到这个目的的运载工具就是火箭。从那时起,他就决定将自己献身于火箭事业。童年的时候,戈达德就显示出对科学幻想和机械的特殊兴趣和能力。那时候他常迷恋于威尔士的科幻小说,如《星球大战》等,也醉心于阅读凡尔纳的《从地球到月球》等作品。在他的自传中,他承认这些小说大大激发了他的热情和想象,他认为,这些小说"完全抓住了我的想象力。威尔士奇妙的真实的心理描写使事情变得十分生动,而其所提出的面对奇迹的可能途径总是让我想个不停。"

1911年,他取得博士学位后留校任教。在此期间,他认识到液氢和液氧是理想的火箭推进剂。在随后的几年里,他进一步确信用他的方法一定会把人送入太空。他在实验室里第一次证明了在真空中可存在推力,并首先从数学上探讨包括液氧和液氢在内的各种燃料的能量和推力与其重量的比值。

1919年,斯密森学会在《到达极限高度的方法》上发表了戈达德的几份报告。报告阐明了他怎样发展火箭的数学理论并让火箭飞得比气球高的方法。在报告中,戈达德还讲述了火箭飞抵月球的可能性。对登月的可能性,很多人认为戈达德提出这么个不现实的事来,真是个大傻瓜。但就是这篇重要的经典性论文,

第 24 章 世界上第一枚液体火箭

开创了航天飞行和人类飞向其他行星的时代。

由于通过大量研究认识到火药火箭的缺陷，戈达德便把主要精力放在液体火箭的研究与制造上。戈达德开始了用汽油和液氧作燃料的火箭引擎试验。他最先研制用液态燃料（液氧和汽油）的火箭发动机，1922年，戈达德完成了第一台液体火箭发动机的研制。1925年，他试制出了第三台发动机。1926年春，他将火箭发动机连接了两个串联推进剂储箱，用两个长约1.5米的细管将液氧和汽油传送到燃烧室中，采用的输送方式是高压氮气挤压法。1926年3月

罗伯特·戈达德做试验

26日，戈达德在马萨诸塞州的奥本进行了世界上第一枚液体火箭的发射试验，取得了很大成功。火箭长约3.4米，发射时重量为4.6千克，空重为2.6千克。他在报告中描述道："火箭试验在下午2：30进行。经过2.5秒后，上升高度达12.5米，飞行距离达56米。"虽然这枚火箭性能并不理想，但它打开了液体火箭技术的大门。这是一次了不起的成功，它的意义正如戈达德所说："昨日的梦的确是今天的希望，也将是明天的现实。"

1926年3月16日试验成功后，戈达德又对火箭结构进行了改进：把发动机放置在火箭的尾部，采取了保持火箭稳定飞行的措施。同时，他对发动机的燃烧室进一步改进使之能提供最大的燃烧效率。1929年7月29日，又一枚火箭在戈达德的家乡飞向天空。这枚3.36米长的新火箭头部装有气压计、温度计和照相机，照相机对准两个仪表。当达到最大高度时，降落伞的弹射开关同时打开照相机快门，这样便可记录到火箭在最大高度时大气的温度和压力值。这次试验火箭的飞行高度为32米，水平方向飞行了53米，降落伞装置保证了仪表在落地时没有损坏。这枚火箭可以称为"第一枚载有仪器的探空火箭"。

1930年到1935年，戈达德发射了数枚火箭，火箭的速度最高达到超声速，飞行高度达到2.5千米。此外，还获得火箭飞行器变轨装置和用多级火箭增大发射高度的专利，并研制了火箭发动机燃料泵、自冷式火箭发动机和其他部件。他设计的小推力火箭发动机是现代登月小火箭的原型，曾成功地升空到约2千米的高度。他一共获得过214项专利。

戈达德的一生是坎坷而英勇的一生。他所留下的报告、文章和大量笔记是一笔巨大的财富。对于他的工作，德国著名火箭专家冯·布劳恩曾这样评价过："在火箭发展史上，戈达德博士是无所匹敌的，在液体火箭的设计、建造和发射

上,他走在了每一个人的前面,而正是液体火箭铺平了探索空间的道路。当戈达德在完成他那些最伟大的工作的时候,我们这些火箭和空间事业上的后来者,才仅仅开始蹒跚学步。"

被忽视的科学家

戈达德在默默无闻中,靠自己的毅力和勤奋发明创造了火箭,但最初并没有引起美国政府的重视,戈达德虽在美国没有受到重视,在德国却有一批推崇者。他们用戈达德的原理制成了V-2火箭,并在第二次世界大战中发挥了威力。

二战结束后,美国科学家向德国科学家请教火箭制造的技术,德国科学家目瞪口呆,"你们不知道戈达德吗?我们是用他的原理研究和制造火箭的。他是我们的老师。"美国科学家震惊后再去寻找戈达德时,一切都晚了。1945年8月10日,戈达德已经离开了人世。

在他死后,被追授了第一枚刘易斯·希尔航天勋章,美国国家宇航总局的一个主要基地以他的名字命名为戈达德航天中心。

未来火箭

目前,火箭依照推进剂的不同,主要分为固体火箭和液体火箭。未来火箭技术还会有什么新的突破呢?全世界的科学家正在积极探索,寻找体积更小、能量更大的燃料,用它飞向茫茫宇宙深处。

核燃料的火箭

科学家们正在设计一种使用核燃料的火箭,它可能为21世纪人类飞往火星立下汗马功劳。因为使用现在的固体或液体火箭，从地球飞往火星大约需要500天时间，而使用核燃料火箭仅仅需要150天时间，这真是十分诱人的。

科学家们预言，未来的核火箭比我们家庭使用的电冰箱大一点。它的核心是一个压力罐，里面充满了沙粒大小的燃料丸。这些燃料丸便是浓缩铀，它埋置在石墨体中，由碳化锆外壳包裹着。目前核燃料已经应用到核潜艇上，估计核火箭问世的时间不会太久了。

不过，目前科学家们所遇到的难题很多，如核火箭在运行中会产生大量的中子，它们会破坏火箭上的电子控制系统，为此，就必须设计一种辐射防护层，像衣服一样把中子紧紧地裹在里面；另外，还必须保证在火箭紧急着陆以后，不会像原子弹那样产生大爆炸，否则真是太危险了。

激光推进火箭前进

目前的火箭所要携带的推进燃料占整个火箭重量的80%以上。要减轻火箭重量，除采用核火箭以外，另一种方法则是用激光来推动火箭前进。

科学家们早已发现，当强度很大的激光束射向固态靶体时，靶体物质局部升华而气化，产生的气体以很高的速度反喷出来，给靶体形成一个推力。于是有人建议利用这种原理来推动火箭。

科学家们还发现了一种有趣的现象，当强大的激光照射一个很小空间中的气体时，高温使气体电离，从而形成微型爆炸，产生冲击波。冲击波以超声速迎着激光方向扩散，同时出现反冲击波现象，在反作用力作用时熄灭激光，隔一段时间，再给出下一次激光。这样周而复始，火箭便可以从接连不断的微型爆炸中获得推力。这种火箭如果在大气层中飞行，就不必携带推进剂了，因为它可以随时吸取气体作为推进剂。这样，火箭在起飞时的重量自然会大大减轻了。

将来，当人类在月球上建立了科研基地之后，月面上固定式的激光装置能直接从月面的太阳能电站获得能源，并推动激光火箭，从而建立起月球到近地轨道空间站之间的往返航线。

光子火箭

科学家预言，在宇宙中，还存在着由反粒子组成的"反物质"，当粒子和反粒子、物质和反物质相遇时，就会发生湮灭，同时产生能量。500克的粒子和500克的反粒子湮灭所产生的能量，相当于1000千克铀核反应时释放的能量。

如果我们把宇宙中存在的丰富的氢搜集起来，让它和反质子在火箭发动机内湮灭，产生光子流从喷管中喷出，从而推动火箭，这种火箭就是光子火箭。它可以以光速前进，每秒约30万千米。

虽然光子火箭还是一种科学幻想，但是可以相信，随着科学技术的不断进步，它一定会成为现实。

"很难说有什么办不到的事情，因为昨天的梦想，可以是今天的希望，而且还可以成为明天的现实。"

——罗伯特·戈达德

第 25 章 赫尔曼·奥伯特的航天梦

赫尔曼·奥伯特

作为一个理论家，赫尔曼·奥伯特（Hermann Oberth，1894—1989）影响了整整一代工程师，第一枚具有现代意义的大型火箭V-2，其发动机的基本构造原理就出自奥伯特的设想。同时也正是由于他的大力倡导，欧洲尤其是德国才在现代火箭研究方面走在了当时世界的前列。由于经济困难和第二次世界大战的影响等原因，奥伯特的许多天才设想都没能经他的手实现。但比起另外两位航天先驱齐奥尔科夫斯基和戈达德，他依然是幸运的，他的长寿使他几乎目睹了20世纪人类航天事业发展的全过程，见证了从第一枚火箭升空到载人太空飞行再到人类踏上月球的每一个历史时刻。

赫尔曼·奥伯特

赫尔曼·奥伯特对宇航科学的贡献主要在理论方面和对研究事业的推动上。他建立了燃料消耗、燃气消耗速度、火箭速度、发射阶段重力作用、飞行延续时间和飞行距离等条件之间的理论关系。这些关系对于火箭的设计是最基本的因素。

☆ 赫尔曼·奥伯特的青少年时代

赫尔曼·奥伯特出生的时候，第三次鼠疫正在暴发，而流感和结核病也仍旧在不停地夺走很多人的生命。出生在医生家庭的小奥伯特被寄予厚望，在家人充满爱意的凝视中,一位未来的大医生即将成长起来。但是,小奥伯特的兴趣在1905年发生了重大转变。11岁的他开始迷上了儒勒·凡尔纳的系列科幻小说。妈妈送给小奥伯特11岁的生日礼物是两本书。一本是《从地球到月球》,另一本是《环游月球》。奥伯特被书中描述的发射过程和计算轨道的方法所深深吸引。他一遍又一遍地读着这两本书,试着从中找到具体的实施方案来指导自己制造一枚能够冲出地球的"炮弹"。

但是,在他12岁的那一年,通过简单的计算和试验,奥伯特发现使用大炮来发射飞行器的方案是不能够用于载人飞行的。他意识到了发射瞬间的巨大过载的问题。他整日冥思苦想,试图能找到一种能够较为缓慢地将飞行器的速度提升起来的方法。最终,用大炮来发射航天飞行器的方案逐渐被火箭所代替。

奥伯特用了2年的时间,在14岁的时候造出了第一支火箭模型。他向老师和同学们说明了自己的想法:大炮在发射瞬间的巨大冲击力会让坐在里面的人很难受,而他的火箭则能够逐渐将飞行器的速度提升到所需要的水平。今后如果他的火箭发动机能够长时间正常工作的话,他的火箭是能够让人们加速到离开地球所需的速度的。可惜,在那个时代,能够坐下来仔细听他讲解的孩子实在是太少了。

☆ 赫尔曼·奥伯特航天梦

转眼就到了1913年,19岁的奥伯特不出意外地考入了慕尼黑大学医学院,开始按照整个家族的期待攻读医学学位。但是,在他入学后的第二年,第一次世界大战爆发了。卷入战争的奥匈帝国将奥伯特派往锡吉什瓦拉医护中心。成了一名军医的奥伯特在目睹了战场的残酷和无奈后,想起了他小时候研究的火箭。如果不用派出敢死队去向碉堡冲锋,而是用火箭将炸药投掷到对方的阵地,不就能减少己方人员的伤亡了吗?

于是,奥伯特重新拾起他的火箭研究计划,并且在战争期间完成了大量有关超重和失重等问题的研究。1917年,奥伯特完成了液体火箭的概念设计。他向当时的普鲁士军事部长冯·施泰因展示了他的火箭,并通过详细的分析指出这样的武器装备将会改变战争的形态。

可惜,奥伯特的创新设计并没有引起军方的更多兴趣,奥匈帝国也就没能有机会把火箭应用在战争中。1919年,奥伯特回到了战争结束后的德国。这一次,

第 25 章 赫尔曼·奥伯特的航天梦

他决定再也不背弃自儿时就已经产生的对航天的浓厚兴趣,他毅然放弃了医学院的邀请,开始从头攻读物理学。

1919年,当奥伯特放下手术刀,开始埋头推导轨道动力学方程的时候,是否能够想象得到50年后人们为人类能够登上月球而爆发的欢呼呢?在他抬头仰望星空的时候,是否能够想象得到以后会有数以千计的飞行器在围绕地球飞行呢?

三年后,奥伯特认为他已经完成了航天飞行所需的基本理论推导。结合以往几年的大量试验和最近反复多次的验证,奥伯特写成了他的博士论文——《飞往星际空间的火箭》。这本92页的博士论文里面用翔实的公式和缜密的推导,阐述了用火箭将人类送上太空的方法。

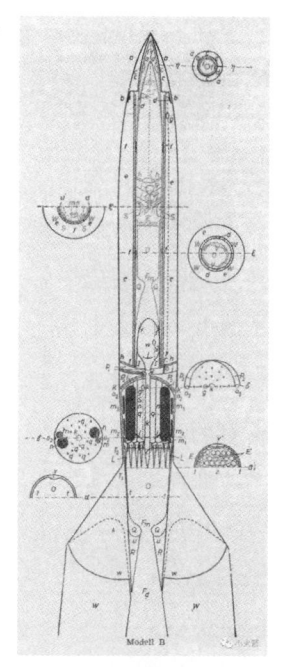

火箭概念图

可是,当时几乎无人能读懂奥伯特繁杂的公式推导,也少有人能静下来下研读奥伯特的火箭概念图,这导致他向学术委员会提交的博士论文以"过于脱离现实,充满了天马行空的想象"为由而被驳回。

奥伯特没有气馁,但是也根本没有按照委员会的要求重写论文。继弃医从工之后,他又做了一个重大的决定,放弃申请博士学位。他自己出资,将这本被拒绝审阅的博士论文出版发行了!

他的论文在刚刚上市的时候,有些人是以阅读科幻小说的心态来读的。但是,很多人还是开始发现奥伯特这个小伙子说的载人航天并不是在闹着玩。奥伯特在继续进行火箭研究的时候,也在认真回复着来自世界各地如雪片般飞来的信件。在所有的往来信件中,齐奥尔科夫斯基和戈达德的信件是奥伯特最为珍重的。他们详细讨论了未来火箭的样式与火箭方程的细节。在这两位大师的鼓励下,奥伯特终于觉得不再孤单。

此时的奥伯特,已经准备着手成立业余火箭研究团体"星际航行学会"了。有些人验证了奥伯特的计算,并愿意为他获得博士学位而进行人格担保。但是,奥伯特说:"整个德国的教育系统像一辆汽车。这辆车有着功率强大的尾灯,能够照亮过去,但却难以启迪未来。"示意大家不用去和学术委员会争执。不过最终,贝什·鲍里亚大学给了奥伯特一个交代。他们依照奥伯特的那篇具有划时代意义的博士论文给他授予了博士学位。

而提起他的博士论文和其对德国教育体系的批评,可以说有一个少年在其中受益匪浅。这个少年就是冯·布劳恩。当时的冯·布劳恩只是一个十几岁的少年。11岁的时候,他用从焰火商那里买到的6支特大烟花和一辆滑车制造了一辆"火箭车"。点火后,烟花产生的推力大大超出了他的预料,火箭车失控了。不过,好在这次试验没有伤及旁人。当时痴迷于制造火箭的布劳恩疏于学业,只想在父亲的车库里摆弄机械。直到1925年,他得到了奥伯特的著作后,一切都发生了改变。这本书给了人们奔向太空的憧憬,甚至给出了详细的解决方案。但是,13岁的布劳恩又怎能看懂里面复杂的公式呢!为了能够实现书中提到的造出火箭的方法,布劳恩开始苦心学习数学和物理,并且一下子就从不爱去学校的"车库发明家"变成了一个见到老师就追上去问起来没完的学生。

1930年春天,奥伯特在德国的火箭试验取得了较大进展。在大量航天爱好者的恳求下,奥伯特完成了一部429页的巨著——《通往星际之路》,用更为翔实的推导阐述了火箭发动机和弹道动力学的奥秘。奥伯特博士的研究指导人们向实用化的火箭稳步迈进。

而就在这时候,18岁的布劳恩经过朋友引荐,终于得以面见奥伯特博士。他羞赧又谦虚地向奥伯特介绍自己:"我热爱火箭,但是我除了充足的业余时间和一腔热情之外,几乎什么都不会。"而奥伯特则对这个小伙子早有耳闻,他只说了一句话:"你马上就来我们这里吧!"奥伯特将布劳恩引入星际航行学会并悉心指导。布劳恩很快就成了学会的骨干力量。奥伯特博士当年的那篇论文对布劳恩来说再也不是晦涩难懂的"天书",而是能够切实推动火箭从纸上概念到实际飞行的发展"路线图"。

☆ 铺就人类登天路

奥伯特与助手内波尔、得力弟子布劳恩一起继续努力,终于在1930年7月23日实现了液体火箭发动机的稳定工作。1938年,奥伯特和布劳恩的火箭技术已日臻成熟,终于制出了可靠的燃料泵,并进一步完善了固体燃料火箭的概念设计。

1950年,奥伯特的固体火箭在意大利海军的支持下研制成功。之后,他回到德国纽伦堡从事教学工作,把对载人航天的热情挥洒到了三尺讲台之上。

1955年夏天,奥伯特博士接受了冯·布劳恩的邀请,前往美国。在那里,更大的航天计划在等着他。到达美国的奥伯特一开始就参与到了"红石"导弹的项目组当中。同时,他与当年的学生和朋友们一起开始了大推力火箭发动机的研制工作。1958年,"红石"导弹研制成功。

奥伯特认为他的大部分理论计算已经得到了充分的试验验证,于是决定告老还乡。"红石"导弹成功后的当年,奥伯特博士就回到了联邦德国。他受到了家乡人民的欢迎,被选为联邦德国空间研究学会的名誉会长。但是,他对过往的经历往往采取淡化处理的方式,把推导火箭方程和制造液体火箭的荣耀让给了齐奥尔科夫斯基和戈达德。

1969年,年过古稀的奥伯特以特殊顾问的名义被邀请到美国,观看"土星Ⅴ"火箭的发射。这枚运载着"阿波罗11号"的火箭将3名宇航员送入了绕月轨道。在8天13小时的任务中,人类实现了第一次登月并安全返回地球。在人们讨论着月球上的一小步和人类的一大步的时候,奥伯特凝视着远方,脸上露出了少有的微笑。

1989年12月28日,奥伯特博士逝世于德国巴伐利亚邦的纽伦堡,享年95岁。

趣闻轶事

赫尔曼·奥伯特太阳炮的狂想

1929年,赫尔曼·奥伯特在日常研究的过程中,意外开启了一个惊天的脑洞:将一副直径为100米的巨大反射镜发射到太空,它可以在夜间将太阳光反射到地球上。

奥伯特回忆说:"我设想的太阳反射镜就像顽皮的学生用镜子反射到教室的天花板上,要是这道光芒划过教师的脸庞很有可能会引起他的不快。而我就是一位已经收集了足够数据来制造这面镜子的学校老师。"

随着第二次世界大战爆发,奥伯特和他的得意门生冯·布劳恩一同被招进了德军的火箭研发部门,为军队研制著名的V-2火箭。在这个过程中,奥伯特向德国军队透露了轨道太阳反射镜的设想。在了解了具体工作原理之后,德国军队组织了一批专家,将奥伯特的想法加以改进。最终,原本设想用于和平用途的轨道太阳反射镜摇身一变,成了德国军队的末日武器计划：太阳炮！

实际上，反射太阳光作为武器并不是什么新设计。早在两千多年前，希腊就流传着先贤阿基米德利用反射镜聚焦太阳光烧毁入侵敌舰的传说。只不过，德军这一次把这个概念的威力放大到前所未有的数量级。根据德军的设想，只要把一副巨型凹面镜发射到太空，聚集起足够多的阳光，它就可以产生任何防御设施都无法抵挡的超高温度，焚毁地面上的敌军战舰，甚至摧毁敌方的城市！

在当时看来，太阳炮这种轨道武器的设想无疑是非常超前的。一旦得以实现，绝对是毁天灭地的大杀器。不过，第二次世界大战的火箭科技仍处于萌芽阶段，德国耗费大量资源，仅仅开发出载弹量1吨的V-2弹道导弹，靠它来发射必须部署至高层轨道的太阳炮无疑是痴人说梦。

战争结束之后，奥伯特致力于研究"不明飞行物"现象，坚信人类终将有一天建成他所设想的太阳反射镜，并且投入到和平利用之中。1989年12月28日，冷战铁幕将要落下之时，奥伯特悄然去世。此时，他的梦想——在地球轨道上制造太阳反射镜的目标，依然没有实现。

奥伯特不知道的是，战争结束后，一位苏联火箭科学家正在努力实现他的梦想。20世纪80年代末期，著名的苏联航天科学家、苏联/国际空间站航天器对接机械装置的发明者弗拉基米尔·谢尔盖维奇·瑟罗米亚特尼科夫（简称特尼科夫）为了解决苏联极地地区在极夜的照明问题，想到了太阳反射镜方案。他设计的太阳反射镜虽然没有太阳炮那么疯狂，但足以为地面上方圆5千米的地区提供如同满月般的照明效果。按照特尼科夫的设想，这个设计完全可以确保夜间照明。1992年10月27日，"进步M-15号"货运飞船搭载着特尼科夫设计的"旗帜2号"太阳反射镜顺利升空。为"和平号"空间站完成补给任务后，"进步M-15号"于1993年2月4日离开"和平号"空间站，然后在空间站附近的轨道上展开了20米宽的"旗帜2号"太阳反射镜，进行初步的理论实验。这一次实验相当成功，"旗帜2号"太阳反射镜成功照亮了一个直径5千米宽的区域，并且亮度几乎可以和满月相媲美！最终，这面太阳反射镜跟随"进步M-15号"坠入大气层，燃烧殆尽。

特尼科夫大受鼓舞,再次设计了"旗帜2.5号"。根据他的预计,这面25米宽的改进型太阳反射镜,在启动的时候可以产生与5~10个满月相等的亮度,照亮一片直径为7千米的圆形区域。不幸的是,在发射升空后,"旗帜2.5号"太阳反射镜的部署过程发生事故。当时,一片镜片夹在了和平号空间站的通信天线中,坚固的通信天线迅速扯破了镜片,导致太阳镜失去控制。最终,这面太阳反射镜连同进步号飞船一起,在坠入大气层的时候烧毁。特尼科夫所设想的太阳反射镜计划,则因为花销过高,被财力不济的俄罗斯航天局撤销。

从阿基米德的传说到奥伯特的设想,再到特尼科夫的尝试,威力巨大的太阳反射镜一直没有成为现实。不过,这个理念依然活跃在众多科幻作品中,为众多科幻电影、游戏提供了取之不尽的素材。随着太空科技不断发展,我们有理由相信,在不久的将来,肯定会有人追随先辈的足迹,发展出用于和平利用太阳能的轨道反射镜。

宇宙飞船在太空的飞行原理

仅以当前人类掌握的技术而言,宇宙飞船在宇宙中飞行主要是惯性的作用,也就是动量守恒定律的作用,因为飞船的燃料已经在飞船起飞加速的过程中消耗得差不多了,剩下的也仅仅用于飞行姿态调整和航线调整,而不是大范围的加速。宇宙飞船利用化学燃烧,使燃烧气体体积急剧膨胀,喷射燃烧气体的作用力产生反作用力,使宇宙飞船加速。像星球大战里面那些飞船自由地翻滚折返是可以的,但是并非靠飞行翼,而是靠姿态控制火箭喷口,这种喷口比较小,一般很难注意得到。

导弹

导弹是一种携带战斗部,依靠自身动力装置推进,由制导系统导引控制飞行航迹，导向目标并摧毁目标的飞行器。导弹一般由推进系统、弹头、制导系统、弹体四个系统组成。导弹摧毁目标的有效载荷是战斗部（或弹头），可为核装药、常规装药、化学战剂、生物战剂，或者使用电磁脉冲战斗部。其中，装普通装药的称常规导弹；装核装药的称核导弹。导弹武器突出的性能特点是射程远、精度高、威力大、突防能力强。

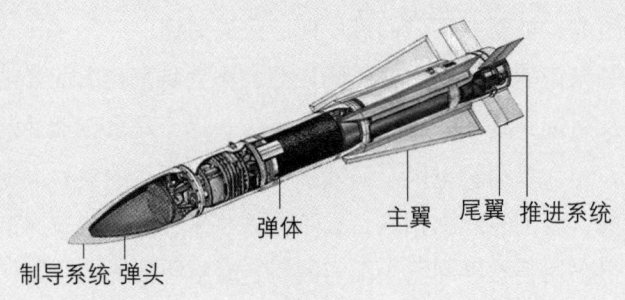

导弹

第 26 章 现代航天之父——冯·布劳恩

维尔纳·冯·布劳恩

德国物理学家维尔纳·冯·布劳恩（Wernher von Braun，1912—1977）是20世纪30—70年代在火箭科学和空间探索方面最杰出的科学家之一。他发明了著名的V-2导弹，第二次世界大战后，他加入了美国籍，成为美国国家宇航局下属的马歇尔航天中心主任，并且主持设计了巨型超功率运载火箭——"土星V"，把人类第一次送上了月球。

维尔纳·冯·布劳恩

☆ 13岁开始第一次"火箭试验"

维尔纳·冯·布劳恩1912年出生于德国东普鲁士的维尔西茨，他出身名门，父亲享有男爵的头衔，母亲则是一位很有修养的知识女性，酷爱文学和音乐，还是业余天文学爱好者。她很注意培养孩子的好奇心，当小布劳恩在路德派教堂行坚信礼时，母亲没有按惯例送他金表，而是送给他一架望远镜作纪念礼物，布劳恩从那时对宇宙产生了兴趣。

1918年，布劳恩全家迁往柏林。20世纪20年代，大批科学家如爱因斯坦、薛定谔、普朗克云集柏林，科学气氛极为浓厚。当时也正是人类狂热追求速度的年代，柏林有两位发明家运用火药多次做试验，将汽车速度提高了好几倍，轰动了整个德国。布劳恩深受感染，13岁时他就做过一次惊人壮举，进行了人生中第一

科技革命：核能、航天、计算机的故事

次"火箭试验"。他从焰火商那里买到6支特大号烟花，绑在滑板车上，然后坐上去，点燃引子——"车子拖着彗星尾巴似的火焰冲出去了。警察很快就把我抓住。幸好没有人受伤，所以被释放了，交给我父亲去管教。"

沉迷于各种发明的布劳恩无心学习，甚至数学和物理两门功课不及格，父亲不得不让他转学。16岁时，他读到一本改变命运的书：赫尔曼·奥伯特的《飞往星际空间的火箭》。奥伯特教授是当时德国火箭技术的权威，布劳恩对他的书自然青睐有加，但他"把书打开一看，吓呆了，满纸都是五花八门的数学公式，叫人莫名其妙"。怎样才能读懂？老师的回答是学好数学和物理。布劳恩知难而上，他的天赋与热情让他在先前兴趣全无的数学和物理领域突飞猛进，不久竟成了班上功课最好的学生。而奥伯特书中对宇宙航行描绘的远景，让布劳恩为之深深着迷。他当年成为德国太空旅行协会最年轻的成员之一，也在心里种下了一个梦想。

☆ 22岁的物理学博士

中学毕业后，布劳恩考入柏林工业大学。1930年春，奥伯特教授从罗马尼亚老家回到德国，准备开始用试验证实他的论点：火箭动力的最佳来源是液体而不是火药。布劳恩通过朋友的帮助得以会见了自己的偶像，"我除了业余时间和热情以外一无所有，但我能帮助做点什么事吗？"他打动了奥伯特，成了奥伯特的学生和他的研究火箭小组的一员。

1931年，布劳恩暂离柏林，到瑞士苏黎世的联邦工学院深造。在那儿没待多久，他差点被房东赶出去。原来布劳恩和同学对太空人能承受多大的加速度感兴趣，于是拿小白鼠做医学试验。他们把自行车车轮改装成一个手摇离心机，将小白鼠的笼子固定在轮子里，然后疯狂转动车轮，越转越快直至极限值，然后杀掉小白鼠进行解剖。女房东没法接受这样"残忍"的试验，威胁说要再继续"胡闹"，就马上把他赶出去。布劳恩和同学最后得出了结论：老鼠承受重力加速度的限制因素在于它的脑子，死因则多是脑出血。这大概是世界上最早的太空医学实践之一。这项成果20年后被美国空军航空医学研究机构所证实。

布劳恩1932年春从柏林工业大学毕业，获航空工程学士学位。老师奥伯特由于经济上的原因，被迫重返罗马尼亚。研制火箭的小组并未就此解散，奥伯特的助手鲁道夫·内贝尔带领这群朝气蓬勃的年轻人继续搞试验。布劳恩决定转入柏林大学。他认识到要掌握火箭和宇航技术,征服外层空间,还必须精通如物理、化学和天文学在内的理论科学,才能透彻理解问题的所有方面。布劳恩当时已和军方建立起联系,他一面在大学学习,一面利用德国陆军提供的研究经费,建立起自己的小组,尝试设计并试制更大的火箭发动机。得天独厚的条件和机遇,使一位科技天才迅速成长起来。

1934年,布劳恩从柏林大学毕业并获得了物理学博士学位,年仅22岁!他写的论文被评为最高等级:特优。论文开创性地解决了有关发动机的一系列关键问题,由于过于先进,这篇论文因涉及军事机密长期不允许发表,一直保密到二战结束。

☆ 登月成功让他成为美国英雄

1945年,布劳恩来到美国,成了美国陆军弹道导弹署发展部主管。最初几年,布劳恩本人不停地在电视、广播节目中宣传自己的太空理想。他在1948年甚至还抽出时间写了一部小说《火星计划》,探讨大规模火星探险的可能性,结果被出版社退稿了18次。美国公众与政府都对此缺乏兴趣。

然而1950年,突然爆发的朝鲜战争改变了一切。当年,美国陆军制定了第一个大型导弹计划,即"红石计划"。布劳恩和团队被转移到亚拉巴马州的小镇亨茨维尔的红石试验场,开始设计第一代弹道导弹。布劳恩在此。领导研制了美国第一代"红石"近程导弹,以及接下来的"丘比特"C与"雷神""宇宙神""大力神"等中远程导弹。但布劳恩和他的团队并不满足,1945年~1957年的12年间,他们的对手——由谢尔盖·科罗廖夫率领的苏联团队始终走在前面,而美国更像是在亦步亦趋。

1957年10月4日晚,红石基地的研究人员为欢迎国防部特使尼尔·迈克尔罗伊的到来,举行了一个晚宴。一个突然打来的电话让布劳恩惊悉,苏联的第一颗人造卫星"斯普特尼克1号"刚刚上天。回到餐桌上,布劳恩不失时机地向得知消息后惊愕不已的特使允诺,如果让他出马,红石基地有能力在60天内将美国的第一颗卫星送入太空。而他也说到做到,1958年2月1日美国第一颗人造卫星"探险者1"号发射成功。基地的3300名技术人员和科学家再次见识到了布劳恩天才般的组织协调能力。1960年,美国国家宇航局邀请他出任技术主管,布劳恩应允了,他明确开出加盟的条件:必须发展土星运载火箭计划。这也是阿波罗计

科技革命：核能、航天、计算机的故事

划的先决条件。当时的肯尼迪总统一心想要在登月技术上战胜苏联，1961年宣布实施"阿波罗"载人登月计划，布劳恩分管"阿波罗"工程。1967年，布劳恩为登月活动设计了有史以来最强大的推进器：由5台F1引擎驱动的"土星V"运载火箭。它后来成功地将"阿波罗8号"一直到"阿波罗17号"，全部送上太空。

1969年，"阿波罗11号"把阿姆斯特朗等三名宇航员送上月球，并且使他们顺利返回地球，全世界都为之震惊。时任总统的尼克松说："这是自上帝创世以来世界历史上最伟大的一星期。""阿波罗计划"执行过程中，先后共动员了120所大学，两万家企业，先后有400万人参加工作，耗资达240亿美元。在如此短的时间内，动员如此巨大的人力、财力，解决如此困难的科学技术问题，在科技史上还没有先例。此时的美国，航天技术已后来者居上，在全世界都是首屈一指。布劳恩在科学界的声望也达到了前所未有的高度，他成了美国家喻户晓的英雄。

☆ 宇宙航行的梦想终被搁浅

登月的成功，在布劳恩看来只是一个开端。他踌躇满志地设想用"土星V"火箭将更多设备、宇航员送入太空，进而建设月球永久基地和环形太空站，作为探索更遥远星球的跳板。但进入20世纪70年代，"阿波罗13号"因故障失败，美国经济因石油危机而陷入严重的衰退，使得公众的热情逐步衰退。美国国家宇航局的研究经费也被急剧削减，很难再为任何重大的新目标开辟新的起点。布劳恩意识到一个航天时代即将逝去，1972年6月，他辞去了美国国家宇航局的一切职务。

后来他加入费尔柴尔德公司，主管有关直播卫星、通信卫星等各类实用航天器的开发。布劳恩几乎工作到生命的尽头，1977年6月16日，他在弗吉尼亚的亚历山大德里亚逝世。

布莱恩小时候的偶像赫尔曼·奥伯特教授评价他，"维尔纳·冯·布劳恩是人类进入宇宙的先驱者。他代表着一种新型的科学家，集学者、工程师和管理人员于一身。"

第 26 章 现代航天之父——冯·布劳恩　197

火箭和导弹有什么不同？

大家都听说过火箭和导弹，那么一定会有人问：火箭和导弹是一回事吗？它们有什么不同呢？简单地说：导弹都是火箭，但火箭却不一定是导弹。也就是说，导弹只是火箭大家庭中的一部分。

我们把依靠火箭发动机推进的飞行器称为火箭，因为绝大多数导弹都是用火箭发动机推进的，所以，导弹也属于火箭。火箭根据能否对其飞行施加控制而分为有控火箭和无控火箭。

发射人造卫星和宇宙飞船的火箭也是可控制的，那么它们为什么不是导弹呢？这是因为，它们并不携带炸药，没有破坏力，并不属于武器，当然也就不称其为导弹了。

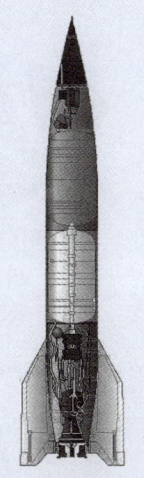
R-1弹道导弹

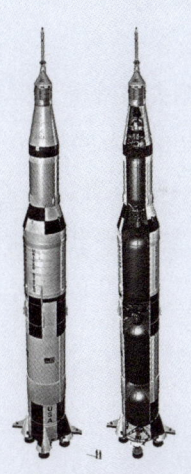
"土星Ⅴ"运载火箭

洲际弹道导弹

洲际弹道导弹，通常指射程大于8000千米的远程弹道式导弹，主要用于攻击敌国领土上的重要军事、政治和经济目标。洲际弹道导弹具有比中程弹道导弹、短程弹道导弹和新命名的战区弹道导弹更长的射程和更快的速度。目前主要拥有国为：美国、俄罗斯、中国、英国、法国。印度的洲际弹道导弹也在研制中。

第27章 航天时代的开拓者——科罗廖夫

科罗廖夫

1957年10月4日,世界上第一颗人造地球卫星由苏联发射成功。这在空间技术发展史上是划时代的大事件。苏联火箭专家、航天系统总设计师科罗廖夫为这次人造地球卫星发射作出了杰出贡献。

谢尔盖·帕夫洛维奇·科罗廖夫是第一枚射程超过8000千米的洲际火箭(弹道导弹)的设计者、第一颗人造地球卫星运载火箭的设计者、第一艘载人航天飞船的总设计师,为人类征服宇宙开创先河。

谢尔盖·帕夫洛维奇·科罗廖夫

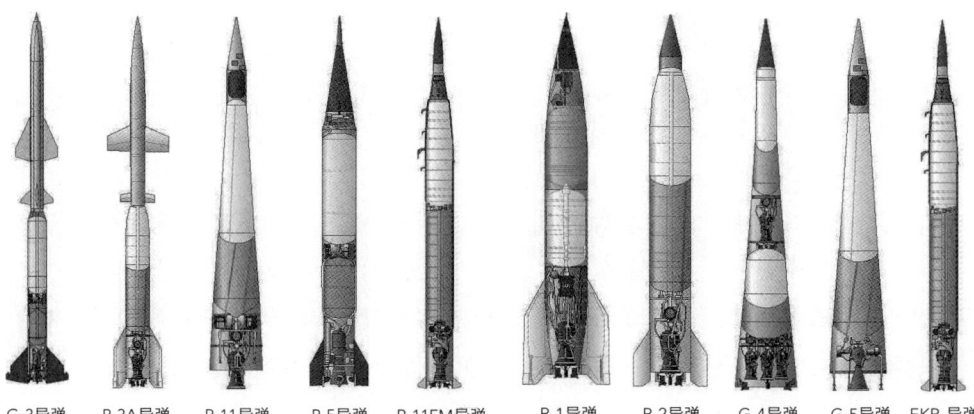

G-3导弹　R-3A导弹　R-11导弹　R-5导弹　R-11FM导弹　R-1导弹　R-2导弹　G-4导弹　G-5导弹　EKR-导弹

苏联最早的弹道导弹

☆ 飞向星球的梦想

谢尔盖·帕夫洛维奇·科罗廖夫诞生于1907年1月12日。他的出生地是距乌克兰首府基辅仅200千米的古城日托米尔。

儿童是富于幻想的，科罗廖夫更是这样。还在童年时代，人类能够飞行和我要飞向蓝天的想法就已深深刻在科罗廖夫的脑海中。科罗廖夫四五岁时，常常骑在外祖父的肩上，去看飞行员的飞行技艺表演。科罗廖夫可以长时间、目不转睛地盯着飞行天穹的飞机。有一次，科罗廖夫向母亲要两条床单，想用床单做成翅膀学飞行。他还认真地对母亲说："我哪怕是从这个屋顶飞到那个屋顶也好。"当母亲告诉他这样的翅膀不能飞行时，他疑惑不解地问："那么鸟是怎么飞起来的呢？"

读中学时，科罗廖夫亲自设计制造了一架名为"科列捷别利"的滑翔机并成功试飞，在当时引起不小轰动，人们不相信这架飞机出自一位10多岁的孩子之手。

1922年，科罗廖夫考入建筑职业学校。他对学习有浓厚的兴趣，爱好也极其广泛。他酷爱数学，成绩也很好。1929年的一天，科罗廖夫和几位同学一道拜访了现代导弹理论奠基人齐奥尔科夫斯基。"这是一项艰难的事业，它需要知识储备，需要坚韧不拔的毅力，也许还要付出生命。"时年72岁的齐奥尔科夫斯基给他们讲述自己的人生感悟。年轻的科罗廖夫被深深吸引了，身体里的血液仿佛在燃烧。

齐奥尔科夫斯基之于科罗廖夫，恰似伯乐遇到千里马。这次会面，彻底改变了科罗廖夫的人生轨迹。恩师的话为科罗廖夫打开了通往成功的大门。

科罗廖夫与导弹"结缘"30年，将这段岁月分割成3个10年，你会惊奇地发现，每个阶段他都实现了一次跨越：1947年，苏联第一枚导弹P-1试射成功，为日后的洲际导弹发展开创了新局面；1957年，世界上第一枚洲际导弹研制成功，一举奠定了苏联军事强国的地位；1961年，苏联完成世界上首次载人宇宙飞行，使苏联成为太空发展领域的领跑者。

凭借这些功绩，科罗廖夫成为列宁奖金的获得者，并先后2次被授予"社会主义劳动英雄"荣誉称号。科罗廖夫用自己有限的生命创造了半个世纪的奇迹。时至今日，他的科研成果仍在被广泛应用。

不分昼夜的工作，致使科罗廖夫积劳成疾，曾多次与死神擦肩而过。1966

年，他因心脏病住进医院。躺在病床上，科罗廖夫放不下他为之奋斗一生的事业，不停在脑海中勾画着美好蓝图。直到生命的最后一刻，科罗廖夫都在与时间赛跑，用燃烧自己生命的代价，去照亮那个时代。

☆ 洲际导弹的诞生

在导弹研发领域，年少成名的科罗廖夫意气风发。然而，一次意外使他的人生陡然发生反转。因卷入政治风波，科罗廖夫被迫入狱，他为之奋斗的导弹事业也不得不按下"暂停键"。在狱中，科罗廖夫多次给妻子写信，他从不强调个人境遇，而是一直将国家的利益挂在心上。他写道："伟大的事业不允许我们在此刻撒手不管，这是祖国和人民需要的！"

第二次世界大战的爆发，成为科罗廖夫命运的转折点。当时，德国使用"V-1"巡航导弹疯狂袭击英国，导弹的威力引起了苏联当局的高度重视。苏联决定开始自己研制军用导弹。借此契机，科罗廖夫重获自由，回到自己一直热爱的科研岗位。

当时苏联，导弹设计事业几乎是一张白纸，没有任何经验可循，要想在短时间内研制成功，难度可想而知。

没有人愿意触碰这块"烫手的山芋"，不畏挑战、敢于逐梦的科罗廖夫却认为这是"一颗生机勃勃的种子"，只要用心浇水，就一定能生根发芽。

有人说，苏联弹道导弹事业如同一个函数，自变量是每个人的贡献、创造力和智慧，而科罗廖夫就是那个"最优解"。

瓦西里·米申是科罗廖夫得力的助手。在他的印象里，深入试验和设计现场是科罗廖夫多年的习惯，"他总是乐观并忘我地从事前线所需要的科研工作。"

只有亲自到现场，才能掌握第一手资料。为了选择合理的设计方案，科罗廖夫与工作人员一起分析试验结果，寻找突破技术瓶颈的方法。经过无数次的论证，科罗廖夫带领科研团队终于形成了从原理、材料到构型的导弹设计方案。

有一次，试验现场突然发生爆炸，科罗廖夫瞬间被冲天的火光"吞噬"。同事把他救出来的时候，他的额头被溅起的飞石划了一道口子，鲜血直流，凌乱的衣服上布满血迹，牙齿也被磕掉了两颗，说话时微微抖动的嘴唇像"啜饮"时的样子。"我终于知道原因了！"在其他人都惊魂未定的时候，科罗廖夫却为能找到真正的爆炸原因而庆幸。

世界上第一枚洲际导弹"P-7",就是在这样的背景下诞生的。

"命运如同手中的掌纹,无论多曲折终要掌握在自己手中。"短短的十年时间,科罗廖夫带领团队创造了多项划时代的壮举,让苏联成为当时世界上当之无愧的军事强国。

☆ 科罗廖夫将一生献给了人类的航天事业

1961年4月12日凌晨,随着一声巨响,火焰从塔架两侧喷出,一个"庞然大物"腾空而起。随后,全世界都知道了一个惊天动地的消息:苏联成功将人类第一位航天员送入太空!发射现场所有的人都欢呼、鼓掌、拥抱,有人将头上的帽子抛向天空,向航天员致敬。此时,一位面容坚毅的老人,望着升空的火箭冲入云层,向更远的太空飞去,他紧皱的眉头终于舒展开来。

时光如水,在历史的长河中静静流淌。直到1966年1月16日,人们才知道这位老人就是世界上第一枚洲际弹道导弹和第一颗人造卫星的缔造者科罗廖夫。

这一天,冬日的莫斯科格外寒冷,空气中弥漫着一股悲伤的气息。人们认识科罗廖夫的方式,是通过苏联各大报纸发布他去世的讣告。当时,数以万计的市民自觉排成长队来瞻仰科罗廖夫的遗容。

这样的"大场面"是科罗廖夫生前从未经历过的,他的名字、肖像甚至他的功绩,到那一刻人们才第一次知晓。

由于科罗廖夫的研究工作涉及国家机密,从他第一天选择这份职业开始,那些属于他的高光时刻只能在史料中供人追忆。

当年,瑞典科学院曾提名运载火箭和卫星设计者获诺贝尔奖。当瑞典科学院致信苏联政府询问设计者是谁时,当时的苏联最高领导人赫鲁晓夫回答说:"是全体苏联人民。"

就这样,科罗廖夫与科学界的最高荣誉失之交臂。

然而,历史总会倔强地呈现出真实的面目。28年后,俄罗斯一位记者雅·格罗瓦诺夫出版了科罗廖夫的个人传记,才让人们认识这位伟大的科学家。

你知道吗？

世界上第一枚洲际弹道导弹

R-7导弹是世界上第一种洲际导弹，重达280吨，射程为8800千米，可以搭载1枚当量为300万吨的核弹头。由于是早期的洲际导弹，这种导弹的精度不高，圆周概率误差为2.5～5千米。1957年～1961年，"R-7"导弹总共进行了28次发射，但从未投入实际部署。投入部署的是"R-7A"型导弹，其部署时间为1959年～1967年。"R-7"导弹是一个家族，有多个型号，它既包括用于搭载核弹头的洲际导弹，也可以用作太空运载火箭。随着核弹头小型化工作的深入，逐渐放弃将其用作洲际导弹。

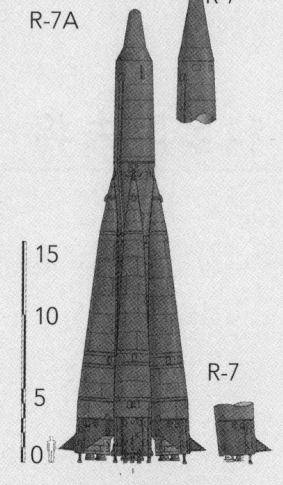

世界上第一枚洲际导弹

1953年，火箭专家科罗廖夫开始主导研究"R-7"洲际弹道导弹，1957年8月3日该导弹试飞成功。经齐奥尔科夫斯基提示，科罗廖夫在"R-7"的基础上改良，利用多节导弹接驳的原理发明"卫星"号运载火箭。1961年初，由科罗廖夫改进的东方号运载火箭将加加林送上太空。

世界上第一颗人造地球卫星

"斯普特尼克1号"是人类第一颗人造地球卫星，由科罗廖夫利用导弹改制而成，为铝制球体，直径58厘米，重83.6千克，有4根鞭状天线，内装有科学仪器。1957年10月4日，"斯普特尼克1号"在拜克努尔发射场由一枚三级运载火箭发射升空。它环绕地球轨道进行近地考察。"斯普特尼克1号"在太空中共运行了92天，绕地球大约1400圈，于1958年1月4日陨落，出色地完成了自己的使命。

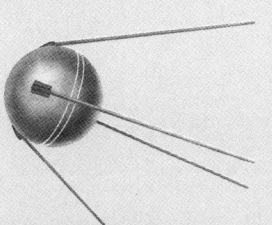

"斯普特尼克1号"

东方号运载火箭

某种意义上,洲际弹道导弹与航天用运载火箭,是一对孪生兄弟,两者之间有众多共同基因。

理论上,用于发射核生化弹头的洲际弹道导弹,经过改装后,也可用来发射人造地球卫星、载人或无人飞船、空间站、空间探测器等航天器。

例如,中国著名的"长征2号"运载火箭,就是由"东风5号"洲际弹道导弹发展而来;苏联的"卫星号""东方号""联盟号"和"闪电号"等型号繁多的运载火箭,都是由苏联的第一代洲际导弹R-7衍生而来。

"东方号"运载火箭是对"月球号"火箭略加改进而来的,主要是增加了一子级的推进剂质量,提高了二子级发动机的性能。这种火箭的中心是一个两级火箭,周围有4个长19.8米、直径2.68米的助推火箭。中心的两级火箭,一子级长28.75米,二子级长2.98米,呈圆筒形状。发射时,中心火箭发动机和4个助推火箭发动机同时点火。大约2分钟后,助推火箭分离脱落,主火箭继续工作2分钟后,也熄火脱落。接着末级火箭点火工作,直到把有效载荷送入绕地球的轨道。1961年4月12日,东方号火箭发射东方号载人飞船,把世界上第一位宇航员加加林送上地球轨道飞行并安全返回地面。

中国"东风-11"近程弹道导弹

近程弹道导弹

近程弹道导弹是用于毁伤战役战术目标的导弹,其射程通常在1000千米以内。它主要用于打击敌方战役战术纵深内的核袭击兵器、集结的部队、坦克、飞机、舰船、雷达、指挥所、机场、港口、铁路枢纽和桥梁等目标。

中国"东风-15"近程弹道导弹

中程弹道导弹

按照一般的定义，地对地导弹按照射程的远近分为短程（射程1000千米以下）、中程（射程1000～3000千米）、远程（射程3000～8000千米）、洲际（射程8000千米以上）导弹等类型。但这一标准东西方并不统一，各国对于中程弹道导弹的射程范围的定义也不尽相

中国"东风-21"中程弹道导弹

同。例如美苏《中导条约》规定射程在1000～5500千米的导弹为中程导弹，而射程在500～1000千米的为中短程导弹。上图所示为中国"东风-21"弹道导弹，是中国人民解放军火箭军装备的一型陆基机动式中程弹道导弹，是中国第二代中程地对地战略导弹，也是中国第一代固体燃料弹道导弹。"东风-21"弹道导弹是中国在"巨浪-1"弹道导弹的基础上发展而来的，两级固体发动机采用聚丁二烯复合推进剂和低合金高强度钢壳体，是中国弹道导弹发展史上具有里程碑意义的武器装备。

远程弹道导弹

如右下图所示的中国"东风-5"弹道导弹，是中国人民解放军火箭军装备的一型陆基液体燃料远程弹道导弹，是中国第一代地对地洲际战略导弹。

中国"东风-5"远程弹道导弹

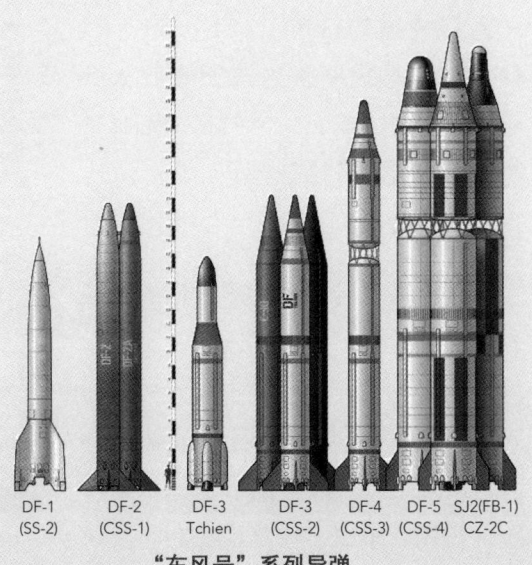

"东风号"系列导弹

第28章 中国航天之父——钱学森

钱学森

钱学森是空气动力学家,中国载人航天奠基人,中国科学院及中国工程院院士,中国"两弹一星"功勋奖章获得者,被誉为"中国航天之父""中国导弹之父""中国自动控制之父"和"火箭之王",曾任美国麻省理工学院和加州理工学院教授。1955年,在毛泽东主席和周恩来总理的争取下钱学森回到中国,由于他的回国效力,中国导弹、原子弹的发射向前推进了至少20年。

钱学森

☆ 少年时代的钱学森

钱学森1911年12月11日出生于浙江省杭州市临安。钱学森的父亲钱均夫早年就读杭州求是书院,毕业后留学东洋,研修教育。回国后,在上海成立"劝学堂",以施展其"兴教救国"的抱负,1911年,出任浙江省立第一中学校长。母亲章兰娟为杭州富商之女,幼承教育,记忆力和计算能力超群,具有数学天资。钱学森出生不久随父母移居上海,3岁随父母迁居北京。钱学森家教严格,在母亲的培育下,钱学森3岁时已能背诵上百首唐诗、宋词,还能用心算加减乘除。邻居相传钱家生了个神童。钱均夫经常给儿子讲"学习知识,贡献社会"的道理。这八个字深深地印在了钱学森幼小的心灵里。在小学低年级时期,男孩子最喜欢玩废纸折的飞镖。每次比试,总是钱学森扔得最远,投得最准。同学们不服气,捡起他折的飞镖仔细研究,原来他折的飞镖有棱有角,特别规整,所以投起来空气阻力很小,投扔时又会利用风向风力,难怪每回都数他投得最远最准呢!小小年纪的钱学森居然悟出了某些空气动力学的常识,这不仅使同学们,也使老师惊叹不已。20多年后,钱学森果然成了国际知名的力学和空气动力学家,这是不是可以从他童年时代玩飞镖的悟性上看出点端倪呢?从这个意义上说,钱学森从小便显露出了良好的禀赋与非凡的天资。

☆ 志在航空事业

1929年7月,18岁的钱学森考入上海交通大学机械工程系学习。他清楚地记得孙中山先生在《建国方略》里,为中国未来铁路建设勾画的宏伟蓝图,因而,决心像著名铁路工程师詹天佑那样,投身祖国的铁路建设。钱学森在交大成绩优异,各门功课都在90分以上,获得免交学费的奖励。然而,正当他在上海交大勤奋学习时,日本依仗先进的飞机、大炮疯狂侵略中国的东北。1932年,就在钱学森身边发生了"一二八"事变,上海慷慨悲壮抗击日寇的战斗使钱学森认识到:中国要战胜日寇,只有军人的英勇是不够的,还要有敢于抗争的国民政府和现代化的武器,特别是强大的空军!于是,他特别专注于阅读航空工程的书籍,他的志向从设计火车逐渐转向发展航空事业。

1935年,钱学森来到美国麻省理工(MIT)航空系学习,只用一年他就获得了航空硕士学位。钱学森希望学到更高深的理论知识,成为站在科学最前沿的、有深厚理论基础的科学家,同时又是具有丰富实际经验的工程师,他做了一生中重要的选择,毅然转向航空工程理论——应用力学的学习,师从世界著名应用力学大师加州理工学院(CIT)的冯·卡门教授。钱学森后来称,在这里的学习使他"一下子脑子就开了窍",以前从来没想到的事这里全讲到了,全是科学发展最前沿的知识,让人大开眼界。

钱学森本来是航空系的研究生,老师鼓励他学习各种有用的知识,于是钱学森经常到物理系、生物系、化学系去听课。到加州理工学院的第二年,即1937年秋,钱学森和

回国之路

其他同学组成了研究火箭的技术小组，他担当起了理论设计师的角色。而火箭在当时还属于幻想中的东西，大家把小组戏称为"自杀俱乐部"，因为火箭和火箭燃料的研究实在充满了危险性和不确定性。然而，正是钱学森，完成了美国首个军用远程火箭的设计。1947年，经冯·卡门推荐，钱学森成为当时麻省理工学院最年轻的终身教授。

☆ 艰难的回国路

1949年，身在美国的钱学森听到了激动人心的喜讯，中华人民共和国成立了！这位在美国处于领导地位的第一位火箭专家，决定放弃一切，早日回到祖国去，为建设新中国贡献自己的全部力量。当时，美国国内出现了一股疯狂反共、迫害进步人士的逆流。钱学森上了美国特务机关的黑名单，不断受到迫害。然而，钱学森没有屈服。他不断提出要求：坚决离开美国，回中国去！他决定以探亲为理由立即返回自己的祖国。1950年，在会见主管他研究工作的美国海军次长金布尔时，钱学森向金布尔严正声明他要立即动身回国。金布尔听后大为震惊，他认为钱学森无论放在哪里都抵得上五个师，还说："我宁可把他枪毙了，也不让这个家伙离开美国！"所以当钱学森一走出他的办公室，金布尔马上通知了移民局。毫不知情的钱学森做好了回国的一切准备，办理好回国手续，买好从加拿大飞往香港的飞机票，把行李也交给搬运公司装运。然而，就在他们举家打算离开洛杉矶的前两天，也就是1950年8月23日午夜，他突然收到移民局的通知——不准全家离开美国。与此同时，美国海关扣留了钱学森的全部行李。这样，钱学森被迫回到了加州理工学院。此后，联邦调查局派人监视他的全家和他的所有行动。

1950年9月6日，钱学森突然遭到联邦调查局的非法拘留，他被送到移民局看守所关押起来。在看守所，钱学森像罪犯似的受到种种折磨。钱学森曾回忆说："在被拘禁的15天内，体重就减轻了30磅（约13.6千克）。晚上特务每隔1小时就来喊醒我一次，完全得不到休息，精神上陷入极度紧张的状态。"——钱学森无端被拘留后，加州理工学院的师生和钱学森的老师冯·卡门以及一些美国友好人士，向移民局提出强烈抗议，为他找辩护律师，还募集1.5万美元保释金把钱学森保释了出来。此后，钱学森的行动处处受到移民局的限制和联邦调查局特务的监视，不许他离开他所居住的洛杉矶，还定期查问他。钱学森就这样失去了5

年的自由。然而,钱学森挚爱祖国的赤子之心不仅没有消失,反而更加炽热。有国不能归的钱学森,在这5年间并没有停止他献身的科学事业。由于美国政府阻止他离开美国的理由之一,是因为他研究的火箭技术与国防有关。当钱学森知道这一点后,就另行选择"工程控制论"作为研究方向,以利于消除回国的障碍。实际上,工程控制论与生产自动化、电子计算机的研制和运用等与国防建设课题都密切相关,只不过当时美国当局没有认识到这点罢了。

钱学森返回祖国的斗争,得到祖国的关怀和支持。钱学森在美国受到迫害和诬陷的消息使新中国震惊,国内科学界的人士纷纷通过各种途径声援钱学森。党中央对钱学森在美国的处境也极为关注,中国政府公开发表声明,谴责美国政府在违背本人意愿的情况下监禁钱学森。在钱学森要求回国的意愿遭到美国的无理阻拦的同时,中国也扣留着一批美国人。其中有违反中国法律而被中国政府拘禁的美国侨民,也有侵犯中国领空而被中国政府拘禁的美国军事人员。1954年4月,美、英、法、中、苏五国在日内瓦召开讨论和解决朝鲜问题与恢复印度支那和平问题的国际会议。经过周恩来的批准,中国代表团秘书长王炳南于6月5日开始与美国代表、副国务卿约翰逊就两国侨民问题进行初步商谈。美方向中方提交了一份美国在华侨民和被中国拘禁的一些美国军事人员名单,要求中国给他们回国的机会。为了表示诚意,周恩来指示王炳南,在6月15日举行的中美第三次会谈中大度地作出让步,同时也要求美国停止扣留钱学森等中国留美人员。然而,中方的这一正当要求被美方无理拒绝。7月21日,日内瓦会议闭幕,为了不使沟通渠道中断,周恩来指示王炳南与美方商定:自7月22日起,在日内瓦进行领事级会谈。中国政府为进一步表达与美方会谈的诚意,决定先释放四名被扣押的美国飞行员。中国作出高姿态,最终是为了争取钱学森等留美科学家尽快回国。可是在这个关键问题上,美国人却耍赖了。美国代表约翰逊以中国拿不出钱学森要求回国的真实理由为由,不肯答应释放钱学森回国。

正当周恩来总理为此焦急万分时,时任全国人大常委会副委员长的陈叔通收到了一封从大洋彼岸辗转寄来的信,信中的署名就是"钱学森"。原来钱学森为了摆脱特务的监视,把信写在了一张小香烟纸上,夹在寄给比利时亲戚的家书中,后辗转带给了陈叔通。信中钱学森请求祖国帮助他回国。陈叔通将信亲手交给了周恩来。周恩来阅后大喜:"这真是太好了,据此完全可以驳倒美国政府的谎言!"他当即做出周密部署,令外交部火速把信转交给正在日内瓦谈判的王炳南,并指示:"这封信很有价值。这是一个铁证,美国当局至今仍在阻挠中国平民归国。你要在谈判中用这封信揭穿他们的谎言。"

王炳南遵照周恩来的指示,在8月1日中美大使级会谈一开始就率先发言。他对约翰逊说:"大使先生,在我们开始讨论之前,我奉命通知你下述消息:中国政府在7月31日按照中国的法律程序,决定提前释放阿诺德等11名美国飞行员。他们已于7月31日离开北京,估计8月4日即可到达香港。我希望中国政府所采取的这个措施能对我们的会谈起到积极的影响。"可约翰逊还是老调重弹——"没有证据表明钱学森想回国,美国政府不能强迫命令"。王炳南于是亮出了钱学森给陈叔通的信件,理直气壮地给约翰逊正面驳斥:"既然美国政府早在1955年4月间就公开发表公告,允许留美学者来去自由,为什么中国科学家钱学森博士在6月间写信给中国政府请求帮助呢?显然,中国学者要求回国依然受到阻挠。"在事实面前,约翰逊哑口无言。美国政府不得不批准钱学森回国的要求。1955年8月4日,钱学森接到了美国移民局允许他回国的通知。

1955年9月17日,钱学森携妻子蒋英和一双幼小的儿女登上"克利夫兰总统号",踏上了回国的旅途。钱学森对此万分感慨地说:"我一直相信,我一定能够回到祖国的,今天,我终于回来了!"

☆ 导弹的创造者

1955年10月8日,44岁的钱学森终于踏上了祖国的土地。这一天,被很多科学家视作中国航天事业的发端之日。从此,钱学森这个名字,便与中国航天、与民族尊严紧紧地连在了一起。

钱学森终于回到祖国的怀抱,他亲眼看见祖国的变化,钱学森兴奋不已,激动地说:"我要把我的全部力量,献给社会主义建设"。为了了解我国航天科技的发展情况,钱学森第一站就来到了哈尔滨的中国人民解放军军事工程学院。钱学森一下车就看到了中国人民解放军副总参谋长陈赓大将。当陈赓大将问钱学森:"中国人搞导弹行不行?"钱学森说:"中国人怎么不行呢?可以!"钱学森回答得很干脆。钱学森说:"外国人能搞得,难道中国人不能搞,中国人不比他们矮一截"。陈赓大将听了以后非常高兴。两人之间虽然只有短短的几句对话,但在这个历史性的会面上,陈赓大将相当于把国家研制导弹的大旗交到了钱学森手里。

当时我国的空军力量十分薄弱,是优先发展飞机制造?还是研发导弹?如果同时研发飞机和导弹，经费不足。面对不同的声音，高瞻远瞩的钱学森态度鲜明地表示，一定优先发展导弹。因为通过二战时期德国对英国发动的导弹轰炸中，钱学森深切了解到与飞机相比，导弹拥有无法替代的速度和性能，它将成为未来最重要的国防武器。钱学森的观点很快就得到了毛泽东主席的支持。

1956年10月8日，国防部第五研究院正式成立，钱学森担任第一任院长。他的归来，使中国的导弹研制计划提上了议事日程。在当时的中国，钱学森是为数不多的掌握火箭知识的科学家，那时的中国在导弹研究方面还是一张白纸。

钱学森筹建队伍，为中国培养第一批导弹人才，借助苏联的力量帮助我们研制导弹。1960年，仅仅经过五年的筹备和试制，我国的第一枚导弹就初见雏形。可是就在导弹制造进入最关键阶段的时候，协助制造的苏联专家却突然撤走，还带走了所有的图纸和技术。这时候，负责导弹研制的钱学森该怎么办呢？就在大家一筹莫展的时候，钱学森直接挑起了指导

"东风一号"导弹

导弹研制的大梁。原来，苏联的这枚导弹是仿制德国的V-2导弹制造的，钱学森早在美国研究导弹时，对这个型号的导弹就有所了解。自从接手后，钱学森几乎没离开过实验室。经过几个月的努力，钱学森终于带领大家，突破了最关键的核心技术，这枚导弹被命名为"东风一号"。

1960年11月5日凌晨，酒泉发射场，夜空如洗，明月高挂，繁星满天。我国仿制的第一枚导弹——"东风一号"导弹即将首飞。负责国防工作的聂荣臻元帅在钱学森的陪同下，亲自到发射现场，给我国的第一枚导弹剪彩。

9点02分，一声轰鸣刺破戈壁的宁静。"东风一号"喷着火焰从发射台缓缓升起，越飞越快，消失在天际中。在飞行了7分37秒之后，准确打中了554千米外的目标，这个记录，比它所仿制的导弹还要远。发射场的人们欢呼雀跃。"东风一号"导弹全长17.68米，弹径1.65米，起飞重量20.4吨，采用一级液体燃料火箭发动机，最大射程600千米，可携带1300千克的高爆弹头。它的仿制成功标志着中国在掌握导弹技术的道路上迈出了关键一步，为后续航天各型号火箭的研

制奠定了人才、技术、管理等方面的基础。东风破晓，气贯长虹，中国航天事业自此迎来了崭新天地。

在距离"东风一号"发射仅仅两年后，我国自主研发的第一枚导弹"东风二号"就研制成功了。谁知道，就在钱学森和大伙都欢欣鼓舞的时候，意外却发生了。

就在火箭点火后不到1分钟，飞行中的火箭突然开始晃动，并且幅度越来越大。紧接着，火箭偏离预定轨道，一头栽了下来！只听轰的一声巨响，导弹在离发射架不远的地方，炸出了一个直径二十多米的大坑。看到这个情景，人人脸上都变成了灰色，甚至有人当场就哭了起来。

然而，即使钱学森用万分严谨和认真的态度对待这次事故，外界对他的质疑还是甚嚣尘上。有人说钱学森是纸上谈兵，甚至有人提出应该把他调到生产一线上去。这些言论给钱学森造成了巨大的压力，他将如何面对呢？

终于，在2年之后，脱胎换骨的"东风二号"在晨曦中腾空而起。这一次，它终于不负嘱托，成功地落在了1000千米外的预定区域。可是在最初的喜悦过后，钱学森却显得并不那么高兴。

因为苏联、美国已经拥有了能发射到世界上任何一个地方的核导弹。而刚刚试验成功的东风二号，射程仅仅只有1000千米，只是洲际导弹的十分之一。而且，并不能携带核弹头。面对西方大国的嘲笑，钱学森要如何为国争气？

为此，钱学森决定进行著名的"两弹结合"试验，研制我国的核导弹。在钱学森的带领下，仅仅2年不到，"东风二号甲"运载导弹就研制成功了。这个时间，比美国人说的短了一半都不止，钱学森用事实堵住了嘲笑者的嘴。

1966年10月27日，两弹结合发射试验，聂荣臻元帅亲自到现场指挥发射。虽然这一次已经做了万全的准备，但钱学森还是紧紧揪着心。毕竟导弹试验穿越有人区，这在世界核试验史上都是没有先例的。

终于，万众瞩目的核导弹在发射后，准确命中目标。听到这个消息，现场沸腾了。导弹核武器的发射成功，意味着中国已经跻身于世界核大国的行列。中国从原子弹爆炸成功到核导弹发射成功，仅仅用了2年时间，而美国整整用了13年。

在核导弹发射成功之后，钱学森又马不停蹄地投入了中程、中远程和洲际导弹的研制工作中。在他的指挥下，1970年4月24日，还成功把我国第一枚人造地球卫星"东方红一号"送入太空。

为了表彰钱学森为我国导弹领域和航天领域所做出的贡献，1991年，国家授予了钱学森"国家杰出贡献科学家"的称号。

2007年，钱学森被评为"感动中国"年度人物，颁奖词是这样写的："在他的心里，国为重，家为轻。科学最重，名利最轻。五年归国路，十年两弹成。开创祖国航天他是先行人，把智慧锻造成阶梯，留给后来的攀登者。他是知识的宝藏，是科学的旗帜，是中华民族知识分子的典范。"这位志存高远，为我国导弹和航天事业作出巨大贡献的科学家，将永远留存在我们的民族记忆里。

信任

一次导弹发射的试验马上就要开始了，可是当时的天气很坏，到底能发不能发，试验基地的司令员、参谋长和钱学森的意见不同。按照当时的规定，每次发射报告上面必须有三个人同意的签字，然后再请示聂荣臻元帅的批准。可是当时司令员和参谋长都说不能发，而钱学森却非常有信心地说能发射，这样就形成了2:1的局面，于是就把只有钱学森一个人签字的报告送给了聂帅。没想到，聂帅很爽快地批准发射，并说要是只有那两位签字而没有钱院长的签字，我倒不敢批了。你猜这发导弹发射成功没？结果是这一发导弹果真发射成功了。

钱学森的学识与胆识

"东风三号"发动机地面试车过程中不断发生故障。今天试车，这个地方出问题，科技人员经过努力解决了；下次试车，另一个地方又出问题；再下次试车，又有新的问题发生……出现的问题一个一个被解决，新的问题又不断发生。在这种情况下，钱学森来到试车台，他在细心观察故障情况并听取汇报以后，思之良久，最后提出："我们不能总是让故障牵着走，大家是不是回过头来想想有什么根本问题在影响着发动机的燃烧稳定性？是不是应该考虑高频振荡问题？"他的话启示了在场的科技人员。在考虑了高频振荡所产生的影响以后，改进了发动机的设计，"东风三号"发动机的试车顺利过关。

1966年6月下旬，第一颗人造卫星的运载火箭"长证一号"为解决滑行段喷管控制问题而进行的滑行段晃动半实物仿真试验中，出现了晃动幅值达几十米的异常现象。钱学森亲临现场，在讨论中认定：此现象在近于失重状态下产生，原晃动模型已不成立，那时流体已呈粉末状态，晃动力很小，不影响飞行。他的这一大胆分析，使大家悬着的心落了地。后来多次飞行试验证明，这个结论是正确的。

导弹航天属高科技，技术问题常常是非常复杂的，而在初创阶段我们又缺乏经验，对于一些技术难题在意见纷争的情况下，往往难于决策。由于当时钱学森是技术负责人，所以一些棘手问题常常提到他的面前，这就需要决策者不仅要有渊博的学识，而且也要有一定的胆识。钱老回忆说，在基地的一次导弹试验中，因在加泄推进剂时操作有误，出现了一个大问题，即弹体瘪进去一块。在场的人看了都十分紧张，认为这是一个大故障，导弹不能发射。钱学森听完汇报，亲自爬到发射架上，查看故障情况后，认为箱体的变形并未达到结构损伤的程度。于是他结合自己过去在美国所做壳体研究工作的情况，认为这是由于试加推进剂后，泄出时忘了开通气阀造成箱内真空，外面空气压力大，压瘪的。点火发射后，箱内要充气，弹体内压力会升高，壳体就会恢复原来的形状，所以他主张发射照常进行。钱学森的这一科学分析虽然很有道理，但他的决策仍有很大风险，许多人表示担心。负责发射指挥的基地司令员甚至拒绝在给中央的报告上签字。最后这份由钱学森署名的报告送到北京以后，聂荣臻元帅批准了钱学森的意见，结果如他所料，这次发射得了成功。

你知道吗？

东方红一号

中国于1970年4月24日成功地发射了第一颗人造卫星——"东方红一号"。该卫星直径约1米，重173千克，沿近地点439千米、远地点2384千米的椭圆轨道绕地球运行，轨道倾角68°5′，运行周期114分钟。发射"东方红一号"卫星的运载火箭为"长征一号"三级运载火箭。

东方红一号

"长征一号"火箭

"长征一号"（CZ-1）火箭是为发射中国第一颗人造卫星而研制的三级运载火箭，全长29.46米，最大直径2.25米，起飞质量81.5吨，近地轨道运载能力为300千克。"长征一号"火箭共进行了两次发射，第一次是在1970年4月24日，成功将"东方红一号"送入预定轨道；第二次是在1971年3月3日，成功把"实践一号"科学试验卫星准确送入轨道。目前，"长征一号"已经退役。

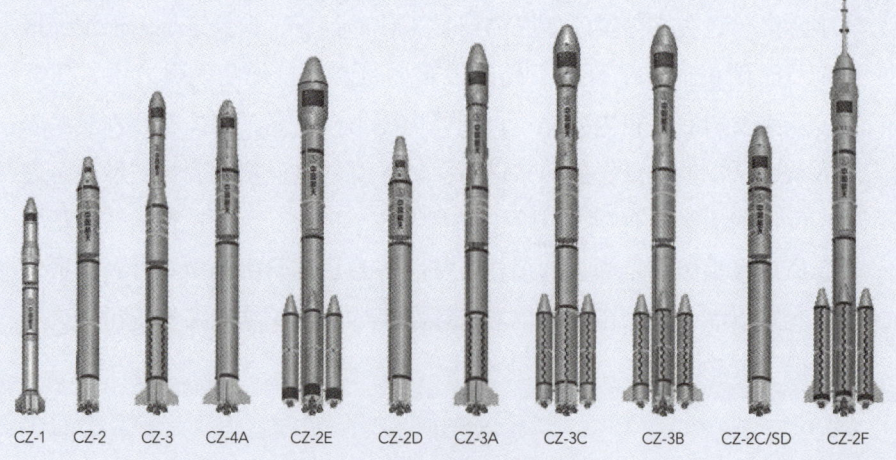

长征运载火箭系列

第28章 中国航天之父——钱学森

正确的结果,是从大量错误中得出来的;没有大量错误作台阶,也就登不上最后正确结果的高座。

——钱学森

科技革命：核能、航天、计算机的故事

第29章　登天第一人——加加林

尤里·阿列克谢耶维奇·加加林

1934年3月9日，加加林出生在苏联斯摩棱斯克州克鲁什纳村的一个农民家庭里，是家里4个孩子中的第三个。在他10多岁的时候，一架从战场上归航的苏制战斗机迫降在他家附近，他对飞行员极为羡慕，决心长大以后也要做一名飞行员。1951年，17岁的加加林考取了伏尔加河流域萨拉托夫的一所中等技术学校。这一期间，他浏览了大量的书籍，其中，他最喜欢的是苏联火箭研究先驱齐奥尔科夫斯基写的书。在那里，他加入了当地的航空俱乐部，经常与其他成员进行交流。后来，加加林进了一所航空学校，并在1955年首次单独飞行，实现了从小立志要当一名出色的飞行员的梦想。

加加林

☆ 加加林被苏联宇航局选拔为首批宇航员

为准备人类首次航天器载人太空飞行，1959年10月，苏联在全国年龄不超过35岁和身高低于1.75米的空军飞行员中选拔航天员。身高1.59米的加加林从三千四百多名被挑选者中脱颖而出，并经培训成为最符合条件的三人之一。有人建议用尚未生儿育女的另一位候选航天员基托夫替换加加林，因为当时加加林已是两个年幼女儿的父亲。在意见不一的时刻，一个偶然事件竟起了决定性的作用。

1961年，就在确定入选几周前，受训的候选航天员去参观尚未竣工的"东方一号"宇宙飞船。著名的航天专家科罗廖夫问谁愿意试坐，于是加加林得到准许，他轻轻地脱下鞋子，穿着袜子进入了座舱。这一细节立刻赢得科罗廖夫的好感："就是这个在很多人看来微不足道的举动，一下子打动了我，因为我从他的举动中看出了这名27岁的青年人如此懂规矩，有良好的习惯。而且，我还感受到他对我们为之倾注心血的航天飞船的无比珍爱……在后来的技能测试和知识问答中加加林的表现同样完美，所以我们决定让加加林执行人类首次太空飞行的神圣使命。"

☆ 飞向太空

1961年4月12日拂晓，荒凉的哈萨克大草原依然凉气袭人。丘拉坦村民走向瓜田和庄稼地，也有几人去锡尔河捕鱼。但离此向北4千米的地方就没有这样宁静了。设在这里的拜科努尔发射场上竖立着一枚巨大的白色火箭，它映衬着蓝天特别醒目，这就是SS-6洲际弹道导弹。不过其顶端装的不是核弹头，而是"东方一号"载人飞船，它于11日夜晚刚刚安装就绪。不远处匍匐着装有火箭燃料的列车，沙丘旁停放着红色消防车。所有在场的人都非常激动，因为世界第一位飞往宇宙的使者——尤里·加加林少校即将从这里升空。

为了这一天的到来，有多少人熬过了不眠之夜啊！如今就要梦想成真了。此时，加加林的心情又是怎样的呢？他前一天在发射场与总设计师科罗廖夫一起登上发射台的平台，走到飞船跟前。他们默默地站着，望着天空，陷入深思，想着即将进行的飞行。科罗廖夫打破了沉默说："加加林，你真幸运，你将从无与伦比的高处观看我们美丽的地球。但发射和飞行都不会轻松，要经受各种考验，包括那些未预料到的，明天的飞行有风险。"接着又安慰地讲："你要记住，不管发生什么事，我们都会竭力支援你。"加加林听后心潮澎湃，无声地点头表示，无论如何也要完成这项光荣而艰巨的历史使命。

4月12日清晨，加加林从梦中被医生叫醒。他迅速吃了一顿特别的早餐，便穿上航天服前往发射台。当乘坐着加加林的汽车出现在发射场时，发射场呈现一片生机。汽车一直开到矗立着的火箭脚下，身穿橙黄色臃肿航天服、头戴乳白色头盔的加加林从前门下了汽车，后面跟着航天服设计师和一位医生。加加林走向现场领导小组，举手敬礼并报告："国家委员会主席同志，飞行员加加林准备乘坐世界上第一艘载人飞船飞行。"接着，他们热情拥抱。然后加加林向报界和电台发表了简短的历史性讲话,向为他送行的人们挥手致意,最后登上了发射塔最上边的平台。

飞船舱内的电视摄像机打开了,荧光屏上出现了加加林的影像。他面带笑容,神采奕奕。

开始30分钟准备!10分钟准备!!2分钟准备!!!所有人都屏息不动,似乎空气也凝住了。"预备,点火"一声令下,莫斯科时间9点零7分,火箭徐徐升起。

"东方号"宇宙飞船载着加加林进入人造地球卫星轨道,人类宇航时代开始了!他在太空欢呼:"多美啊!我看见了陆地、森林、海洋和云彩……""东方号"宇宙飞船载着加加林以27200千米/时的速度飞驰,越过苏联、印度、澳大利亚和太平洋上空,环绕地球飞行。他在离地330千米高空飞行了108分钟,绕地球飞行一圈后,按计划安全返回了地面。

这次飞行虽然短暂,但它却开辟了人类通向宇宙的道路。加加林因此成了世界上第一位航天英雄。

☆ 首飞太空,加加林的感受

"我进入座舱。当我坐到座椅上之后,舱门毫无声息地关上了,只留下我一个人同这些仪表在一起。照亮仪表的不是阳光,而是人造光。这时,座舱外的各种声音我全听得到,这是从可爱的、如今变得更加珍贵的地球上传来的声音啊!最后,我听到外面撤掉了铁架,以后就静下来了。"

在座舱里,加加林检查了通信联络设备,驾驶台上的电门按钮位置,舱内压力、温度、湿度等,等着起飞时刻的到来。与此同时,地面也对飞船进行了最后检查,并通过遥感再次确认宇航员身体和精神状况良好,最后技术指挥下达了起飞的命令。加加林接着写道:"我的视线落在石英钟上,时针和分针指着莫斯科时间9点7分。我听到了啸声和越来越强的轰鸣,感觉到巨大的飞船的整个船体抖动起来,并且很慢很慢地离开了发射装置。轰鸣声并不比在喷气飞机座舱里听到的强烈,但是其中夹杂着许多新的音调和音色。"

"超重开始增强了。我感觉到,有一种不可抗拒的力量越来越沉重地把我压到座椅上。尽管座椅的状态是最适当的,可以把压到我身上的巨大重量的影响减少到最低限度,但是手脚稍微动弹一下仍然是困难的。我知道,这种状态不会持

第 29 章　登天第一人——加加林

续很久，只是在飞船进入轨道前不断加速时产生的。"

加加林和地面始终保持联系，通话就像面对面那样清晰。飞船上有短波发射机。他通过两个短波频率和一个超短波频率向地面不断报告他的工作情况，和冲出大气层后观察到的地球表面的情况。他对从宇宙飞船往外观察地球表面的情况如此成功而大感意外。

"在舷窗里出现了遥远的地面。这时，'东方号'正飞过西伯利亚一条宽阔的河流上空。河心的小岛和阳光普照、布满密林的两岸都看得清清楚楚。"

"东方号"宇宙飞船终于进入了卫星轨道。这时，加加林所处的就是一个奇妙的失重状态。失重，对地球上的居住者来说是奇怪的，甚至是不可思议的。不过对于经过严格训练的宇航员来说，身体很快就适应了这种现象。

"我从座椅上飘起来了，悬在座舱的地板和天花板之间的半空中。当重力的影响开始消失时，我的全身感觉舒畅极了。忽然，一切都变轻了。双手、双脚，以至整个躯体变得好像完全不是自己的了。飞行图板、铅笔、小本子……所有没有固定的物件都飘起来了。从水管子里流出的水滴变成了小圆珠，它们自由地在空中移动着，碰到舱壁时，便黏附在上面了，像是花瓣上的露珠一样。"

加加林以他的亲身实践向全世界宣布：失重对人的工作能力没有影响。他说他在飞船座舱里一直正常地工作着，通过舷窗观察外面，并用普通石墨铅笔在航行记事簿上写字。有一次，他甚至忘记是处在什么状态，很自然地搁下铅笔，于是这支铅笔立即轻快地从身旁飞走了。

在宇宙看天空，"星星明亮而又光洁，太阳也明亮得出奇，甚至眯缝着眼也不敢看它"，因为它"比我们在地球上看到的要明亮几十倍，甚至几百倍"。他很想观察一下月亮的模样，可惜它在他的视野以外。

在整个飞行阶段，加加林工作服下的轻便传感器，不断把他的生物电流、脉搏跳动、呼吸运动等转换成电信号，通过无线电发送到地面。因此，事实上地面对宇航员身体状况的了解比宇航员本人还清楚得多。

"东方号"宇宙飞船的机构是相当复杂的，但是依靠自动系统转动各种操纵杆，能使火箭不断修正方向，让飞船按预定轨道运行。与此同时，加加林手中还有一套手控系统。只要一按电钮，飞船的飞行和降落就全部由宇航员本人操纵了。

4月12日10点15分，当"东方号"宇宙飞船飞近非洲大陆时，人类历史上第一次载人宇航就要结束了。"这个返回地面的阶段，可能是比进入轨道和在轨道上飞行更加重要的阶段。"加加林这样认为,所以他开始认真做准备工作。因为这毕竟是个前无古人的尝试。

10点25分,制动装置在预定时间自动接通,飞船开始逐渐减速,离开卫星轨道,进入过渡的椭圆形轨道。当飞船进入稠密的大气层时,它的外壳迅速变得炽热起来。"透过几个遮盖着舷窗的鱼鳞板,我看见了包围着飞船的熊熊大火和惊心动魄的紫红色反光。但是,尽管我置身于一个迅速下降的大火球里,座舱内的温度仍然只有20℃。"

"失重早就消失了,越来越厉害的超重把我紧压在座椅上。超重不断加强着,比起飞时要强烈得多。飞船开始翻转,但不久,使我不安的翻转停止了,往后的下降正常了……飞行高度不断地降低。当我确知飞船一定会顺利到达地面时,我开始准备着陆。"

"东方号"的着陆,采用的是跳伞着陆方法。在宇宙飞船上装备了弹射座椅,宇航员将在大约7千米的高空从飞船里弹射出来,然后与座椅脱离,用降落伞着陆。

"1万米……9000米……8000米……7000米……下面,伏尔加河像一条白练,闪闪发光。我一下子就认出了这条大河,看清了它两岸的景色。10点55分,'东方号'在飞绕地球一圈之后,顺利地降落在预定地区。我从宇宙中归来了。"

加加林从宇宙中归来了。自1957年10月4日苏联成功地发射了人类的第一个航天器——人造地球卫星以来,仅仅3年半的时间,加加林就成为第一个进入宇宙的人,揭开了人类载人宇宙航行的新时代。人类,除了继续探索、研究自身生存的地球而外,要涉足天外,到广阔无边的外层空间去了。

另一半密码

加加林108分钟的太空之旅险象环生:飞船气密传感器发生故障(为此,发射前的数分钟内不得不先松开然后重新拧紧舱盖上的32个螺栓）、通信线路一度中断（本来应显示吉利的信号"5"，结果跳出个表示飞船失事的数字"3"）、第三级火箭脱离后飞船开始急剧旋转，返回时还惊现飞船胡乱翻滚的一幕……

据说，为了避免宇航员落入敌对国家领土进而发生叛逃事件，"东方号"飞船上安装了遥控炸弹，科罗廖夫和加加林各掌握两段炸弹引信触发密码中的一半。出于对加加林的信任，科罗廖夫在飞船发射前把自己知道的那一半密码告诉了加加林。

我来自太空

飞船预定的降落位置应为莫斯科以南400千米，但实际降落在莫斯科以南800千米的一片耕地中。落地后加加林还不敢相信自己已经安然返回地球："地犁得很松，很柔软，甚至还未干。我甚至未感觉到着地。我简直不相信我已经站立着。"

加加林穿着橙色飞行服向一名妇女和一个牵着一头牛犊的小女孩走去。当他被问到是否来自太空时，加加林微笑着说："是的，我来自太空。"加加林用通信设备向指挥控制中心报告自己的位置，1小时后搜救人员发现了他。

你知道吗？

中国第一位宇航员

中国第一位进入太空的宇航员是：杨利伟，他当时乘坐的是"神舟五号"载人飞船。

杨利伟是中国进入太空的第一人。他是中国培养的第一代航天员，在中共十七大上当选为中央候补委员。杨利伟在原空军部队安全飞行1350小时之久。2003年10月15日北京时间9时，杨利伟乘坐由"长征二号F"火箭运载的"神舟五号"飞船首次进入太空，象征着中国太空事业向前迈进了一大步，起到了里程碑的作用。

宇宙航行不是一个人或某群人的事，这是人类在其发展中合乎规律的历史进程。

——加加林

第 30 章　人类登月第一人——阿姆斯特朗

阿姆斯特朗

尼尔·奥尔登·阿姆斯特朗（Neil Alden Armstrong，1930—2021），美国宇航员、试飞员、海军飞行员，以在执行第一艘载人登月宇宙飞船"阿波罗11号"任务时成为第一名踏上月球的人而闻名。

尼尔·奥尔登·
阿姆斯特朗

1966年，阿姆斯特朗的首次太空任务是"双子星座8"号，在这次任务中，他和大卫·斯科特执行了历史上第一次轨道对接。1969年7月，阿姆斯特朗在执行他的第二次也是最后一次太空任务"阿波罗11号"时，成了第一个踏上月球的宇航员，也是第一个在地球外星体上留下脚印的人类成员，在这次的"人类的一大步"中，阿姆斯特朗和巴兹·奥尔德林在月球表面进行了两个半小时的行走。阿姆斯特朗是人类历史上最伟大的宇航员之一，他是人类征服月球的里程碑。

阿姆斯特朗于1930年8月5日出生在美国俄亥俄州小城沃帕科内塔。从小他就喜欢各种飞机玩具，经常自己制作飞机模型。6岁时，他第一次坐上飞机。从此对飞行更加着迷。有一天，妈妈给他做了一件新衣服，他穿上新衣就冲到院子里的一个土堆上又蹦又跳，下雨了也不躲，溅了一身泥浆也不顾。他边跳边冲屋里大声喊:"妈妈,我要跳到月球上去!"妈妈说:"好啊,只是你别忘了从月球上跳回来,回家吃晚饭。"

阿姆斯特朗15岁就开始参加飞行课程的学习,16岁生日那天他拿到了飞机驾驶执照。1947年,17岁的阿姆斯特朗选择就读印第安纳州大学航空工程专业。两年后,他应征入伍,成为海军飞行员。之后他又重回到大学学习,毕业后成了一名试飞员。

美国于20世纪60年代初开始组织实施登月工程"阿波罗计划"。1962年9月,阿姆斯特朗入选美国国家宇航局第二期宇航员培训班。1966年,他作为"双子星座8"号飞船的指令长,驾驶飞船与不载人航天器对接时意外遇险,他从容镇定,安全脱险,因此被美国国家宇航局认为是最好的宇航员之一。

1968年12月23日,阿姆斯特朗被任命为"阿波罗11号"登月飞船的指令长,指令舱驾驶员是柯林斯,登月舱驾驶员是奥尔德林。

1969年7月16日清晨,"土星V"运载火箭和"阿波罗11号"登月飞船矗立在卡纳维拉尔角的第39号A发射台上。这一天,人类历史上一次最伟大、最昂贵的探险旅行就要开始了!上午9时32分,在火山爆发般的滚滚浓烟中,"土星V"火箭腾空而起。

7月20日,飞船进入环月轨道后,在月球上空80英里(约128千米)处盘旋。柯林斯留在指令舱里继续绕月飞行。奥尔德林和阿姆斯特朗驾驶"飞鹰号"登月舱奔向月球,20点17分39秒,"飞鹰号"降落在月球表面。阿姆斯特朗向指挥中心报告:"休斯敦,这里是静海基地,'飞鹰'着陆成功。"

两位宇航员对登月舱进行减压,然后经过多次努力将舱门打开,阿姆斯特朗缓慢地扶着梯子走下了登月舱。1969年7月21日凌晨2点56分,阿姆斯特朗的左脚踩下了人类在月球上的第一个脚印。随后,奥尔德林也走下了登月舱。两位宇航员采集了岩石和土壤样品,安放了科学实验仪器,并竖起了一面美国国旗和一块纪念碑,上面镌刻着:1969年7月,这是地球人在月球首次着陆的地方。我们代表全人类为和平而来到这里。

两位宇航员在月球表面停留了2小时40分钟后回到登月舱,关闭舱门重新加压。登月舱载着两位宇航员进入月球轨道后与柯林斯驾驶的指令舱重新对接。

7月24日,"阿波罗11号"登月飞船返回地球,成功降落在太平洋海域。为了打捞他们,美国共出动了9艘舰艇、54架飞机,当时的美国总统尼克松亲自到主打捞舰"大黄蜂"号航空母舰上欢迎三位勇士凯旋。

第30章 人类登月第一人——阿姆斯特朗

第一个采访阿姆斯特朗的记者问他:"此时此刻你最想说的话是什么?"他回答说:"我想对妈妈说,我从月球上回来了,我想回家吃晚饭!"

阿姆斯特朗曾先后荣获美国自由勋章、美国国家宇航局卓越服务奖章和国际宇航联合会宇宙金质奖章等荣誉。但是,阿姆斯特朗为人低调谦逊,他从不以太空英雄自居。退休后,一直住在俄亥俄州乡下的农场里,过着半隐居的生活。2012年8月25日,阿姆斯特朗因心脏搭桥手术后的并发症逝世,享年82岁。

他的家人在对外发表的声明中希望世人能以简单的方式缅怀他:"下次走在晴朗的夜空下,看见月亮对你微笑,想起尼尔·阿姆斯特朗,就对它眨眨眼吧!"

中国的探月工程

中国目前还没有实现载人登月。中国探月工程经过10年的酝酿,最终确定中国的探月工程分为"绕""落""回"3个阶段。

第一期绕月工程在2007年发射探月卫星"嫦娥一号""嫦娥二号",对月球表面环境、地貌、地形、地质构造与物理场进行探测。

第二期工程时间为2007~2016年,目标是研制和发射航天器,以软着陆的方式降落在月球上进行探测。具体方案是用安全降落在月面上的巡视车、自动机器人探测着陆区岩石与矿物成分,测定着陆点的热流和周围环境,进行高分辨率摄影和月岩的现场探测或采样分析,为以后建立月球基地的选址提供月面的化学与物理参数。

第三期工程时间为2016~2020年,目标是月面巡视勘察与采样返回。

人类第一艘载人登月飞船——"阿波罗11号"宇宙飞船

"阿波罗11号"宇宙飞船有指挥舱、服务舱和登月舱三部分。1967年7月21日,登月舱连同两名宇航员在月面上缓缓着陆。另一名宇航员则在指挥舱内继续绕月球飞行。1967年7月22日在月面考察结束以后,登月舱的上升段起飞,与指挥舱对接。登月的两名宇航员再次进入指挥舱，1小时以后，登月舱与指挥舱分离，登月舱落回月面，宇航员进行了一次月震试验。此时，服务舱的火箭开始工作。待进入大气层时，服务舱和指挥舱分离。服务舱穿越大气层后坠毁。1967年7月24日，指挥舱重新进入地球大气层，落在太平洋上，回到地面上的指挥舱只有5600千克重。

这是我的一小步，却是人类的一大步。

——尼尔·阿姆斯特朗

第 31 章　太空行走第一人——列昂诺夫

宇宙之于人类是不可想象的，是在地球之外更大的天地，人类也从来没有停止探索宇宙。人类太空行走第一人你知道是谁吗？他是苏联宇航员阿列克谢·阿尔希波维奇·列昂诺夫。

列昂诺夫

列昂诺夫1934年5月30日生于苏联克麦罗沃州苏里区利斯特维扬卡镇。在家中9个兄妹当中排行第八。

列昂诺夫不像许多其他的航天员，想驾驶飞机或者宇宙飞船飞上天空，他想成为一名艺术家，一名画家。1953年，他被一所艺术学院录取，但他付不起学费，于是申请了空军学院。1957年于丘左耶夫军事航空学校毕业后，在航空兵部队当飞行员。在乌克兰的克列缅丘格空军基地，他主要驾驶米格-15飞机，后来驾驶飞机在德国的边界执行巡逻任务。1959年，上级让他参加选拔新飞机试飞员，通过体检后，他遇见了一生中最好的朋友加加林。

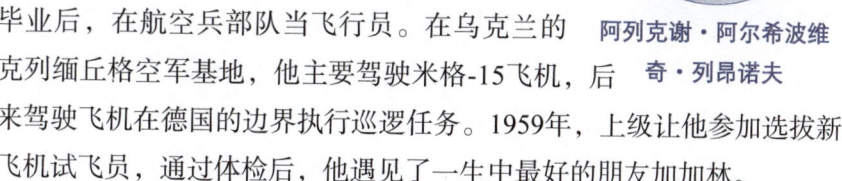

阿列克谢·阿尔希波维奇·列昂诺夫

列昂诺夫执行首次太空飞行任务之前，曾经两次与死神擦肩而过。一次是他与妻子乘坐的汽车穿破冰面落入水中，他把出租车司机和他的妻子从水下救了上来；另一次是他跳伞时，伞绳和弹射座椅扭在一起，他用蛮力将座椅架扭弯，将绳子解开。因此，安排他尽早执行一次太空飞行任务，没有人会感到惊讶。他也是科罗廖夫钦定的第一位太空行走人选。

☆ 太空行走第一人

在载人航天技术飞速发展的今天，人在太空行走已不算什么新鲜事了。尤其是美国和苏联航天员，为了建造和修理空间站，他们经常到太空去漫步，进行各种试验和维修工作。美国航天员在太空修理哈勃望远镜时，一待就是几个小时，而且他们是轮番出舱，如履平地。然而，人类进行第一次太空行走就不是那么潇洒了，因为当时对舱外活动所要遇到的各种情况还知之甚少，因而太空行走就被认为是一种风险极大的事情，搞不好航天员可能有去无回，成为"人体"卫星。正因为如此，太空行走也成为美苏争夺"航天第一"的重要目标之一，谁能抢得太空行走第一人的头衔，谁就能在太空竞争中增加筹码。结果苏联获胜，航天员列昂诺夫在1965年3月18日乘坐"上升2号"飞船遨游太空时，冒险出舱活动24分钟，成为世界上太空行走第一人。

☆ 揭开昨日内幕

1964年，苏联弹射座椅和舱外太空行走设备总设计师塞弗林了解到，美国正在研制舱外行走设备，并拟在"双子星座号"飞船上使用。于是他马上呼吁加紧舱外设备的开发步伐，要抢在美国之前完成这一创举，以名扬天下。

但事情并不如他所说的那么简单，因为苏联的飞船没有供航天员出舱所需的气闸舱。这种舱有两个气闸门，一个与密封座舱连接，叫内闸门；另一个是可通向太空的外闸门。闸门的启闭需十分小心和熟练，以避免漏气。航天员出舱前，在飞船舱内要穿好增压航天服，走出内闸门后关闭内闸门，把气闸舱内的空气抽入座舱内，当气闸舱和外界空气的压力相等时才能打开外闸门进入太空。航天员返回舱内时顺序相反。这颇像船过水闸。

当时，美国"双子星座号"飞船已设置了气闸舱，而苏联的"上升号"飞船空间很小，仅有一道用螺母紧固的舱门，是供航天员在地面出入用的。若重新设计，飞船在发射时间上肯定要落在美国之后。为此，塞弗林提议采用一种能节省空间的膨胀式简易气闸。这一大胆的方案立即得到了批准。

科罗廖夫命令塞弗林率领一帮精兵强将夜以继日地干了起来。开始时很顺利，赶制了几个气闸，每个气闸内均有一套能自动膨胀的航天服，并进行了地面减压试验。后又用卫星进行了不载人飞行试验。

第 31 章　太空行走第一人——列昂诺夫

1965年2月22日，带有简易气闸的"宇宙57"号卫星升空了。卫星在太空完成气闸展开和航天服加压膨胀时，突然发生爆炸。事故原因是地面人员错发了指令，引爆了自爆装置。后来这种试验又失败了两次。这时已快到预定的完成任务的时间了，情况十分紧急，如再研制一艘飞船进行试验需要一年时间，那时美国很可能会抢先一步进行太空行走。而这时苏联航天总设计师科罗廖夫又身染重病，只能在疗养所听取塞弗林的汇报。

在这关键时刻，塞弗林综合各方面意见，毅然决定按原计划进行。克格勃亲临现场视察，以防有人破坏。为安全起见，还建立了一个严密的监视区，使包括塞弗林在内的所有人均草木皆兵，如临大敌，不敢有一点闪失。在认定万无一失之后，首次太空行走活动才被批准。

☆ 险象环生出奇迹

1965年3月18日，莫斯科时间上午10时，"上升2号"飞船轰鸣着，载着两名航天员从拜科努尔发射场升空，其中别列亚耶夫为指令长，列昂诺夫是驾驶员。他们乘飞船进入了497.7千米×173.5千米、倾角64.79度的预定轨道。飞船入轨后，他们便为太空行走做准备。在别列亚耶夫的帮助下，列昂诺夫将一个生命保障系统背包套在自己的压力服外边，开始吸纯氧，吸了一个多小时后便出舱了。在舱内，航天员呼吸的是氧氮混合气体，到没有压力的太空时，人血液中的氮可能会形成致命的气泡，因此，列昂诺夫出舱前须清除他血液中的氮。生保背包用于调节航天员的体温。为保持与飞船的联络及安全，列昂诺夫身上系着一根与飞船相连的绳链，绳链长5.35米，内有一根电话线，很像婴儿的脐带。

当飞船飞到第2圈时，列昂诺夫在确认座舱密封完好后打开了向内开的舱门，随着别列亚耶夫的一声"祝你好运"，列昂诺夫浮游进入密封过渡舱。

过渡舱设计得简单而又巧妙。它由一个通道和两个舱盖组成，很像一个手风琴，内盖与飞船的两个舱门中的一个相连，通向太空的外盖是可移动的环形盖。在发射时该舱保持压缩状态，入轨抛掉减阻装置后，过渡舱立即展开并充压。

列昂诺夫进入过渡舱后，便给自己的航天服充压，并检查过渡舱的密封性，调整头盔。此后，列昂诺夫关上座舱盖，于11时34分51秒进入茫茫太空，成为世界上第一个在太空漫步的人。事后他说："当我准备好出舱时，轻轻地推了一下舱盖，于是人就像一个软木塞一样'呼'的一下便冲出了舱口。"

出舱后，列昂诺夫在太空不仅浮游，还翻筋斗，并从舱外卸掉一个相机，移动了几件舱外物体。事实证明，太空并不那么可怕，人只要穿上航天服，带上生保背包，就能在舱外工作和生存。

10分钟后，别列亚耶夫提醒列昂诺夫准备返回座舱，此时却出了麻烦。列昂诺夫报告说取回舱外相机有困难，相机放进过渡舱时，一松手它就漂走，如此反复数次都是徒劳。最后，列昂诺夫硬把相机推进通道，并用脚踩住，这才将相机放下。可这时列昂诺夫已精疲力竭，出汗量超出了他的航天服所能吸收的量。在他本人进入过渡舱时，又遇到了新问题。为了踩住相机，他的脚先进到过渡舱里，可身子怎么也进不去了，他被卡在了舱门口。这是因为太空是真空的，无法从外部对航天服施压，此时的航天服比想象的要鼓得多，如气球一样。此外，因戴头盔不能擦汗，汗水流到了眼睛上，汗气也使面罩模糊。这时，列昂诺夫除了听到自己的心在"咚咚"地急促跳动外，什么也看不清，听不见。突然他灵机一动，给航天服放气降压。一次不行两次，两次不行三次，直到将航天服压力降到了极危险的低限，即从40千帕降到25千帕。他终于穿着瘪下来的航天服进了舱门。列昂诺夫在太空行走了10分钟，但为了挤进舱门他却拼力花了14分钟。返回舱内后，不能重复使用的过渡舱即被抛掉。

当飞船飞完第16圈，别列亚耶夫准备点燃制动再入火箭以便返回地面时，又出现了险情，测试时发现一个信号显示自动导航系统失灵，无法为飞船返回地面准确定位，故无法按原计划返回地球。无奈，飞船只能再绕地球飞行一圈。地面控制中心指示，若还不行，就采用手动再入返回方式。一圈后，别列亚耶夫按指令操纵"上升2"号飞船进入了正确的轨道位置，并启动了制动火箭，开始再入。再入过程既热又可怕，包括天线在内的所有通信元件都被高温烧毁了。列昂诺夫和别列亚耶夫看见舱外熔化的金属流到舱窗上。由于飞船多绕地球飞了一圈，使他俩的着陆点偏离预定地点1300千米。返回舱最后落在乌拉尔山脉终年积雪的一个偏僻山坡的两棵冷杉树中间，降落制动伞高高地缠绕在树枝上。几架搜索直升机很快找到了他俩，但因地势原因无法降落，只能在上空盘旋，给他们投下食物和防寒衣物，就飞走了。这使得列昂诺夫和别列亚耶夫不得不在返回舱边上休息，一直待到第二天。当地的伐木工人连夜赶修了一个直升机着陆坪。救援人员坐雪橇滑行20千米赶往航天员降落地点，最后终于找到了快要冻僵的两位航天员，并用雪橇把他们带到森林中新开辟的直升机着陆地，用直升机把这两位太空英雄运回拜科努尔发射场。

在飞船使用手动系统着陆、着陆偏离预定着陆区、与地面人员失去联系后，苏联航天总设计师科罗廖夫着急万分。幸运的是两名航天员神奇地活下来了。回到莫斯科时他们受到热烈欢迎。

趣闻轶事

太空握手

1975年7月15日，是人类航天史上又一个值得铭记的日子。这一天，美国和苏联两个航天大国的宇宙飞船成功地在太空轨道实现了被喻为"太空握手"的对接。当对接舱的舱门打开之后，苏联"联盟-19号"飞船的宇航员列昂诺夫和美国"阿波罗号"的宇航员斯坦福德热烈握手。在6个昼夜的飞行过程中，实现了苏美航天飞船的对接和两艘飞船乘员的相互换乘，并进行了联合科学研究实验。

列昂诺夫栩栩如生地向记者讲述了苏联和美国宇宙飞船第一次进行太空对接时的情景："按照地面指挥部的计划，这次对接原定是在莫斯科上空进行，可实际上两架飞船的对接和两国宇航员的握手却是在两架飞船飞跃易北河上空进行的"。他说，"不知道是地面指挥问题，还是我们驾驶的差错，但这却是个好的象征"。因为苏联"联盟-19号"宇宙飞船和美国"阿波罗号"宇宙飞船在易北河上空对接和两名宇航员的"空中握手"象征性地再现了30年前苏军和盟军战士在易北河会师的场景。

列昂诺夫的中国情谊

苏联宇航员列昂诺夫对中国有着浓厚的情谊。1989年，他受中国科学技术协会之邀首次到中国进行访问。访问期间，他到过北京、上海和四川，并被授予了成都荣誉市民的称号。

列昂诺夫评价称，那次中国之行给他留下了深刻的印象，使他对中国的文化、科技有了更加深刻的了解。他说，"同中国青年的交流，让我感受到了他们的友善和好学。他们经常向我询问一些睿智的问题。所以，我很高兴回忆那次中国行，并且乐于与人分享自己的感受。"

科技革命：核能、航天、计算机的故事

列昂诺夫一直关注着中国的航天事业，并对中国在航空航天领域取得的成就赞不绝口。他说，"现在许多国家都在进行太空探索，但只有3个国家有自己的宇宙飞船、自己的系统和自己的宇航员，这其中就包括中国"。列昂诺夫对记者说他曾经参观过北京附近的航天员培训中心"星城"。他说，"你们做的要比我们正确得多。中国的'星城'中既有宇航员培训中心，生物医学问题研究所，又有和我们一样的拍摄研究所，而且还创建了试验站。只有宇宙飞船发射场是单独的，其他都在这个星城之中，这种设计筹划非常好！"对于中国宇航员，列昂诺夫更是了如指掌。他告诉人民网记者，"我最近一次访问中国是在2014年，参加第27届太空探索者协会年会。当时杨利伟做了主题报告，至今令我记忆犹新"。谈到中国首位女航天员刘洋，列昂诺夫更是赞赏有加："第一次飞行的女航天员给我们留下了非常深刻的印象。我认为她漂亮、端庄，而且聪明，对自己报告中的题目她掌握得很娴熟，十分专业。"

列昂诺夫曾两次同中国宇航专家代表团会面，详细地向他们介绍宇宙飞船的构造，传授技术。列昂诺夫还表示俄罗斯同意甚至欢迎中国到国际空间站来。因为有中国加入，那才是名副其实的国际轨道空间站。

中国太空行走第一人

2008年9月27日下午4点59分，"神舟七号"航天员翟志刚成功返回轨道舱，这标志着中国历史上第一次太空行走成功完成。下午1点33分，"神舟七号"返回舱门关闭，航天员出舱执行太空行走任务开始。随后翟志刚和刘伯明两人开始穿舱外航天服，3点20分左右，两人全副武装，其中担任出舱任务的翟志刚身着国产"飞天"舱外航天服，刘伯明则身着俄制"海鹰"舱外航天服。

3点40分，两人将舱外航天服逐步加压，而轨道舱则慢慢泄压，直至逐步接近真空状态。4点16分，北京航天飞控中心发出出站指令。差不多同时，轨道舱第一次泄压完毕，舱内气压由一个标准大气压降至70千帕，当舱内气压降至2千帕时可满足航天员出舱条件。4点33分，飞控中心发出指令："神舟七号，打开轨道舱门，按程序启动出舱。"4点34分，"神舟七号"航天员翟志刚开始出舱，在刘伯明的帮助下，翟志刚一只手固定身体，一只手将轨道舱门解锁，缓缓打开舱门，整个开门过程持续十多分钟。

4点44分，翟志刚开始出舱，进入太空，他向地面报告："神舟七号已出舱，身体感觉良好，向全国人民，向全世界人民问候。"洁白的航天服上，鲜艳的五星红旗格外醒目。

4点48分，翟志刚在太空迈出第一步，中国人的第一次太空行走开始了。刘伯明上身出舱，递给翟志刚一面五星红旗，翟志刚向着镜头挥动，指控大厅里掌声雷动。

在翟志刚的太空行走过程中，身上始终有两条安全系绳与母船相连，每一步操作之前，他都要先在舱壁的扶手上固定好安全系绳的挂钩，一根固定好了，另一根才能改变位置。

经过十分钟的太空漫步后，4点58分，北京航天飞控中心发出指令："神舟七号，返回到轨道舱"。4点59分，翟志刚结束太空行走，返回轨道舱。

> 我们相信，当人们走出我们的星球时，他们会把民族间的分歧抛在脑后。
>
> ——肯尼迪

科技革命：核能、航天、计算机的故事

第32章　世界上第一名女宇航员

捷列什科娃

随着第一位宇航员加加林的升空，人们朝着幻想终于走出了第一步，迄今为止已有相当多的宇航员乘坐宇宙飞船离开了地球，有的甚至将足迹印上了另一个星球——月球。然而，由于宇宙飞行对体力、智力的严格要求，以及飞行过程中充满的不确定性和危险性，使相当长的一段时间内，"宇航员"的荣誉只属于男人。

首次打破男人对宇航员垄断的是瓦莲京娜·弗拉基米罗夫娜·捷列什科娃，世界上第一位女宇航员。

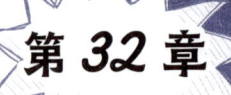

瓦莲京娜·弗拉基米罗夫娜·捷列什科娃

1963年6月16日发生了一件举世瞩目的事，人类第一位女性飞上了太空，她就是瓦莲京娜·捷列什科娃。她驾驶"东方6号"宇宙飞船，围绕地球飞行了48圈，在宇宙中逗留了三昼夜。她向世界证明，女人是可以和男人一样飞上宇宙的。她不仅为科学提供了依据，而且以其勇气、毅力和智慧极大地鼓舞了世界上有志于宇宙事业的女性。

捷列什科娃出生在远离莫斯科的雅罗斯拉夫城。小捷列什科娃白天在一家纺织厂干活，晚上则去夜校学习，她的梦想是当一名工程师，出于爱好，她还在当地的航空俱乐部练习跳伞。

1961年，尤里·加加林成为世界上第一名宇航员，捷列什科娃如同所有的苏联姑娘那样,将加加林作为自己心中的偶像。她和航空俱乐部的女友们一起联名给有关部门写了一封信,强调男女平等,并呼吁派一位女子登上太空。令她惊喜的是,没过几天,所有在信上署名的姑娘都被邀请去莫斯科。在莫斯科,集合了许多来自全国不同地区的姑娘,大家的目标是一致的:成为太空第一位女宇航员。

1962年初,挑选女宇航员一事在严格保密的情况下紧锣密鼓地展开。当时主要是从各地航空爱好者俱乐部的女飞行员和女跳伞运动员当中挑选。先是从数百人当中选出60人参加体检。经过层层筛选,最后选中5人。

考核是严格的,经过层层筛选,幸运女神降临在了捷列什科娃的身上。当听到自己的名字时,捷列什科娃的心里顿时充满了无比的兴奋以及征服太空的信心。

从被选中到第一次执行太空飞行任务,中间又过去了两年,在这段时间内,捷列什科娃接受了种种宇航员所必需的严酷的训练,终于迎来了振奋人心的时刻。1963年6月16日,"东方6号"飞船从拜科努尔升空,将捷列什科娃送入太空,同时也将她送上了荣誉的顶峰。

作为第一位女宇航员,捷列什科娃是这样回忆自己的首次太空飞行的:"我稳坐在宇宙飞船的密封舱内,没有想到自己的家庭,也没有想过是否能返回地球。我脑子里只装着未来24小时内承担的使命和责任:拍照片,拍电影,并且做科学实验。但是,最值得一提的是,当我在太空中看到无比壮观的地球时,实在抑制不住内心的激动,我对它产生了深深的眷恋。我向这颗美丽的星星——地球提出延长在太空逗留的时间,领导批准我绕地球运转48圈。我飞行70小时50分钟,航行约200万千米,这是我一生中最大的幸福。"

不过,这次飞行并不像后来宣传的那样一帆风顺。捷列什科娃曾遭遇真正的危险:在飞行的第一天她就发现,由于地面指挥计算方面的错误,"东方6号"的飞行方向不是逐渐返回地面,而是离地球越来越远。很难想象,这样的错误如果得不到及时纠正,"东方6号"和捷列什科娃的命运会怎样?好在她及时发现了问题,向地面报告后,按照地面指令进行了校正。

返回地面的着陆过程也并不顺利,甚至略显狼狈。因为当时技术条件不够完善和天气不理想,捷列什科娃以跳伞方式着陆时鼻子撞到头盔,留下一块淤青。不过,比起这次天外之旅的整个过程,这只能算是一个欢乐尾声的小小点缀。而且,在随后见报的照片中,这块淤青也被不留痕迹地抹去了。

科学界曾对女性进入太空的问题存在争论,因为担心外太空的环境可能对妇女的健康造成损伤。但捷列什科娃作为第一位尝试者证明了女性同样可以适应外

科技革命：核能、航天、计算机的故事

太空环境。捷列什科娃在完成太空飞行的半年之后与另一位著名宇航员结婚，第二年生下一个健康的女儿。

50年过去了，捷列什科娃再没有机会重新造访九霄云外。不难想象当年这位世界第一"宇宙小姐"那英雄般的凯旋在全世界掀起的旋风。这种荣誉伴随着捷列什科娃的一生。她是苏联英雄，列宁奖章获得者，世界上18座城市的荣誉公民，地球上有以她名字命名的街道，月球上有以她名字命名的环形山。不过，更多岁月还是在脚踏实地的日常生活与工作中平静地流逝，她有很多身份：副博士、教授、少将、航天教官、政府官员。但是这些并不能使她忘记大气层之外的空间，虽已步入老年，她的心仍然被一颗神秘而美丽的星球所吸引。捷列什科娃对火星的研究有很大的热情，向往飞往火星。她说，这一次她甚至愿意做"单程旅行"。

中国第一位飞向太空的女航天员

刘洋，1978年10月出生，1997年8月入伍，2001年5月入党，2010年5月，正式成为中国第二批航天员。经过两年多的航天员训练，完成了基础理论、航天环境适应性、航天专业技术、飞行程序与任务模拟训练等8大类几十个科目的训练任务，以优异成绩通过航天员专业技术综合考核。2012年3月，入选"神舟九号"任务飞行乘组，2012年6月16日，刘洋被选为中国第一位飞天的女宇航员。

"当我乘坐飞船在地球轨道上运行时，我为地球的美丽而惊奇。地球上的人们，让我们保护并增加她的美丽，而不是去破坏她！"

——尤里·加加林

第 33 章　空间站的前世今生和未来

空间站又称太空站、轨道站、航天站。正如它的名字一样，空间站是人们在天空中建设的"驿站"。它可以和航天器对接，供多名航天员在这里长期生活和工作，也可以进行各项科学实验。空间站分为单一式和组合式两种。单一式空间站可由航天运载器一次发射入轨，组合式空间站则由航天运载器分批将组件送入轨道，在太空组装而成。空间站中有人能够生活的一切设施，不再返回地球。

空间站

国际空间站是一座著名的空间站，它是由美国、俄罗斯、日本等十几个国家和地区组织联合设计建造的，自1998年起，人们便开始将国际空间站的组件陆续送入太空，直到2011年才完全组装完成。国际空间站是目前人类制造过的规模最大的空间站。

中国也独立研制并发射了自己的空间实验室："天宫一号"和"天宫二号"，2016年10月19日，"神舟十一号"载人飞船与"天宫二号"空间实验室对接成功。"天宫二号"是中国首个真正意义上的空间实验室。空间站的建立，将会对人类的航天事业产生重大的影响。

☆ 宇宙飞船、航天飞机与空间站

宇宙飞船，航天飞机，空间站，有什么区别？要想弄明白它们的区别，先得清楚这样一个定义，宇宙飞船、航天飞机、空间站，能在外太空（又称宇宙空间，简称太空）飞行的飞行器，被统称为航天器。

航天器又分为载人航天器和无人航天器两种。人造卫星就是无人航天器的典型代表。自从1970年我国成功发射了"东方一号"人造地球卫星以来，

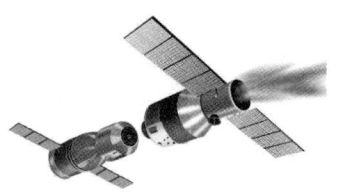

"神舟十一号"载人飞船与"天宫二号"空间实验室对接

我国已经发射了近200颗人造卫星。还有一种无人航天器叫作空间探测器，顾名思义，就是探路的意思。2013年，我国的月球探测器——"嫦娥三号"成功登月，和它一起去的月球车"玉兔号"也到达了月球表面。

当然，只把机器送上天空，那不是我们人类的极限，对于爱探索的人类来说，肯定要亲自上天去，这样，就催生了载人航天器的出现。

载人航天器的典型代表是宇宙飞船。宇宙飞船搭载着宇航员，借助火箭的力量上天，完成任务之后再飞回来。美国的"阿波罗"号系列飞船，中国的"神舟号"飞船，都是宇宙飞船。这种宇宙飞船的特点是一次性的，在完成任务后，只有返回舱能够返回地球，其余的部分，为了不污染太空的环境，在进入大气层的时候摩擦后燃烧，没烧干净的部分掉进大海里。

航天飞机是一种可以重复使用的航天器，就好比飞机和飞船的结合体。它们借助火箭上天，自己返回大气层，凭借机翼降落。但是也有一个缺点，就是容易出故障，而且后果严重。1986年，美国的"挑战者"航天飞机，在发射时发生意外，7名航天员全部丧生。2003年，美国的"哥伦比亚"号，在重返大气层时发生事故，7名航天员全部遇难。正因如此，美国在2011年宣布所有的航天飞机退役，航天飞机正式退出历史舞台。

月球探测器

遨游太空的宇宙飞船

航天飞机

航天飞机重复往返不太安全，一次性的宇宙飞船又太小不方便，那直接把飞船停在太空中呢？空间站由此而来。

☆ 空间站的前世今生

空间站概念的提出可以追溯到1869年，当时美国唯一神教派牧师和作家爱德华·埃弗雷特·希尔为《大西洋月刊》撰写了一则关于《用砖搭建的月球》的文章。此后，康斯坦丁·齐奥尔科夫斯基和赫尔曼·奥伯特也对空间站进行过设想。赫尔曼·波托奇尼克于1929年设计了一个停留在图纸上未能实现的空间站。这个空间站由三部分构成，包括居住区、机房以及观测室，由长长的缆绳相连。1929年，赫尔曼·波托奇尼克的著作《太空旅行的问题》出版并风靡了30多年。1951年，冯·布劳恩在《矿工周刊》中刊登了他带有环状结构的空间站设计。

美国的"阿波罗11号"飞船在1969年成功登陆月球后，苏联在与美国登月的太空竞赛中落败，于是他们立即将太空计划转向了另一个方向，那就是发射空间站来展示他们的航天实力和开发太空资源。

赫尔曼·波托奇尼克设计的空间站

苏联的第一个空间站计划叫作"礼炮计划"。"礼炮计划"是苏联迄今为止历时最长的一项载人航天计划。自1971年4月19日至1982年4月11日，苏联一共发射了7座"礼炮号"空间站。前5座只有一个对接口，即只能与一艘飞船对接飞行。因站上携带的食品、氧气、燃料等储备有限，在太空寿命都不长。经过改进的"礼

"礼炮号"空间站

炮6号"和"7号"空间站增加了一个对接口，除接待"联盟号"载人飞船外，还可与进步号货运飞船对接，用以补给宇航员生活所需的各种用品，上述三者组成航天复合体，是从事宇宙物理、地球大气现象、医学、生物学、地球资源调查等各种科学研究和工艺试验的航天实验室。

1973年5月14日发射的"天空"实验室是美国的第一个试验型空间站。"天空"实验室是通过两次发射对接而成的。先是将运载火箭把在地面装配好的工作

舱、过渡舱、对接舱和太阳能望远镜送入轨道，随后再用运载火箭把乘有3名宇航员的"阿波罗"飞船送入轨道，使飞船和对接船对接，组成完整的实验室。

"天空"实验室具有368立方米容积，它有11个食品储藏器和5个食品冷冻器，可储藏907千克食品，不同种类的食品分装

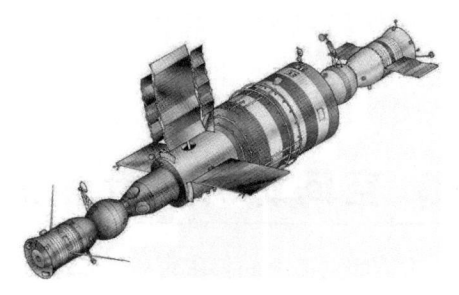

天空实验室

在不同的金属盒内。另外，卫生设施大为改善，有沐浴、香皂、毛巾和大小便池。基础设施大大改善的它在宇宙空间运行了2246天，绕地球3.4981万圈，航程达14亿多千米。

1986年，俄罗斯启动了许多人都很熟悉的"和平号"空间站的计划，"和平号"空间站是俄罗斯建造的一个轨道空间站，它是人类首个可长期居住的空间研究中心，同时也是首个第三代空间站。"和平号"空间站采用的是积木式的结构，简单来说，就是把不同的功能舱像插积木一样结合在一起。

"和平号"由多个模块在轨道上组装而成，首个模块于1986年2月19日发射升空，其后至1996年的十年时间中，其他多个模块相继升空。

通过多国合作，"和平号"空间站曾经接待过多国的宇航员。航天飞机-和平号计划期间，美国的航天飞机共拜访空间站11次，带来补给以及乘员替换。

15年来，"和平号"空间站总共绕地球飞行了8万多圈，行程35亿千米，共有31艘"联盟号"载人飞船、62艘"进步号"货运飞船与空间站实现对接，宇航员在空间站上进行了78次航天行走，在舱外逗留的时间长达359小时12分钟。

先后有28个长期考察组和16个短期考察组在空间站从事考察活动，共有俄罗斯、美国、英国、法国、德国、日本等12个国家和地区的135名宇航员在空间站上工作。这些宇航员共进行了1.65万次科学实验，完成了23项国际科学考察计划。

2000年底，俄罗斯联邦航天局因"和平号"部件老化且缺乏维修经费，决定将其坠毁。"和平号"最终于2001年3月23日坠入地球大气层，碎片落入南太平洋海域中。"和平号"空间站退役之后，空间站的大旗由全新的"国际空间站"扛起。

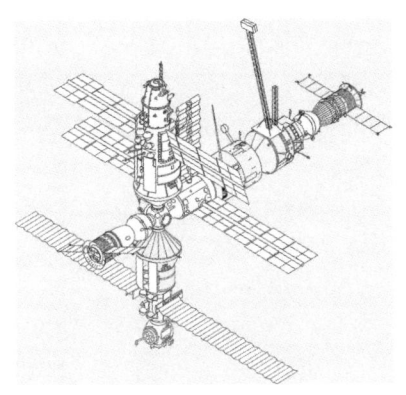
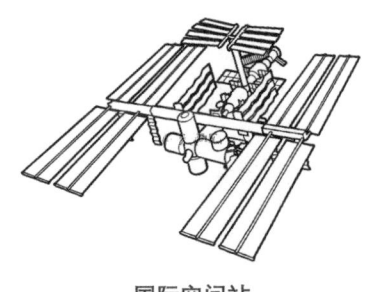

"和平号"空间站　　　　　　国际空间站

☆ 昂贵的太空城市——国际空间站

国际空间站是一个由六个太空机构联合推进的国际合作计划。这六个太空机构分别是美国国家宇航局、俄罗斯联邦航天局、欧洲航天局、日本宇宙航天研究开发机构、加拿大国家航天局和巴西航天局。国际空间站的设想是1983年由美国总统里根首先提出的，经过近十余年的探索和多次重新设计，于1993年完成设计，开始实施。我国曾经申请加入，但遭到了美国的强烈反对。国际空间站在组装阶段，其主要设施由俄罗斯的"质子号"火箭、欧洲航天局的"阿里安5号"火箭以及美国的航天飞机发射运送。组装完成后的运输工作由美国的航天飞机、"猎户座号"飞船以及俄罗斯的"联盟-TM"飞船及"进步号"货运飞船完成。预计服役到2023年。

国际空间站是人类进入太空探索的前哨，它的规模甚至让修建它的宇航员都感到敬畏。国际空间站使用桁架挂舱式结构，长110米，宽88米。国际空间站拥有15个加压舱段、4个大型太阳能电池翼、桁架以及其他设备，总质量超400吨。国际空间站有4个大型实验舱，可供十多名研究人员在里面进行长期日常生活和研究活动，可以满足各类空间科学实验、对地观测以及空间生命科学实验和航天医学需求。国际空间站的建成成本超过1000亿美元，每年需要10亿美元维护。

未来国际合作仍将是全球航天领域的趋势，国际空间站像真正的城市一样，空间站上的生活设施也一应俱全，有卧室、餐厅、卫生间、仓库、健身房和实验室。不同国家的宇航员来来去去，到目前为止，共有216名宇航员在上面生活过。和我们一样，宇航员也有上、下班时间，他们早上7点30分开始工作，晚上7

点才收工,宇航员有周末,但周六要打扫卫生。空间站内设有电话,宇航员在空闲时可以打给任何人,还可以跟家人进行视频电话。这座空间站计划使用到2024年,之后这座移动的太空之城将完成它的历史使命而退役。但人类探索太空的步伐不会停止,新的更先进的太空城市将会被建设。

你知道吗?

未来能模拟地球重力的圆环空间站

我们生活在地球表面,处于地球的重力环境中,早已习惯了这样的生活状态,但是生活在太空的宇航员却和我们不一样。在太空无重力环境下,生活上其实有种种不便,例如洗澡,这个问题到现在仍然没有解决。那么能不能在太空环境中,人为地创造重力环境呢?其实宇航专家们一直很关注这个问题,也有不少人提出各种设想和方案。美国科学家基普·索恩认为最简单的方法,就是制造一个会旋转的圆盘状空间站,这种空间站将能很巧妙地解决太空中的重力环境问题。

美国科幻电影《星际穿越》里面出现了一个与众不同的空间站,空间站规模很大,总体呈圆环状,而且一直在太空中不停地旋转,空间站里面的宇航员则像在地球上走路一样行走,这是因为空间站旋转产生了类似地球上的重力的缘故。基普·索恩其实就是这部电影的科学顾问,他本人也于2017年获得了诺贝尔物理学奖。

为什么这个旋转空间站有类似地球重力的效果呢?这其实很好理解,因为这个旋转的空间站产生了离心力。你可以想象一下旋转的陀螺,它在旋转时就有一个向外甩的力量,或者拿一根绳子,一端系上一个重物,然后把它甩起来,就能感觉到它对我们的手有一种牵引力。同样的道理,人在旋转的空间站中,也会受到空间站旋转的离心力,但由于脚蹬在空间站外边缘的内侧,因此既不会飞出去,又能

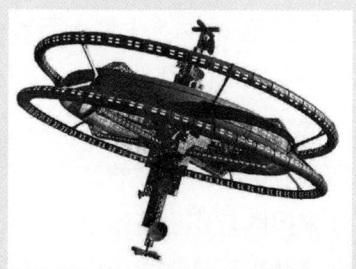

会旋转的圆盘状空间站

因为感受到空间站的旋转离心力而像在地球上一样活动。

基普·索恩认为随着宇航技术的发展，这样的空间站必然会出现。

不过索恩认为这样的空间站需要很大的规模才行，因为规模小的话，空间站就必须转速很快，容易让人感觉眩晕，人体就会受不了，所以这样的空间站不可以做得太小，直径或需要数百米，大的则会超过一千米，一圈的周长则有数千米，比航空母舰大多了。

但是这样的规模也会耗资巨大，所以这个庞然大物需要世界各国通力合作，先进行整体性设计，之后每一个参与的国家都做一段太空舱，然后在太空中把它们连起来，形成一个巨大的圆环。这个圆环里面甚至可以容纳一万人，犹如一座太空城市，只需发动机对它施加旋转动力，它就能在太空中旋转起来，这样人类在里面生活几乎就和在地面上没什么两样了。

由于这种空间站的规模非常庞大，里面不仅可以进行各种科研活动，还可以进行太空观光旅游，这个圆环中间的部分也可以利用，让游客体验太空失重。或者可以把圆环做成圆盘，人类在边缘地区生活，向内则可以种植蔬菜、水果、粮食等植物，做到自给自足。我们甚至可以把它作为一架超级飞船，用它进行星际旅行。

第34章 中国航天的伟大历程

从中国嫦娥奔月的神话到敦煌莫高壁画飞天、万户飞天……无一不记载着中华民族探索宇宙的千年梦想。经历岁月沧桑的中华民族，正在使祖先的飞天梦想在现实中精彩绽放。

嫦娥奔月

敦煌莫高壁画飞天

☆ 中国航天的萌芽

14世纪末期，明朝的士大夫万户把47支自制的火箭绑在椅子上，自己坐在椅子上，双手举着大风筝。他最先开始设想利用火箭的推力，飞上天空，然后利用风筝平稳着陆。不幸火箭爆炸，万户也为此献出了宝贵的生命。但他的行为却鼓舞和震撼了人们的内心，促使人们更努力地去钻研航天技术。

万户飞天

☆ 中国正式开启了航天发展之路

1956年10月8日，中国国防部第五研究院正式成立，钱学森任院长，这是我国第一个导弹研究机构。

1957年底,中科院钱学森、裴丽生、赵九章等几位著名科学家,也要叩响天庭之门,让中国人的卫星在太空占上一席之地。他们在一次科研会议上明确提出:"我们要研制中国的人造地球卫星。"

科学家们的大胆设想,引起了周恩来总理的高度重视,他把专家们写的有关报告和文稿一一找来阅读、思考,经过数日权衡,他终于定下决心。那天,太阳还没冒出头,东方的天际才刚刚有点儿鱼肚白,周恩来就慎重地拿起电话。不一会儿,话筒里传来了几句亲切浓重的湖南口音。

周恩来郑重地、满怀激情地向毛泽东主席汇报了中科院几位科学家的设想和自己的看法,他说:"主席,航天科学向我们敲门了!"

几个月后,1958年5月17日,在党的八届二中全会上,毛泽东主席满怀豪情地向与会代表宣布:"我们也要搞人造卫星!"自此,地球上争夺宇宙空间的国家行列中,出现了一位东方巨人——中国。

要发射卫星上天,就必须具有能送卫星进入太空预定轨道的火箭推进技术。这就好比即便拥有杀伤力最强的子弹,但如果没有枪,哪怕你守着一个子弹库,也终究碰不到敌人。而火箭发射技术的前奏曲,就是导弹发射。

万事开头难。国防部五院成立之初,由于是白手起家,没有可作基础的老机构,加上研究导弹在中国还是破天荒头一遭,一无图纸资料,二无仪器设备,一切都只能靠自己摸着石头过河。

为缩短中国导弹技术起步阶段的摸索过程,中国政府就建设和发展中国导弹技术同苏联政府举行了谈判。然而,费尽九牛二虎之力,苏方只同意接收50名火箭专家留学生和提供两发供教学用的P-1模型导弹。

1958年10月20日,酒泉卫星发射中心正式组建。这是我国组建的最早、规模最大、技术最为先进的综合性航天发射中心,同时也是世界大型航天发射场之一。

1958年,在苏联专家帮助下,中国开始了对苏P-2近程地地导弹和几种战术导弹的仿制。然而,自1959年开始,苏方对执行双方签订的有关协定的态度突然转变,至1960年8月,赫鲁晓夫下令要撤走所有在华的苏联专家。而这个时候,恰逢中国仿制P-2导弹工作的关键阶段。尤为无奈的是,发射导弹用

航天发射中心

的液氧，苏联当局也全然撕毁协定，拒绝向中国提供。

1959年5月，酒泉卫星发射中心在苏联专家的帮助下，积极进行着导弹发射的试验准备，而中国自己生产的液氧能否作为推进剂用于导弹发射，成为当时的核心问题。

苏联专家说，中国的燃料中含可燃性物质太多，火箭有爆炸的危险，要发射，就必须用苏联的。事情至此已很明显，如果中国没有掌握火箭推进生产技术，苏联专家一旦离开，中国导弹发展计划便会就此搁浅。

正因如此，中国专家们非常渴望能用自己试制的燃料完成试验。如果失败，由中方承担一切负责。然而，得到的回答依然是鄙夷的目光和傲慢的摇头。

一星期后，问题终于找到。原来，苏联专家组在对中国自产液氧化验计算中出了差错，误将分析数据中某一物质的气态容积作为液态容积使用了。

中苏关系破裂，更加激发了中国导弹研制人员自力更生、奋发图强的拼劲。1960年9月10日，在苏联专家组撤走的第20天，中国第一次在自己的本土上，用国产燃料，成功发射了一枚弹道导弹。

1964年6月29日，中国第一个自行设计的中近程火箭，继1962年发射试验失败后再次进行发射试验，喜获成功，揭开了中国导弹、火箭发射发展史上新的篇章。

1964年7月至10月，戈壁滩上又连续多次进行了这个型号的发射试验，均获成功。其中，1964年7月，中国第一枚生物火箭发射试验成功，并达到70千米高空。

☆ 中国人探索宇宙、和平利用太空序幕开启了

"东方红一号"顺利升空。1970年4月24日21时35分，在"长征一号"运载火箭的巨大轰鸣声中，中国第一颗人造卫星"东方红一号"从戈壁大漠腾空而起。几个小时后，从"东方红一号"上传来的《东方红》乐曲响彻整个中国，从此中国正式进入太空时代。

1970年4月1日，在中国西部茫茫戈壁滩上的一条单行轨道上，正不紧不慢行驶着一列军用火车。在这趟专列上，装载着两颗"东方红一号"卫星、一枚"长征一号"运载火箭。

当天，列车即抵达酒泉卫星发射场待命。4月8日，"长征一号"运载火箭完

成第一次总检查,"东方红一号"卫星与火箭对接,呈水平状态。14日,运载火箭的第二、三级总检查测试也顺利完成。

"东方红一号"卫星的发射时间,预定于1970年4月24日21时30分左右。24日这天,发射场区风和日丽。上午,科技人员给运载火箭的第一、二级加注了推进剂,紧接着,卫星与火箭进入发射前的8小时准备工作程序。

1970年4月24日21时35分,酒泉卫星发射场操作员用力按下了点火开关,只见一级火箭的4个发动机猛然喷出了橘红色的火焰,巨大的气流将发射架底部导流槽中的冰块吹出四五百米远。伴随着隆隆轰鸣声,"东方红一号"在"长征一号"的托举下,慢慢离开发射架,其尾部发动机喷出的几十米长的火焰,光亮夺目。片刻后,火箭的飞行速度越来越快,在人们的注目下,直直插入九天。发射场区的各种地面测控设备,自卫星离开地面起,就开始了一刻不停地跟踪,而分布在全国各地的观测站,也同时开始了紧张的工作。当时,各观测站不断发出的"跟踪正常"的报告,就像接力赛一样,一棒接着一棒,而地面的遥测系统也不停地报告着"飞行正常"。

现场观看卫星发射场景的每一个目击者,每听到一个"正常"的报告,都要报以热烈的掌声和欢呼声。

21时48分,测控中心根据接收信号情况,准确判断后报告:"星箭分离,卫星入轨。"

21时50分,国家广播事业局报告,收到了我国第一颗人造地球卫星播放的《东方红》乐曲,声音清晰洪亮。

22时整,运载火箭一、二、三级工作正常,卫星与火箭分离正常,祖国的"东方红一号"卫星入轨了!

"东方红一号"卫星成功上天,发回了遥测数据和音乐,达到了二等星到三等星的亮度,人类的肉眼可以直接观察到,卫星的预定工作时间20天,实际工作时间28天。

半个世纪过去了,中国的航天事业,始终秉承自力更生的信念,从一个里程碑走向另一个里程碑,不仅使中国成为世界航天大国,而且提升了民族工业的技术水平,而奠定这一切荣耀的第一个里程碑,就是"东方红一号"卫星。当时在很多人看来,中国能成为第五个发射卫星的国家,简直就是个奇迹。

☆ 中国人叩开了太空的大门

1999年11月20日，中国第一次发射无人飞船"神舟一号"飞船，21小时后在内蒙古中部回收场成功着陆，圆满完成任务。

航天员杨利伟

"神舟五号"载人飞船升空并顺利返回。2003年10月15日9时，"神舟五号"载人飞船将38岁的航天员杨利伟成功送入太空，浩瀚太空迎来了第一位中国访客。2003年10月16日6时23分，"神舟五号"返回舱带着杨利伟顺利回到地球。至此，我国成为继苏联和美国之后，第三个独立掌握载人航天技术的国家。

"神舟六号"升空，执行"多人飞天"任务。2005年10月12日，航天员费俊龙、聂海胜乘坐"神舟六号"飞船飞上太空。它是中国第一艘搭载多名航天员的载人飞船，成功验证了我国已具备执行"多人飞天"任务的能力。

中国人的第一次太空行走。2008年9月25日21时，"神舟七号"将三名航天员翟志刚、景海鹏和刘伯明送往太空。

航天员费俊龙　　航天员聂海胜

2008年9月27日下午，随着"神舟七号"飞船轨道舱舱门的徐徐开启，中国航天员翟志刚穿着中国研制的"飞天"舱外航天服进入茫茫太空，并挥舞国旗向人们致意。太空中舞动的五星红旗告诉世界：中国，正式成为第三个掌握出舱技术的国家。而此时，距中国决定实施载人航天工程只有16年。

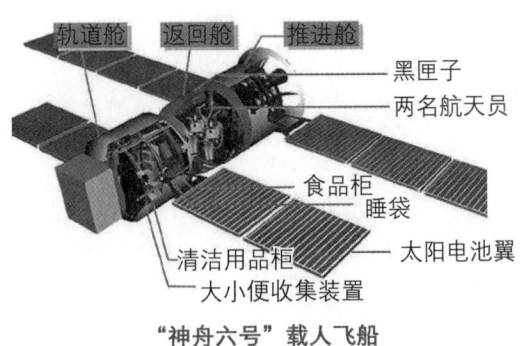

"神舟六号"载人飞船

在距离地面343千米的太空轨道，人们见证着中国速度和中国奇迹。但是，中国航天的视线并没有停留在这个高度。

航天员翟志刚

航天员景海鹏

航天员刘伯明

"神舟九号"与"天宫一号"实现手动交会对接。2012年6月16日,"神舟九号"顺利发射升空。三名中国航天员景海鹏、刘旺、刘洋首次入住"天宫一号"。33岁的刘洋也成为第一位飞入太空的中国女性。并且,"神舟九号"与"天宫一号"还实现了手动交会对接,这意味着中国已完整掌握了空间交会对接技术。

航天员刘旺

航天员刘洋

☆ 实现了中华民族千年奔月的梦想

"嫦娥一号"成功绕月。2007年10月24日18时05分,我国在西昌卫星发射中心用"长征三号甲"运载火箭将"嫦娥一号"卫星成功送入太空。11月5日,"嫦娥一号"成功绕月。2009年3月1日,"嫦娥一号"以撞击月球的方式结束了它的历史使命。

2004年,绕月探测工程正式立项,距地球40万千米的月球成为中国太空探索的新目标。2007年10月24日,"嫦娥一号"升空;11月5日,嫦娥一号被月球捕获;11月26日,中国第一幅月球图像正式发布……像是欣赏一场精彩的演出,谈笑间,"嫦娥奔月"的美丽传说从梦想走进现实。继人造地球卫星、载人航天

"嫦娥一号"卫星

之后，中国航天从此新增了一座闪光的里程碑，开启了中国人走向深空探索宇宙奥秘的时代，标志着我国已经进入世界具有深空探测能力的国家行列。而从工程立项到圆满成功，这个时间跨度在中国只经历了不到四年。

30年间，以载人航天和绕月探测为引领，从一箭双星到一箭多星，从服务国内到服务全球，中国航天一步步搭建起迈向太空的天梯，在航天科技这个世界科技的高峰领域稳稳占据了一席之地。

"嫦娥二号"于2010年10月1日18时57分在西昌成功发射，这是我国探月工程二期的技术先导星。"嫦娥二号"获得了月球表面三维影像、月球物质成分分布图等资料，圆满完成各项任务后继续向深空进发，对深空通信系统进行测试。

"嫦娥三号"升空，释放"玉兔号"月球车。2013年，我国成功将"嫦娥三号"探测器发射到了月球表面。"嫦娥三号"着陆以后，又释放出了"玉兔号"月球车，它们相互合作，互相拍照，从月球上传来一系列高分辨率月面图。这在美国阿波罗计划结束后，还是第一次。

"嫦娥四号"探测器，简称"四号星"，是"嫦娥三号"的备份星。它由着陆器与巡视器组成，巡视器命名为"玉兔二号"。作为世界首个在月球背面软着陆巡视探测的航天器，其主要任务是着陆月球表面，继续更深层次、更加全面地科学探测月球地质、资源等方面的信息，完善月球的档案资料。

2018年5月21日，"嫦娥四号"中继星"鹊桥"号成功发射，为"嫦娥四号"的着陆器和月球车提供地月中继通信支持。同年12月8日，"嫦娥四号"探测器在西昌卫星发射中心由"长征三号乙"运载火箭成功发射。

2019年1月3日，"嫦娥四号"成功着陆在月球背面南极-艾特肯盆地冯·卡门撞击坑的预选着陆区，月球车"玉兔二号"到达月面开始巡视探测。同年1月11日，"嫦娥四号"着陆器与"玉兔二号"巡视器完成两器互拍，达到工程既定目标，标志着"嫦娥四号"任务圆满完成。

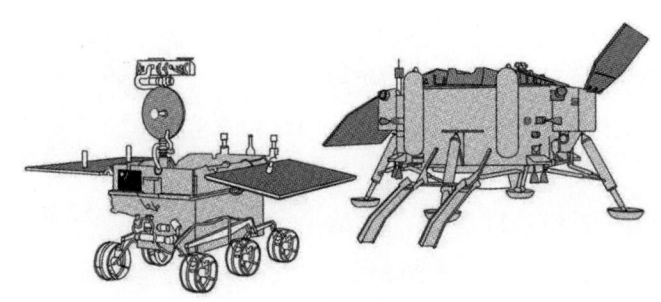

月球探测器

☆ 中国空间站——"天宫"

我国的载人航天工程计划分三步走：第一步是载人飞船阶段，目标是能够把航天员送上太空，正常运行若干天，并成功返回；第二步是空间实验室阶段，在这个阶段要解决组装、交会对接、补给以及循环利用等四大技术。而"天宫"便是我国空间站的名字，预计2022年左右建成，届时可能将是世界上唯一存在的太空空间站（因为国际空间站要退役了）；第三步，建造空间站，解决有较大规模的长期有人照料的空间应用问题。

"天宫一号"于2011年9月29日21时16分在酒泉卫星发射中心发射，是我国第一个目标飞行器，由实验舱和资源舱构成。它的发射标志着我国迈入了航天"三步走"战略的第二步第二阶段。与"神舟八号""神舟九号"和"神舟十号"都进行过空间交会对接。2018年4月2日，"天宫一号"退役，坠毁于大气层。

"天宫二号"于2016年9月15日22时04分发射成功，是中国自主研发的第二个空间实验室，也是中国第一个真正意义上的空间实验室。主要任务：开展地球观测和空间地球系统科学、空间应用新技术、空间技术和航天医学等领域的应用和实验，包括释放伴飞小卫星，完成货运飞船与"天宫二号"的对接，与"神舟十一号"交会对接。

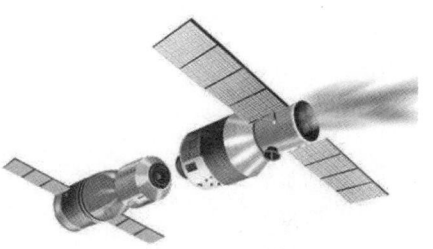

"神舟十一号"载人飞船与"天宫二号"空间实验室自动交会对接成功

中国建造的空间站将成为中国空间科学和新技术研究实验的重要基地，在轨运营10年以上。而在2024年国际空间站退役之后，中国更将成为全球唯一一个拥有空间站的国家。

奔月的"嫦娥"、落月的"玉兔"、飞天的"神舟"、指路的"北斗"，从无人到载人，从一人到多人，从太空行走到交会对接，中国航天在浩瀚宇宙中留下了一个又一个的脚印。

中国空间站

☆ 中国航天人的奉献

✿ 国家杰出贡献科学家钱学森

他抵得上美国5个师，被软禁5年，用香烟纸发求助信，五年归国路，十年两弹成。开创祖国航天事业，他是先行人。中国航天之父钱学森说："我的事业在中国，我的归宿在中国。"

国家杰出贡献科学家钱学森

1955年10月8日，44岁的钱学森终于踏上了祖国的土地。这一天，被很多科学家视作中国航天事业的发端之日。从此，钱学森这个名字，便与中国航天、与民族尊严紧紧地连在了一起。他的归来，使中国的导弹研制计划提上了议事日程。

1960年，就在我国仿制导弹工作进行到关键阶段的时候，苏联撤走全部专家，并带走了最重要的图纸。党中央国务院果断决定要自力更生，把自己的导弹搞出来。

1964年6月29日，"东风二号"导弹顺利发射。这是我国完全自行设计研制的第一颗中近程导弹。三个月后，大漠深处又成功爆响了中国第一颗原子弹。

1966年10月27日，罗布泊的巨响震动了全世界——中国的两弹结合实验成功，中国拥有了真正的核武器，外电纷纷评论："中国闪电般的进步，像神话一样不可思议！"

神话仍在延续。在核导弹发射成功之后，钱学森又马不停蹄地投入了中程、中远程和洲际导弹的研制工作中。在他的指挥下，1970年4月24日，成功把我国第一枚人造地球卫星"东方红一号"送入太空。这是钱学森和他的同事们为中国航天事业做出的又一大贡献。

✿ 火箭专家梁思礼

梁思礼是火箭控制学家、中国科学院院士，中国导弹控制系统研制创始人之一，中国航天事业奠基人之一、国际宇航科学院院士。

他是梁启超最小也是最受疼爱的儿子，他的精神血脉里更是传承了其父《少年中国说》里流露出的那铮铮爱国情。

梁思礼少年时读完高中，在母亲朋友凑出的路费资助下，怀揣"工业救国"

的理想，只身一人远渡重洋，赴美留学。而"珍珠港"事件爆发后，他与家人彻底失联，靠自己勤工俭学，1949年终在辛辛那提大学获得自动控制专业博士学位。

得知新中国即将成立的消息，他归心似箭。尽管当时国内的物质和科研条件极差，但凭借着一腔报效国家的热血，他放弃美国无线电公司的邀请，毅然回到朝思暮想的祖国，用自己从国外学到的知识和技术，投身实现航天梦、强国梦的建设当中。因为他心中记着父亲的话："人必真有爱国心，然后方可以用大事。"

火箭专家梁思礼

归国后，梁思礼面临极为窘迫的局面：没有资料、没有仪器、没有导弹实物，新中国的航天事业，在一穷二白中艰难起步。

即使是在如此艰难的情况下，1956年10月，中国第一个导弹研究机构国防部第五研究院成立了。梁思礼被任命为导弹控制系统研究室副主任，钱学森院长手下的十个室主任之一。

1960年，"东风一号"仿制成功，两年后，"东风二号"遭遇发射失败。正是无数次的失败，才有了梁思礼开创的航天可靠性工程学。他参与了"长征二号"系列火箭的研制工作，并创造了16次发射全部成功的纪录。

1966年10月，他参加了导弹核武器的飞行试验；1976年至1978年期间，梁思礼还同时担任"长征三号"控制系统技术负责人；1978年，他又集中力量研制远程导弹和"长征二号"的工作，并参加了上述型号多次飞行试验和1980年向太平洋发射远程运载火箭的飞行试验，直至定型装备部队。

作为一名随着祖国和祖国的航天事业一起成长的科研学者，梁思礼一直奔跑在梦想与火箭齐飞的路上，为我国的航天事业做出了卓越贡献。

梁思礼生前最喜欢萧伯纳的一句话："人生不是一支短短的蜡烛，而是一支我们暂时拿着的火炬。我们一定要把它燃得十分光明灿烂，然后交给下一代的人们。"

❖ 卫星总设计师孙家栋

他是中国第一颗人造卫星总设计师，他的人生还与中国航天的"多个第一"紧密地联系在一起。孙家栋参加了我国第一颗人造地球卫星、第一颗返回式卫星、第一颗静止轨道试验通信卫星以及卫星导航系统工程、月球探测工程等多个航天工程的研制工作。孙家栋爱航天事业爱得是那么炽烈。他说："国家需要，我就去做！"

孙家栋

2007年10月24日，中国自主研制的首个月球探测器"嫦娥一号"成功发射。11月26日，中国国家航天局正式公布"嫦娥一号"卫星传回的第一幅月面图像。这一时刻让所有人激动不已，这标志着中国向太空探索又迈出了重大的一步。让嫦娥奔月的神话变成了美好现实的正是中科院院士、我国人造卫星技术和深空探测技术的开拓者之一孙家栋。

2003年，已经年逾七旬的孙家栋，再次担负起我国航天事业重大工程——探月工程一期工程总设计师的重担。

2004年，中国正式开展月球探测工程，并命名为"嫦娥工程"。探月工程开启了中国深空探测时代，但难度很大，身为探月工程一期工程总设计师的孙家栋比谁都清楚这副担子的重量。孙家栋遇到的第一个问题是，究竟使用哪种型号的火箭发射"嫦娥一号"卫星。对此，技术人员产生了分歧。由于首次探月时间紧、任务重，孙家栋认为，我们第一次探索月球，尽量采用成熟技术，这样，不仅可以减少风险，而且可以缩短研制周期，因此，成功发射两次"东方红"卫星的"长征三号甲"运载火箭，成为首选。保证第一次首战成功，这是最终目标。

2007年10月24日，在西昌这个被称为"月亮女儿的故乡"的地方，"长征三号甲"运载火箭，托举着"嫦娥一号"卫星顺利升空，十多天后，经过38万千米的太空飞行，"嫦娥一号"卫星顺利抵达月球，并实现绕月。中华民族终于圆了千年奔月的梦想。而孙家栋也在这一刻流下了激动的眼泪。

1974年11月5日，在发射第一颗返回式遥感卫星时，由于一根导线的接头在发射时被震断，卫星在发射后21秒爆炸，孙家栋当即晕倒。醒来后的他，躲在地下室的一间小屋里大哭一场。一年后的11月26日，我国成功发射了第一颗返回式卫星，这颗名为"尖兵"的卫星，也是由孙家栋担任总设计师。它在升空三天后如期返回地面。

"东方红二号"是我国研制的第一颗地球静止轨道通信卫星。这颗卫星在发射后，即将进入预定轨道时，蓄电池由于阳光照射升温了，只有调整卫星对着太阳的角度才能降温，但调整幅度已经到了设计的临界点，再调整就有可能失去地面控制，变成一颗废星，情况十分严峻。总设计师孙家栋果断决定，再调整一次角度。万幸的是，经过调整，"东方红二号"顺利降温。1984年，"东方红二号"卫星发射成功。后来我国研制了多领域应用卫星，这些卫星在功能上涉及地球资源、通信广播、气象和导航等。孙家栋在多个应用卫星的航天工程中担任总设计师，他从全局出发，组织和调动了众多专家，解决了许多重大技术问题和各系统之间复杂的匹配问题。

2018年，"风云二号"卫星成功发射，年逾八旬的孙家栋再次亲临西昌卫星发射中心，坐镇发射场。在60多年的航天生涯中，由他负责主体设计的卫星，多达45颗，他一度同时负责三个型号卫星的总体设计，被称为"总总师"。

探索浩瀚宇宙，发展航天事业，建设航天强国，是我们不懈追求的航天梦，为了实现航天梦，挑战与压力时刻伴随着每一个航天人。与航天事业打了半个多世纪交道的孙家栋却说："航天已经成了我的爱好，国家给予我这样的重任，受到国家这样的信任，我确实感到非常荣幸，我愿意贡献自己的一切。"

2019年9月，孙家栋获得"共和国勋章"。

☆ 放卫星的人——任新民

人们称他为中国放卫星的人。从"东风一号"导弹，到"长征三号"运载火箭；从"东方红一号"卫星，到载人航天工程，中国航天"总师"任新民却说，自己一生只干了航天这一件事。

1948年9月，美国布法罗大学聘用了一位年轻的中国人为讲师，这个人就是任新民。1949年，新中国成立的消息传来，在美国布法罗大学执教还不满一年的任新民，毅然决定回归祖国。他说："一个人只有扎根自己的祖国，才能成大

任新民

事。"最终，他成功破除重重阻碍，如愿回国。怀着一颗报国之心，在新中国建设求贤若渴的环境下，任新民来到南京京华军区军事科学研究室担任研究员。

1956年，当钱学森开始负责组建我国导弹的专门研究机构——国防部第五研究院时，任新民任总体研究室主任、设计部主任等职，从此他的命运与中国航天事业紧紧联系在一起。

1958年5月29日，聂荣臻向国防部五院部署P-2导弹仿制工作，这枚导弹被命名为"1059"，任新民被任命为"1059"的发动机总设计师。他同液体火箭发动机设计部以及承制单位的科技人员通力合作，虚心向苏联专家请教，硬是凭着蚂蚁啃骨头的精神，潜心研究，反复试验，终于解决了一个个的技术难题，成功实

现了发动机材料、液氧、高压减压器等关键材料的国产化，不仅保证了"1059"导弹的仿制成功，增强了中国人的自信心，还为我国导弹事业走上独立自主的发展道路奠定了初步基础。

1958年，在党的八届二中全会上，毛泽东主席第一次表示："我们也要搞人造地球卫星。"该卫星被定名为"东方红一号"，而运载它的火箭是"长征一号"，任新民担任该型号的总设计师。

经过五年多的艰苦奋斗，1970年4月24日，我国成功地用"长征一号"运载火箭发射了我国第一颗人造地球卫星，标志着中国掌握了研制多级运载火箭和发射人造地球卫星的技术，揭开了中国航天活动的序幕，"东方红一号"卫星被光荣地载入了中国航天史册。

1985年10月，航天工业部经中央批准，正式宣布中国运载火箭进入国际商业发射服务市场。1986年11月21日，国防科工局任命任新民为发射外国卫星工程总设计师，他又开始致力于这一崭新艰巨而又责任重大的领域。1990年，欧洲、美国相继出现卫星发射失败的状况，任新民一方面为航天界的同行惋惜，另一方面也给自己提出了警示。他对同志们说："欧洲人、美国人发射出了问题，我们没有三头六臂，也不是神仙，只能靠我们精心测试、精心操作，严上加严、细上加细，慎上加慎，要实实在在地不放过任何疑点和隐患，要真正做到不带问题和疑点上天。"

奋斗终于结出了硕果。1990年4月7日21时30分，"长征三号"在其首次发射成功六周年的前夜，再现英姿，带着广大参研、参试人员的辛勤劳动和汗水，准时、准确地将美国休斯公司制造的"亚洲一号"通信卫星送入地球同步转移轨道，圆满地完成了我国运载火箭商业发射服务的第一个合同，实现了我国运载火箭国际商业发射服务零的突破。

✪ "金牌火箭"铸造师——屠守锷

1940年，屠守锷从清华大学航空系毕业，次年又以优异成绩取得公费留美资格，进入美国麻省理工学院攻读硕士学位。两年后他取得科学硕士学位，应聘为布法罗寇蒂斯飞机制造厂的一名工程师。

1945年抗战胜利后，屠守锷辗转回国，在西南联大开设航空专业课程。1947年，他到清华大学航空系任教，接触到了中国共产党人和共产主义思想，1948年底秘密加入中国共产党。"也是从那时起，我才真正开始了自己的事业。"屠守锷感叹到。1957年2月,屠守锷调入国防部第五研究院,这成为他人生的重要转折。

在仿制"1059"过程中,屠守锷面临着国内基础工业所提供的产品不能满足导弹生产需要的问题。在汇总和解决这些问题的过程中,屠守锷亲身感受到了我国基础工业薄弱的现实,也从导弹研制实践中深刻感悟到必须重视预先研究。屠守锷认为,一个新产品的研制,必须弄清哪些是关键技术,解决这些关键技术问题需要运用何种技术手段,拥有哪

屠守锷

些技术、设备和生产试验条件才能使我们具备这种手段等。所有这些问题,都应该在预先研究中找到答案。在此后参与制定国家航天技术发展规划的研究工作,以及在主持研制我国第一个洲际导弹型号的科技实践中,他又将这些科学思想进一步深化,使之变得更加丰富和全面。

1965年,屠守锷作为技术总负责人,主持洲际导弹研制工作。这是中国人研制的第一枚洲际导弹。在兴奋之余,屠守锷感到自己肩负的责任从未像现在这样沉重。他工作兢兢业业,不敢有丝毫疏忽和懈怠,接受任务后第一件事,就是组织方案论证。中国远程导弹和洲际导弹同时起步,限定了技术上的借鉴性。在技术储备极度匮乏的情况下研究洲际导弹,注定要闯过更多的技术难关。

从试验到认证,从材料到工艺,他带领技术人员边学习、边探索、边实践、边总结。屠守锷将全部精力投入到研制工作中:听取基层研究设计单位的情况汇报、研究和审批论证报告,参加各种技术方案的研讨,竭尽全力完成研制任务。

1971年6月起,洲际导弹3次发射试验取得了部分成功。到1979年,屠守锷主持研制的洲际导弹6发遥测弹飞行试验以全胜战绩告捷,为全程试验做了充分的技术准备。1980年5月18日,我国向太平洋海域发射运载火箭试验取得圆满成功!

屠守锷带领研制团队,对洲际导弹的薄弱环节进行修改和完善,不断对多个运载火箭型号的可靠性进行提升,最终完成了金牌火箭的铸造。在屠守锷的主持下,在"长征二号"运载火箭的基础上,科研人员研制了改进型运载火箭——"长征二号丙"。"长征二号丙"运载火箭不仅充分利用了洲际导弹的成熟技术,并且根据发射卫星的需要进行重要技术修改,性能更加优异,入轨精度高,工作稳定性和可靠性非常好。从1975年11月至2014年11月,"长征二号丙"成功发射42次,把30颗不同用途的卫星准确送入轨道,保证了百分百的发射成功率,

被誉为"金牌火箭"。

从无到有，从落后到先进，中国航天人从来没有停止过探索太空的脚步，就算为此付出诸多代价，中国航天人也会勇往直前，为了民族的复兴，人民的梦想，为了祖国的使命，他们一直默默付出自己的勤劳汗水。

杨利伟"飞天"趣闻轶事

对航天员人性化的关怀

2003年10月15日，中国自行研制的"神舟五号"飞船从戈壁深处发射升空，把中国第一位"太空使者"杨利伟送上太空。他圆满出色地完成了中国首次载人航天飞行任务，实现了中华民族千年飞天梦想。

作为中国第一代载人航天的航天员，肩负光荣任务，但风险压力巨大。杨利伟登上50米高平台即将进入太空舱，一位同事提议讲一个笑话，以助杨利伟放松心情。但当时在场的一位医生、一位教练和两位工程师紧张得想不出一句笑话。一位工程师说，俄罗斯一位关舱门的工程师最后成了博物馆馆长。反应敏捷的杨利伟随即回应："馆长同志，明天见！"引来同事们会心一笑，幽默自信的杨利伟放松了大家的心情。

让杨利伟感动的是，飞行到第八圈，他接到妻子和儿子从地球上打来的电话。他透露，在预定的程序里没有这次通话，他说这体现了对航天员人性化的关怀。

"比别人多过了十多天"

据杨利伟介绍，"神舟五号"90分钟绕地球一圈，完成一个昼夜更替，其中80分钟他在座舱里漂浮工作。21个多小时里，他进行了100多个操作，包括大运动量的翻身等，只睡了半个小时。杨利伟说，因为机会非常难得，时间宝贵，他要尽可能多地去体会感受生理变化和看到的现象，为以后执行任务和科研工作做储备。

虽然在训练时已无数次体验过失重,但第一次真正处在太空失重环境下,他还是有许多奇妙的体验:特制的笔悬浮在空中,伸手即拿;吸口气小月饼即送到嘴里;在日夜交替的瞬间,他看到一道无比美丽炫目的金色弧圈环绕太空舱……

回到地球,有同仁笑言,按一昼夜为一天计算,杨利伟在太空的21小时多,相当在地球上过了14天!他比别人多过了十多天。

中国空间站向世界开放

目前,"天宫一号"和"天宫二号"空间实验模块相继完成任务,进入大气层并被烧毁。"天宫"空间站计划已经启动,目前正处于高速发展过程中。

"天宫"是一个位于近地轨道的60吨级永久性空间站。它至少由三个轨道模块组成。加入模块后,天宫的最大尺寸可达180吨。

有着如此规模的空间站,自然会是一个欢迎全球各国前来合作的空间站,目前的国际空间站已经在低地球轨道运行20年有余,2024年将退役,到那时,世界上多个有志于太空研究的国家都将面临"无站可用"的窘境。

预计在2022年达到使用状态的"天宫"号空间站,自然成了受世界瞩目的下一个焦点,而对于"天宫"号空间站,我国也拿出了愿将其向全世界开放的态度。

2019年,在奥地利维也纳举行的联合国外层空间委员会第62届会议上宣布了"天宫"空间站空间科学实验的首批选定项目的结果。在初选中,中国收到来自亚洲、非洲、欧洲等的27个国家和地区的42份合作研究项目申请。最终,来自17个国家的9个项目脱颖而出,被批准为"天宫"空间站首批入选项目。

科技革命：核能、航天、计算机的故事

"从第一颗原子弹、第一枚导弹、第一颗人造地球卫星到第一艘神舟飞船，我回国后和第一代航天战士一起，白手起家、自力更生，创建起完整坚实的中国航天事业，使中国居世界航天强国之列。能为此奉献一生，我感到无比的自豪和光荣。"

——梁思礼

生物技术篇

第35章 人类对生物技术的探索

生物技术，是应用生物学、化学和工程学的基本原理，利用生物体（包括微生物、动物细胞和植物细胞）或其组成部分（细胞器或酶）来生产有用物质，或为人类提供某种服务的技术。

生物技术的发展，意味着人类科学各领域技术水平的综合发展。生物技术的发达程度与安全程度，也意味着人类文明的发达程度。

生物技术可分为传统生物技术和现代生物技术，现代生物技术是从传统生物技术发展而来的。传统生物技术主要通过微生物的初级发酵来生产商品。

☆ 生物技术萌芽阶段

传统生物技术应该说从史前时代就一直为人们所开发和利用，以造福人类。石器时代后期，我国古代人民就会利用谷物造酒，这是最早的发酵技术。在公元前221年，周代后期，我国人民就能制作豆腐、酱和醋，并一直沿用至今。

利用谷物发酵酿酒

◇ 大自然的佳酿，意外的发现

苏美尔人是酿造啤酒的始祖。在公元前8000年左右，苏美尔人偶然发现将野生的大麦、小麦浸泡在水里，会变成黏糊状，在露天的空气中，酵母菌使它自然发酵，产生泡沫，颜色逐渐加深，喝过的人感觉很美味。为了能经常喝到这种美味的液体，苏美尔人有意识地大量收割野生谷物并保留种子，尝试人工栽培。这样就能获得足量的谷物用来制造美味，啤酒就这样诞生了。

✿ 古埃及人把古代啤酒推向高峰

公元前2000年左右，苏美尔王朝彻底灭亡，古巴比伦人接管了美索不达米亚平原，也继承和发展了古代啤酒的酿造技术，可以酿造20种不同的啤酒。公元前1780年，古巴比伦人最先把啤酒输送到其他地区，他们生产的一种窖藏啤酒深受1000千米之外的古埃及人喜爱。随后，古埃及人把古代啤酒推向高峰，种植用于酿造啤酒的谷物，并在古巴比伦人的研究成果之上掌握了露天放置水促使谷物发芽的技术。

苏美尔人在正式的社交场合用啤酒互致问候

苏美尔人用麦管饮酒

☆ 生物技术初级阶段

1676年，荷兰人列文虎克制成了能放大170～300倍的显微镜，人们才知道了微生物的存在。一个新的世界呈现在人们眼前。列文虎克被誉为细菌学和原生动物学之父。

列文虎克

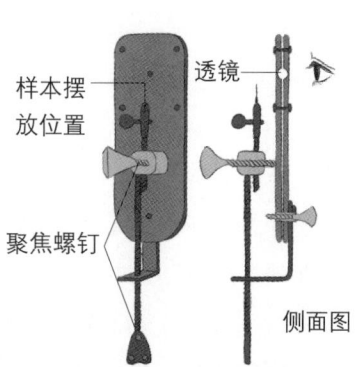

列文虎克制作的显微镜

采用轻症天花病人痘浆接种于健康人的鼻孔

天花，中医称为痘疮，是由天花病毒引起的一种烈性传染病，是严重危害人们身体健康的疾病之一。几千年来，天花的传染使千百万人丧失生命或毁容。

我国早在16世纪前后已知道使用人痘接种法，即采用轻症天花病人痘浆接种于健康人的鼻孔来预防天花。1567～1572年，明朝已经设立了痘疹专科，接种痘浆法逐渐得到推广和普及。这是我国古代劳动人民在同疾病做斗争的过程中发明的，它是现代免疫学的先驱。公元1796年，英国医生詹纳通过接种牛痘来预防天花，这标志着疫苗技术的诞生。后来，他总结自己的经验，写了一本名叫《接种牛痘的原因与效果的探讨》的书。人们为了纪念这位伟大的医生，特地在瑞士日内瓦建立了一座詹纳雕像，并在纪念碑上镌刻着："向母亲、孩子、人民的英雄致敬。"

英国医生詹纳

☆ 生物技术奠定阶段

路易斯·巴斯德研究了微生物的类型、习性、营养、繁殖、作用等，把微生物的研究从主要研究微生物的形态转移到研究微生物的生理途径上来，从而奠定了工业微生物学和医学微生物学的基础，并开创了微生物生理学。

循此前进，巴斯德在战胜狂犬病、鸡霍乱、炭疽病、蚕病等方面都取得了成果。英国医生李斯特并据此解决了创口感染问题。从此，整个医学迈进了细菌学时代。巴斯德发明的巴氏灭菌法直至现在仍被应用。

路易斯·巴斯德

众所周知，传染病是人类健康的大敌。从古至今，鼠疫、伤寒、霍乱、肺结核等许多可怕的疾病夺去了人类无数的生命。人类要战胜这些凶恶的疾病，首先要弄清楚致病的原因。而第一个发现传染病是由病原细菌感染造成的人就是罗伯特·科赫，他堪称世界病原细菌学的奠基人和开拓者。

罗伯特·科赫首次证明了一种特定的微生物是特定疾病的病原，阐明了特定细菌会引起特定的疾病；发明了用固体培养基的细菌纯培养法。

罗伯特·科赫

☆ 生物技术发展期

1896年，爱德华·比希纳将酵母菌细胞的生命活力和酶的化学作用紧密结合，大大推动了微生物学、生物化学、发酵生理学和酶化学的发展，使微生物的代谢作用开创了新的一页。他将酵素（酒化酶）从酵母中提取出来制成干粉，用来把糖分解为二氧化碳和酒精。这对后来的制糖工业和酿酒工业都有着重大意义。

爱德华·比希纳

英国微生物学家亚历山大·弗莱明1923年发现溶菌酶，1928年首先发现了青霉素。后英国病理学家弗洛里、生物化学家柴恩进一步研究改进，并成功将青霉素用于医治人类的疾病，三人因此共获诺贝尔生理学或医学奖。青霉素的发现，使人类找到了一种具有强大杀菌作用的药物，结束了传染病几乎无法治疗的时代。从此出现了寻找抗生素新药的高潮，人类进入了合成新药的新时代。

亚历山大·弗莱明

格雷戈尔·孟德尔采用精巧的设计，用了7年时间在豌豆上实施授粉实验，最终发现了遗传的基本规律，奠定了遗传学的基石。

托马斯·亨特·摩尔根是美国生物学家，在孟德尔定律的基础上，创立了现代遗传学的"基因学说"。他最负盛名的是利用果蝇进行的遗传学研究，他和他的助手从中发现了基因和染色体在遗传中的作用，从而发展了染色体遗传学说。

格雷戈尔·孟德尔

20世纪下半叶，是生命科学和生物技术突飞猛进的时代。一方面，生命科学的发展深刻地改变了人类对生命本质的理解；另一方面，生物技术的开发和广泛应用也前所未有地提升了人们的生活质量。

1951～1953年，美国生物学家詹姆斯·杜威·沃森和英国生物学家弗朗西斯·哈利·康普顿·克里克合作，提出了DNA的双螺旋结构学说。这个学说不但阐明了DNA的基本结构模型，使人们第一次获知基因结构的实质，并且

托马斯·亨特·摩尔根

为一个DNA分子如何复制成两个结构相同的DNA分子以及DNA怎样传递生物体的遗传信息提供了合理的说明。它被认为是生物科学中具有革命性的发现，是20世纪最重要的科学成就之一。

1961年，美国生物化学家尼伦伯格、印度化学家科兰纳和美国化学家罗伯特·威廉·霍利破译了遗传密码，揭开了DNA编码的遗传信息是如何传递给蛋白质这一秘密。基于上述基础理论的发展，1972年，美国科学家保罗·伯格首先实现了DNA体外重组技术，标志着生物技术的核心技术——基因工程技术的开始。它向人们提供了一种全新的技术手段，使人们可以按照意愿在试管内切割DNA、分离基因并经重组后导入其他生物或细胞，以改造农作物或畜牧品种；也可以导入细菌这种简单的生物体，由细菌生产大量有用的蛋白质，或作为药物，或作为疫苗；也可以直接导入人体内进行基因治疗。显然，这是一项技术上的革命。以基因工程为核心，带动了现代发酵工程、现代酶工程、现代细胞工程以及蛋白质工程的发展，形成了具有划时代意义和战略价值的现代生物技术。

詹姆斯·杜威·沃森

弗朗西斯·哈利·康普顿·克里克

保罗·伯格

☆ 生物技术对人类的重要意义

✿ 改善农业生产，解决食品短缺，提高植物品质

生物技术可培育出品质好、营养价值高的作物新品系。例如，人们正在试图把大豆储藏蛋白转移到水稻中，培育高蛋白质的水稻品系；将具有固氮能力的细菌的固氮基因转移到植物根际微生物中，可以进行生物固氮，减少化肥使用量。

生物技术可以改善农业生产

✿ 提高生命质量，延长人类寿命

生物技术有利于疾病的预防和诊断。传统的疫苗生产方法对某些疫苗的生产

和使用，存在着免疫效果不理想，被免疫者有被感染的风险等不足。而基因工程生产的重组疫苗可以达到安全、高效的目的。

利用细胞工程可以生产单克隆抗体。单克隆抗体既可用于疾病诊断，又可用于疾病的治疗。利用基因工程技术可以生产诊断用的DNA试剂，称之为DNA探针，主要用来诊断遗传性疾病和传染性疾病。通过生物技术可以进行基因治疗：导入正常基因来治疗由于基因缺陷而引起的疾病。目前美国已有涉及恶性肿瘤、遗传病、代谢性疾病、传染病等60个基因治疗方案正在实施。我国则有包括血友病、地中海贫血、恶性肿瘤等多个基因治疗方案正在实施中。

生物技术在医学中的应用

✿ 解决能源危机

目前，我们主要使用的能源是石油和煤炭。但这些化石能源终将枯竭。生物能源将是最有希望的新能源之一，其中又以乙醇最有希望成为新的替代能源。人们很早就会用发酵的方法来得到乙醇，但由于是用谷物作原料，转化率低成本高，不可能大量用作能源。科学家希望能找到一种特殊的微生物，使之可以利用杂草、木屑、秸秆等纤维素或木质素类大量而又廉价的材料，生产出低成本的乙醇。通过微生物发酵或固定化酶技术，将农业或工业的废弃物变成沼气或氢气，也是一种原料充足的能源。

生物技术还可以提高石油的开采率。目前的石油一次采油仅能开采储量的30%，二次采油需加压、注水，也只能再获得储量的20%。深层石油吸附在岩石空隙间，难以开采。加入能分解蜡质的微生物后，微生物分解蜡质使石油流动性增加而获取石油，被称为三次采油。

✿ 有利于环境保护

传统的化学工业生产大都在高温高压下进行，这是一个典型的耗能过程，并带来环境的恶化。如果用生物技术方法来生产，就可以节约能源，而且避免环境污染。如用苏云金杆菌生产毒性蛋白作杀虫剂来代替化学农药。微生物有惊人的降解污染物的能力。人们可以利用这些微生物净化有毒的化学

生物技术处理城市污水

物质、降解石油污染、处理废水废渣，达到净化环境、保护环境、废物利用并获得新的产品的目的。

基因工程

基因工程又称基因拼接技术和DNA重组技术，是用人为的方法将所需要的DNA大分子提取出来，在离体条件下用适当的工具酶进行切割后，把它与作为载体的DNA分子连接起来，然后与载体一起导入某一更易生长、繁殖的受体细胞中，以让外源物质在其中"安家落户"，进行正常的复制和表达，从而获得新物种的一种崭新技术。它克服了远缘杂交的不亲和障碍。

能够生存下来的物种，并不是那些最强壮的，也不是那些最聪明的，而是那些对变化作出快速反应的。

——查理·罗伯特·达尔文

第 36 章 列文虎克发现微观生命

显微镜是由一个透镜或几个透镜的组合构成的一种光学仪器，是人类进入原子时代的标志。显微镜是主要用于放大微小物体成为人的肉眼所能看到的仪器。显微镜分光学显微镜和电子显微镜。

显微镜是人类最伟大的发明物之一。它把一个全新的世界展现在人类的视野里，人们第一次看到了数以百计的"新的"微小动物和植物，以及从人体到植物纤维等各种东西的内部构造。

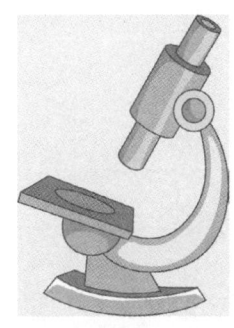

显微镜

最早的显微镜是16世纪末期在荷兰制造出来的。发明者是亚斯·詹森，荷兰眼镜商，也有另一种说法说是荷兰科学家汉斯·利珀希，他们用两片透镜制作了简易的显微镜，但并没有用这些仪器做过任何重要的观察。

后来有两个人开始在科学上使用显微镜。第一个是意大利科学家伽利略。他通过显微镜观察到一种昆虫后，第一次对它的复眼进行了描述。第二个是荷兰亚麻织品商人列文虎克，他自己学会了磨制透镜，第一次描述了许多肉眼所看不见的微小植物和动物。

安东尼·列文虎克

安东尼·列文虎克（Antonie van Leeuwenhoek，1632—1723），出生于荷兰代尔夫特，显微镜学家，微生物学的开拓者。由于勤奋及本人特有的天赋，他磨制的透镜远远超过同时代人。他的放大透镜以及简单的显微镜形式很多，透镜的材料有玻璃、宝石、钻石等。其一生磨制了500多个透镜，有一架简单的透镜，其放大率竟达300倍。他对人类的成就是经过自己几十年坚韧不拔的努力和探索，发明了世界医学史上第一架帮助人类认识自然、打开微观世界大门的显微镜。

安东尼·列文虎克

☆ 列文虎克发明的显微镜

列文虎克是一个对新奇事物充满好奇心的人。在一个偶然的机会，他从一个朋友那里得知，荷兰最大的城市阿姆斯特丹有许多眼镜店可以磨制放大镜，这种放大镜可以看到许多

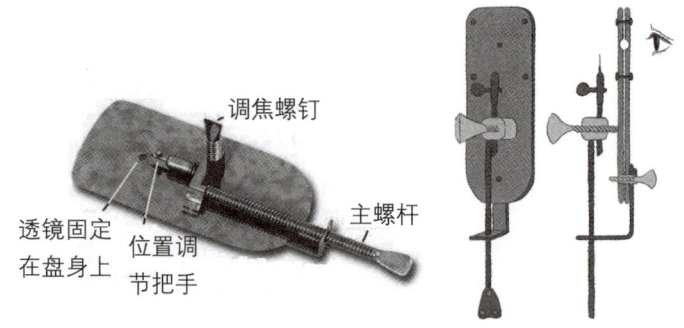

列文虎克制造的第一台显微镜

肉眼难以看清的事物。他对此非常感兴趣，想要自己研究一下。但是，眼镜店里面放大镜的价格非常昂贵，他根本就买不起，而他又不想放弃。那怎么办呢？他观察到，放大镜的制作原理很简单，就是把镜片磨成需要的形状，打磨手法也很易学。于是，他开始经常出入眼镜店，认真地暗地里学习磨制镜片的技术，期望可以亲自做出放大镜。功夫不负有心人，1665年，他终于制成了他的第一台显微镜。列文虎克的第一台显微镜还非常简陋，它由一个直径只有1厘米的镶在铜板上的小圆珠形凸透镜和放置样品的夹板组成，还安上了调节镜片的螺旋杆。世界上第一台显微镜就这样诞生了。

虽然结构简单，但是列文虎克显微镜的放大倍数已经超过了当时世界上已有的所有显微镜。后来，列文虎克对显微镜的兴趣越来越浓，几年后，他辞掉了工作，专心进行显微镜的改进和对微观世界的探索。他制成的显微镜越来越精美，放大倍数也越来越大。列文虎克制造的显微镜是早期最出色的显微镜，代表了当时制镜的最高水平。他一生当中磨制了超过500个镜片，并制造了400种以上的显微镜，其中有9种至今仍有人使用，为显微镜的改进作出了不可磨灭的贡献。

☆ 列文虎克发现微观生命

地球上生长着的微生物已经超过30亿年，然而我们认识到它们的存在只有短短300多年的时间。事实上，微生物无处不在，它们生活在空气、水中以及干燥的陆地上，微生物与我们的生活息息相关，在我们的家中、食物里、甚至我们的身体里都有它们的身影。可想而知，当时的人们面对列文虎克发现的这个新世界时是多么震惊。

经过二三十年的透镜研究，列文虎克的技术已经达到了炉火纯青的地步。后来，他又自行研创出了一种磨小透镜的方法。通过小透镜，他津津有味地观察着各种各样的小东西：纤细的羊毛在这面小透镜下，变得像一根粗大的木头；跳蚤虽然只有芝麻粒大小，可是腿的构造却十分复杂……他看蜜蜂的刺、苍蝇的头、植物的种子……每一次的仔细观察都会带给他无限惊喜。

一个偶然的机会成就了列文虎克，让他发现了细菌，尽管当时人们还不知道那种小生物就是细菌。有一天，天空下起了瓢泼大雨。列文虎克的脑中突然产生了一个念头，这晶莹剔透的雨珠中会有什么东西呢？于是，他从屋檐下接回一些雨水，然后将一滴小雨珠放在他制作的透镜下仔细观察。看着看着，列文虎克突然惊喜地高声喊起来，在小透镜下的水滴中，竟有许多"小精灵"在不停地游动。他不禁说道："它们多么微小啊！小得简直不像真实的东西，只有跳蚤眼睛的千分之一。但是它们确实在像陀螺一样转圈子啊……"

列文虎克在小透镜下看到雨珠中的"小精灵"的事情，引起了英国皇家学会会员格拉夫先生的注意。为此，格拉夫写了一封信给英国皇家学会。信中写道："请允许列文虎克先生报告他的发现——在显微镜下观察的标本，有关皮肉的构造、蜜蜂的刺及其他。"英国皇家学会也对列文虎克的发现产生了兴趣，但也有很多会员怀疑他是否真的看到了什么。

于是，1677年11月15日，他们请列文虎克带着他的显微镜到学会来，演示他的发现。皇家学会的会员们按照顺序，一一走到显微镜前，仔细观察镜下的水滴。当他们也从镜下看到那些游动的"小精灵"时,大家都赞叹不已:"列文虎克简直就是一个魔术师!"

☆ 列文虎克发现人体内的微生物

列文虎克用自己磨制的透镜,制作了一架能把原物放大200多倍的显微镜,并用这架当时世界上最先进的显微镜发现了细菌和其他微生物。列文虎克擅长文字描述和绘图,他笔下栩栩如生的微生物世界,不仅让普通人大为震惊,就连当时的科学家也惊诧不已。虽然列文虎克通过显微镜看到了细菌,为人类敲开了认识微生物的大门,但由于他小时候没有上过学,基础知识薄弱,没有把他的发现上升到理论,他去世后,人类对微生物的研究停止了将近100年。

列文虎克制造的能放大200多倍的显微镜

列文虎克用自制的显微镜观察雨水和牙垢等物质,发现了很多成杆状、螺旋状和球状的小生物,有的单个存在,有的连在一起,这就是后人所说的细菌。他惊叹地记录道"在人口腔的牙垢中生活的小居民,比这个荷兰王国的人还要多。"这是人类第一次观察到细菌时发出的感叹。

列文虎克1683年写给英国皇家学会的邮件引起了轰动。他在这封邮件里宣称,在人体内也居住着微小生物。列文虎克告知人们要有清洁牙齿的习惯,其中包括每天用盐磨牙的习惯。但是即便如此,列文虎克发现牙齿表面还是附着有白色的黏性的物质,当他用显微镜检查这种东西时,看到白色的黏性物质充满了细菌。当他检查不经常清洁的牙齿的表面附着物时,可以发现更多的生物,还有很多类似螺丝状的生物。这些生物都可能是导致坏牙的元凶。

1677年,列文虎克用显微镜观察人类的精液,他兴奋地发现精液里有数以百万计游动的小东西,他称为"精子"。于是他想到,别的雄性动物的精液里会不会也同样存在精子呢?他又对昆虫类、贝壳类、鱼类、鸟类、两栖类、哺乳类的各种动物的精液进行了观察,果然都发现了精子的存在,并证实了精子对胚胎发育的重要性。他认为雌性的卵子和子宫为新生命的成长提供营养和避难所。不得不说,他发现了事实真相。他的发现为人们认识精细胞和卵细胞的结合产生后代提供了启示,反驳了认为生命来自非生物的"自然发生说"。

1681年,列文虎克将自己腹泻的排泄物在显微镜下观察,他看到了鞭毛虫这是一种吸附在人的肠壁上的鞭状单细胞生物，可以导致持续腹泻。

　　1723年8月，当他察觉到自己命不久矣时，他交代自己的女儿将两封信和一批礼物送到英国皇家学会。一封信详细地写着显微镜的制作方法，另一封信这样写道："我从50年来所磨制的显微镜中选出了最好的几台，谨献给我永远怀念的皇家学会。"这批礼物就是26台精心打造并配以各种标本的银制显微镜。1723年8月30日，91岁高龄的列文虎克与世长辞。

　　列文虎克显微镜的其中9种至今仍有人使用。而且，在他逝世200年后，人们才能再次做出放大倍数和解析度可与列文虎克的显微镜相媲美的显微镜。列文虎克不愧为"显微镜之父"。而且，当人们在用效率更高的显微镜重新观察列文虎克描述的形形色色的"小动物"，并知道它们会引起人类严重疾病和产生许多有用物质时，更加认识到列文虎克对人类认识世界所作出的伟大贡献。

你知道吗?

你知道这些微生物的用途吗？

　　微生物包括细菌、病毒、真菌以及一些小型的原生生物、显微藻类等，它们个体微小，与人类关系密切。有些微生物可以使食物腐烂、使人患病，但多数微生物是有益人类的，如用于制作食品、药品等。我们要控制有害微生物，利用有益微生物，使微生物更好地与人类相处。

　　你知道这些微生物的用途吗？制作面包、白酒、啤酒用酵母菌；制作泡菜用乳酸杆菌；制醋用醋酸菌；蘑菇、木耳、灵芝等真菌可以直接食用或制药；生产抗生素用放线菌；制取沼气用甲烷细菌。

要成功一项事业，必须花掉毕生的时间。

——列文虎克

第37章 征服天花的人——爱德华·詹纳

天花是传染病中流行最广的一种疾病。在18世纪时,欧洲每年死于天花的约有44万人,还有许多人在天花治愈后,留下终身残疾,有的甚至双目失明。

可是现在情况就完全不同了。许多国家广泛接种了预防天花的种痘,使人们获得天花免疫,再也不会得天花病。这种可怕的传染病被战胜了。每当谈起种牛痘,人们就会以感激的心情回忆起那位提出用接种的方法来抗御天花的人的名字,这个人就是英国医生爱德华·詹纳。

爱德华·詹纳

1749年5月17日,爱德华·詹纳(Edward Jenner,1749—1823)出生于英国格洛斯特郡伯克利牧区的一个牧师家庭。詹纳长得结实、健壮,生性温和,兴趣广泛,尤其喜欢大自然。詹纳青少年时期,天花这个可怕的瘟疫正在整个欧洲蔓延着。他本人也感染上了这种病毒,经过一段时间的隔离后,詹纳终于康复。这一次的经历给年少的詹纳留下了心理阴影。在英国,几乎每个人都会传染上这种病,在人的脸上或身上会留下难看的疤痕。成千上万的人由于病情严重而变成盲人或疯子,每年死去的人更多。詹纳目睹这场灾难,从13岁开始就立下了将来当个医生,根治这种疾病的愿望。在哥哥的帮助下,詹纳跟随外科医生卢德洛学了7年医术。21岁,詹纳赴伦敦师从当时英国杰出的外科医生J·亨特,1792年在圣·安德鲁大学获得医学学位。

安特·爱德华·詹纳

☆ 征服天花

英国医生詹纳给孩子接种牛痘

18世纪，天花已成为当时英国人死亡的主要原因。詹纳从伦敦回到家乡，多年的乡村行医经历使他注意到，乡村里的牛患了与天花相似的病，那些挤奶女工在接触到牛身上的疱疹时受到感染，身上也会长出小一些的疱疹，这就是牛痘。而感染过牛痘的人都不曾被传染上天花。詹纳发现，牛痘的病情症状比天花轻得多，它从不曾令牛死亡，更不会令人死亡，况且人在感染牛痘痊愈后不会留下任何疤痕。他以此潜心研究，应用各种动物做试验。

1780年，詹纳发现牛乳头上所生的疱疹都能传染给人，但只有一种疱疹的脓浆可以预防天花。他把引起牛疱疹的物质称为病毒。1790年，詹纳将天花痂皮给患过牛痘的人接种，以观察患过牛痘者是否不再患天花，果然得到证实。他也曾采取猪身上的痘苗为他的儿子爱德华接种。1796年5月14日，他为一名叫菲普斯的少年接种了痘苗，所用的痘浆取自一位正患牛痘的挤牛奶少女尼尔美斯。3天后接种处出现小脓疱，第7天腋下淋巴结肿大，第9天轻度发烧后接种处留下小疤痕。48天后，詹纳将从天花患者脓疱中提取的液体再一次滴在了菲普斯被手术刀划破的手臂上，菲普斯的免疫系统抵抗住了天花病毒的侵害。8岁的男孩菲普斯的父母都是牧场的工人，他们甘愿让自己的孩子冒患上天花的危险让詹纳进行实验。为了感谢他们，詹纳拿出自己行医的积蓄为这家人建了一所房子，这座房子至今还被保存在英国格洛斯克郡。

詹纳将这套程序称为种牛痘，以区别人痘接种。牛痘接种是科学预防疾病跨出的第一步。他在1798牛发表的《种牛痘的原因与效果的探讨》一书中，公布了23个种痘而再不得天花的病例。他写道："牛痘和天花的脓疱相似，患牛痘和患天花的症状也相似，所不同的是牛痘比天花的症状要轻得多，牛痘不会引起牛的死亡，患牛痘的人也不会死亡。"但是，当时还有很多人不相信，甚至说三道四。面对这些，詹纳说："走自己的路，让别人说去吧！"詹纳将他的实验结果写成文章，最初并不被出身于学府的医生们所重视。但是天花毕竟在导致着成千上万的人死亡，于是，从欧洲到美洲，人们开始悄悄地实验着詹纳最终确定的牛痘疫苗接种法：将减毒的天花病毒接种给牛犊，再取含有病毒的痘疱制成活疫苗，此疫苗被接种进人体的皮肤后，局部发生痘疱即可对天花病毒产生免疫。

牛痘接种术，以方法简便安全，降低了天花流行强度和死亡率而被各国相继采用，10年间迅速传播到全欧洲及美洲。到了1925年，美国人人都要领取一个纽扣大小的证章，上面写着：我已接种。而在俄国，第一个接受牛痘疫苗接种的孩子被起名为：瓦辛诺夫（Vaccinov，即牛痘），并由国家供他上学。至此，天花造成的大规模死亡停止了。

走自己的路，让别人说去吧

科学的真理一开始往往掌握在少数先觉者的手里。詹纳为维护真理，一生勤奋不懈，淡泊名利，敢于向传统和权威挑战。而这一切都源于他以救死扶伤为己任的人生宗旨。在牛痘接种试验中，同行和教会联手围攻詹纳。英国皇家学会有些科学家不相信一位乡村医生能制服天花，还有人认为接种牛痘会像牛一样长出尾巴和角。新生事物的出现并不能立即被人们接受。英国皇家学会拒绝刊印詹纳的《种牛痘的原因与效果的探讨》一文，詹纳只好自费印了几百份。当时医学界怀疑他的发现，有人抱着敌视的态度写道："我们不相信你这一套，我们是有根据的。"并将詹纳的发明称为"虚伪的预防"。更严重的威胁来自教会，教会里有人指责说："接触牲畜就是亵渎造物主的形象""接种天花乃是谎言。"新闻界也趁火打劫，有的记者写道："你相信种牛痘的人不会长牛角吗？""谁能保证人体内部不发生使人逐渐退化成为走兽的变化呢？"报纸上出现了这样耸人听闻的消息："某人的小孩开始像牛一样地咳嗽，而且浑身长满了毛""某些人开始像公牛那样，眼睛斜起来看了。"有些书上印着彩色插画来证明种牛痘的不幸。格洛斯特医学会的同行们则攻击他践踏了希波克拉底誓言，要开除他的会员资格。教会则把他看作是"魔鬼的化身"，诅咒他应该下地狱。

面对这些铺天盖地而来的污泥浊水，詹纳淡然地回答道："走自己的路，让别人说去吧！"詹纳虽然出身于牧师家庭，但从小就有自己独立的个性，不人云亦云，不盲从权威。在攻击和中伤面前，詹纳医生选择了保持沉默。他回到家乡，继续为村民们免费种牛痘。他的义行获得好友们的支持，大家帮他建了一个小屋，并取名为"牛痘圣殿"。他在这"圣殿"里忙碌地为村民种痘，继续到各地宣扬种痘的好处。

为了回答种种责难和疑惑，詹纳又于1799年陆续发表了关于牛痘接种的一系列文章。同行中，多数人持怀疑和否定的态度，也有少数人对他的发明产生了极大兴趣，其中就有两位著名的医生皮尔逊和伍德维尔。伍德维尔还发现牛痘接种者可以是传染源，为以后大量生产牛痘苗提供了依据。

詹纳的研究成果很快被译成德、法、荷、意和拉丁文在各国发表。由于詹纳牛痘接种法的推广，天花发病率和死亡人数大大下降。英国政府终于承认这一创新的重大价值，1802年和1807年议会先后授予詹纳1万和3万英镑奖金，在伦敦建立了新的研究机构——皇家詹纳学会，由詹纳担任首任主席。在这里，詹纳将自己的全部精力投入到研究工作之中，团结和培养了许多青年研究者。

征服天花就充分具备了教授的资格

1813年，詹纳被推举为伦敦医科大学的教授候选人，但是，校方却要以希波克拉底和盖伦的理论，即所谓医学的"经典"来考詹纳。詹纳对此加以拒绝，他说："征服天花就充分具备了教授的资格！"然而，大学却不同意，詹纳因此没有被选为教授。1823年1月24日，爱德华·詹纳去世，终年74岁。终生没有得到大学教授的头衔，但是，一个医生所能得到的一切荣誉，他都得到了。

詹纳利用可以产生免疫这一人体自身的机能，实现了对疾病的预防，从而成功地开辟了一个新领域，这个领域就是免疫学，并为此奠定了一定的基础。他的贡献，不仅在于征服了天花，更为重要的是，他还给人类指出了征服其他危险疾病的道路。他向人类揭示：传染病可以预防！

第38章　微生物学之父——巴斯德

路易斯·巴斯德

路易斯·巴斯德，法国著名的微生物学家、化学家。他研究了微生物的类型、习性、营养、繁殖、作用等，把微生物的研究从主要研究微生物的形态转移到研究微生物的生理途径上来，从而奠定了工业微生物学和医学微生物学的基础，并开创了微生物生理学。循此前进，巴斯德在战胜狂犬病、鸡霍乱、炭疽病、蚕病等方面都取得了成果。从此，整个医学迈进了细菌学时代，得到了空前的发展，人们的寿命因此而在一个世纪里延长了三十年之久。巴斯德在人类历史上有着巨大的影响力。其发明的巴氏灭菌法直至现在仍被应用。

路易斯·巴斯德

☆ 路易斯·巴斯德

公元1822年12月27日，巴斯德（Louis Pasteur，1822—1895）诞生在法国东部裘拉省的多尔镇，镇中有一条清澈的溪流，巴斯德的家就在溪边的小路旁。4岁那年，全家迁往阿尔布瓦。法国的中学通常是7年制，最后一学年分为哲学科和数学科。巴斯德在阿尔布瓦中学读了6年，第7年转入布山松中学学理科。中学时，一开始他在学校表现普通，但很爱问问题，凡事喜欢追根究底，就这样不断地发问、学习，对化学、物理和艺术都有浓厚兴趣的巴斯德渐渐变成优秀的学生。

1840年8月，他中学毕业，10月被聘为布山松中学的助教。1843年8月，巴斯德考入高等师范学校，攻读化学和物理的教学法。课堂上学来的知识，他都要用实验来验证。1846年，23岁的巴斯德从高等师范学校毕业，并通过了物理教授资格考试。考官发现他有教授化学和物理的能力，甚至还说："这届毕业生中只有巴斯德有教育上的才华"。他很快就收到图尔农中学物理教师的聘书。但他想在巴黎做科学研究。于是他尽可能拖延赴职时间，计划在高等师范学校多待一年，并写信给巴黎中央理工学院的创办人之一杜玛寻求在巴黎任教的机会。杜玛终究没有帮助巴斯德。不过这件事被巴莱知道了。巴莱年轻时发现溴元素，名气很大，他决定帮助巴斯德留在巴黎。就这样，巴斯德在26岁那年，进入巴莱的实验室，一面当助手，一面读博士班研究生，也暂时不用去图尔农中学担任物理教师。

巴莱认为自己的研究生涯已告一段落，想把所有的精力放在学生身上，也给予他的学生很大的自由，任凭他们选择学习的方法和方向。他注重学生的原创力和想象力，不希望他们使用现有的实验器材，如果他们必须使用器材，只能自行设计。为了待在巴莱的实验室，巴斯德欣然接受这个特别的要求。1847年，巴斯德论文获通过，取得理学博士学位。他陆续担任过物理和化学课程的教授工作。

☆ "病菌"的发现

1865年，欧洲蔓延着一种可怕的蚕病，蚕大批大批地死掉，许多以养蚕为生的农民对此毫无办法。

路易斯·巴斯德当时是巴黎高等师范学校的生物学教授。他得到消息之后，马上到法国南部实地调查。他首先取来病蚕和被病蚕吃过的桑叶仔细观察，一连几天和助手通宵达旦地工作。

很快，他通过显微镜发现蚕和桑叶上都有一种椭圆形的微粒。这些微粒能游动，还能迅速地繁殖后代。他找来没病的蚕和从树上刚摘的桑叶，在显微镜下，没发现那种微粒。"这就是病源！"巴斯德兴奋地叫了起来。他立即告诉农民，把病蚕和被病蚕吃过的桑叶统统烧掉。这样，蚕病被控制住了。

通过蚕病事件，人类第一次找到了致病的微生物，给它取名为"病菌"。怎样防止蚕病传染呢？巴斯德带了病蚕回巴黎的实验室进行研究。两年之后，他成功了。方法很简单：把产完卵的雌蛾钉死，加水把它磨成糨糊，放在显微镜下观察，蚕有病菌，就把它产的卵烧掉；蚕没病菌，就把它产的卵留下，用没有病菌的蚕卵繁殖，蚕病就不会传染。

从此，巴斯德开始研究人类致病的原因，结果发现了多种病菌。他还发现在高温下，病菌很快就会残废，于是他向医生宣传高温杀菌法，可以防止病菌传染。现在，我们医院里使用的医疗器械，都要用高温水蒸煮，这就是用巴斯德发明的消毒方法，后人叫它"巴氏灭菌法"。

☆ 研制霍乱疫苗

1880年，法国鸡霍乱流行，怎样才能使鸡不得传染病呢？这成了巴斯德新的研究课题。不久，他向科学院送上了自己的研究报告，他发现了传染病的免疫方法。

巴斯德把导致鸡霍乱流行的病菌浓缩液注射到鸡身上，当天鸡就死了。病菌浓缩液放了几个星期之后，巴斯德又给鸡注射，鸡却没有死。经过多次实验，巴斯德认识到，病菌放一段时间之后，不仅毒性大为减弱，而且还有抗病的效力。这样，他就制成了鸡霍乱疫苗，注射后，能增强鸡的抵抗力，防止霍乱传染。

掌握了制造疫苗的方法之后，巴斯德开始研究使人类致病的病菌。他组织学士们和助手们进行了无数次实验，制成了伤寒、霍乱、白喉、鼠疫等多种疫苗，控制了多种传染病。

☆ 研制狂犬病疫苗

疯狗咬人，人就会得"狂犬病"，全身抽搐而死。巴斯德在显微镜仔细观察狂犬的脑髓液，没有发现病菌。可是把狂犬髓液注射进正常犬的体中，正常犬马上就会得病死掉。"这是一种比细菌还要小的病源！"巴斯德惊奇地对助手们说。人们就把这种比细菌还小的生物病源叫作"病毒"。

巴斯德研制狂犬病疫苗

狂犬病虽不是一种常见病，但当时的死亡率为100%。1881年，巴斯德组成一个三人小组开始研制狂犬病疫苗。在寻找病原体的过程中，虽然经历了许多困难与失败，最后他们还是在患狂犬病的动物脑和脊髓中发现一种毒性很强的病原体（现经电子显微镜观察是直径25～800纳米，形状像一颗子弹似的棒状病毒）。为了得到这种病毒，巴斯德经常冒着生命危险从患病动物体内提取。一次，巴斯德为了收集一条疯狗的唾液，竟然跪在狗的脚下耐心等待。巴斯德把分离得到的病毒连续接种到家兔的脑中使之传代，经过100次兔脑传代的狂犬病毒给健康狗注射时，奇迹发生了，狗居然没有得病，这只狗具有了免疫力。巴斯德把多次传代的狂犬病毒随兔脊髓一起取出，悬挂在干燥的、消毒过的小屋内，使之自然干燥14天减毒，然后把脊髓研成乳化剂，用生理盐水稀释，制成原始的巴斯德狂犬病疫苗。1885年7月6日，9岁的法国小孩梅斯特被狂犬咬伤14处，医生诊断后宣布他生存无望。然而，巴斯德每天给他注射一支狂犬病疫苗。两周后，小孩转危为安。巴斯德是世界上第一个能从狂犬病中挽救生命的人。

☆ 巴氏灭菌法

著名的巴氏灭菌法，其实最早是巴斯德用来解决葡萄酒变酸问题而研究的。当时，法国酿酒业面临着一个令人头疼的问题，那就是葡萄酒在酿出后会变酸，无法饮用。

巴斯德经研究发现，使葡萄酒变酸的罪魁祸首是乳酸杆菌。为了能杀死此菌而又不破坏葡萄酒原有的风味儿，巴氏杀菌法应运而生。此方法及时挽救了法国的酿酒业，后来又推动了奶业等行业的发展，并一直沿用至今。

法国生产葡萄酒的历史源远流长。但是，无论哪个酒商都无法逃脱一个致命的问题，就是各种各样的变质使葡萄酒变酸、变苦或淡而无味，或呈现油状样。

19世纪40年代，英国开始实行自由贸易政策，降低关税。同时与法国等国家签署了减免关税的双边协定。这项协议的签订，被大多数人认为是法国葡萄酒打开英国市场的契机。

然而，局势却不像人们想象的那样。有一位英国商人这样描写："在法国，人们因自贸易协定签订以来法国葡萄酒不能打开英国市场而感到惊讶。其中的原因相当简单。一开始，我们热情欢迎法国葡萄酒，但不久以后，我们有了伤心的体验，这项贸易因酒的变质而遭到巨大损失，陷入困境。"

面对这样的难题，1863年7月，法国皇帝的副官伊尔德方斯·法威向拿破仑三世建议让巴斯德去研究葡萄酒变质问题。

人们可能会很疑惑，为什么伊尔德方斯·法威在众多有天赋的科学家中，唯独只推荐了巴斯德？讲到这里，让我们把时间往回拨动，回到1856年的法国里尔。

1856年，巴斯德在新创立的里尔大学当化学教授兼总务长。当地的一位工业家比戈先生来找他。比尔先生向巴斯德讲述了自家甜菜制酒工厂碰到的生产问题：酒精质量不好，尝起来有酸味，而且发酵酒糟里会散发出难闻的气味。

巴斯德正在做实验

巴斯德的家乡也是一处有名的葡萄酒生产地。他对于工业家的苦恼感同身受，决心找出令酒变坏的原因。

他几乎每天都去工厂。他把一间地下室当作实验室，并在那里安放了他实验的装置。巴斯德完全投身于甜菜汁的研究。功夫不负有心人，巴斯德通过显微镜发现，在未变质的酒中的酵母是圆形的，但是变质后，酵母变成了长形。在变质过程中，产生了大量的乳酸，这种酸的产生，伴随着更多的长形酵母和更少的酒精。巴斯德向工业家解释了酒变质的原因是乳酸的存在，但是并没有解释乳酸为什么出现，也没有提出解决酒变质的方法。

在接下的几年中，巴斯德一直致力于研究发酵的问题。1863年夏天，巴斯德在阿尔布瓦做最初的葡萄酒实验。为了观察葡萄酒酿造的每一个环节。他买下了镇上一处葡萄酒庄园。他进行栽培、观察和研究。在化学手段不能解决所有的问题时，巴斯德专注于防止微生物污染。巴斯德把先辈们未加解释、尚未论证的资料整理起来，对加热法进行了重复的实验，直到取得成功。巴斯德将这种方法称为"巴氏灭菌法"。

很多细菌会在急剧的热与冷变化中死亡，而巴斯德根据这个原理，将混合原料在60～100℃加热片刻。短暂的高温可以杀死大部分细菌，这样食品的保质期就会大大延长。消毒法的步骤看起来十分简单，可是它成功的背后却是巴斯德无数个日夜实验的付出。

然而在巴斯德开始提出对葡萄酒进行加热时，有不少人不理解他，抨击他。他们认为加热在保存酒的同时可能改变葡萄酒的味道。对于争论，巴斯德和他的学生们闭耳不闻，只是改良各种加热的设备。这些创造性的加热装置推动着巴斯德法进入产业应用，征服法国乃至世界。

你知道吗?

通常，我们喝的袋装牛奶就是采用巴氏灭菌法生产的。工厂采来鲜牛奶，先进行低温处理，然后用巴氏灭菌法进行灭菌。用这种方法生产的袋装牛奶通常可以保存较长时间。

喝刚刚挤出的新鲜牛奶反而是不安全的，因为它可能包含对我们身体有害的细菌。另一点是，巴氏灭菌法也不是万能的，经过巴氏消毒法处理的牛奶仍然要储存在较低的温度下（一般<4℃），否则还是会变质的。

当然，随着技术的进步，人们还使用超高温灭菌法（高于100℃，但是加热时间很短，对营养成分破坏小）对牛奶进行处理。经过这样处理的牛奶的保质期更长。我们看到的纸盒包装的牛奶大多是采用这种方法。

现在，每天喝着经过巴氏灭菌的牛奶的人们越来越多，在享受这项技术带来的安全便利的同时，有多少人了解巴氏灭菌法的由来和名称源于葡萄酒的保存？那么至少让我们记住这个名字，路易斯·巴斯德。

科学的进步取决于科学家的劳动和他们的发明的价值。

——路易斯·巴斯德

第39章 弗莱明和青霉素

亚历山大·弗莱明

青霉素挽救了数以百万计人的生命,并且还将继续挽救更多的人。其中大部分荣誉应当属于亚历山大·弗莱明,是他完成了最重要的发现。

亚历山大·弗莱明于1923年发现溶菌酶,1928年首先发现了青霉素。1929年亚历山大·弗莱明在《不列颠实验病理学杂志》上发表了研究论文,但未引起人们的注意,亚历山大·弗莱明指出,青霉素将来会有重要的用途,但自己无法发明一种提纯青霉素的技术,致使此药十几年未得以使用。之后英国病理学家弗洛里、生物化学家柴恩进一步研究改进,并成功用于医治人的疾病,三人共获诺贝尔生理学或医学奖。青霉素的发现,使人类找到了一种具有强大杀菌作用的药物,结束了传染病几乎无法治疗的时代。从此出现了寻找抗生素新药的高潮,人类进入了合成新药的新时代。

亚历山大·弗莱明

☆ 亚历山大·弗莱明

亚历山大·弗莱明(Alexander Fleming,1881—1955)1881年8月6日出生于苏格兰西南部爱尔郡的洛克菲尔德州。弗莱明小的时候常帮助照看家里的羊,在谷仓里玩耍,到河里钓鱼,学习徒手猎取田凫蛋和兔子。他5岁开始上学,在他7

岁时,父亲去世。大哥和母亲将他和几个兄弟养大。他在山野长大,也培养出了敏锐的观察能力,算是为日后的细菌培养积累了初步的基础。

13岁左右,弗莱明去伦敦投奔他同父异母的哥哥汤姆。汤姆当时已从格拉斯哥大学毕业,在伦敦发展事业并成了一个眼科学家。弗莱明先是在一所类似技校的学校学习,16岁毕业后就去了一家专营美国贸易的船务公司上班。

1901年,弗莱明的一个终身未婚的舅舅去世,留下了一笔较为可观的遗产。弗莱明分到了250英镑,他决定用舅舅留下的遗产完成学业。

此时的弗莱明已经20岁了,对于大部分人来说,这个年龄开始学习医学已经是个比较大的年纪了。弗莱明雇了一名私人教师为自己补习有关课程,在不到一年的时间里弗莱明就通过了医学院的考试,这比所有其他的英国申请者都要早。1901年10月,弗莱明进入圣玛利亚医学院,并得到奖学金。他放弃了其他11个伦敦医学院而选择了圣玛利亚医学院的原因,是因为他曾经和该院进行过水球比赛。弗莱明被解剖学和生理学学习所深深吸引,轻松地取得了优异的成绩。同时他还参加了医学院的水球队、戏剧社区、辩论队和来复枪射击俱乐部。1906年,弗莱明拿到了联合部的学位,这个学位可使弗莱明具有从事一般的医疗活动的资格。但弗莱明听从了一位队友的建议,以初级助理的身份加入了免疫部,因为这样他就有资格作为医学院的队员参加即将开始的全国来复枪射击比赛。

免疫部由沃姆罗斯·赖特领导。赖特是疫苗疗法的坚定支持者。赖特相信巴斯德在疫苗方面的工作是有前景的。1908年,弗莱明通过了最后的医学院考试并获得伦敦大学金奖。尽管弗莱明对研究感兴趣,他还是决定参加外科医生的专业考试并于1909年顺利通过,但就此以后,他和外科就再也没有关系。之后他继续为沃姆罗斯·赖特工作,赢得了不错的赞誉。

☆ 溶菌酶的发现

1921年,患重感冒的弗莱明坚持工作,在一培养基中发现溶菌现象,细究之下原来是鼻涕所致,由此发现了溶菌酶。

1921年11月,弗莱明患上了重感冒。在他培养一种新的黄色球菌时,索性取了一点鼻腔黏液,滴在固体培养基上。两周后,当弗莱明检查培养皿时,发现一个有趣现象。培养基上遍布球菌的克隆群落,但黏液所在之处没有,而稍远的一些地方,似乎出现了一种新的克隆群落,外观呈半透明如玻璃般。弗莱明一度认为这种新克隆是来自他鼻腔黏液中的新球菌，还开玩笑地取名为A.F（他名字的缩写）球菌。而他的同事Allison，则认为更可能是空气中的细菌污染所致。很快他们就发现，这所谓的新克隆根本不是一种什么新的细菌，而是由于细菌溶化所致。

1922年发现了溶菌酶

1921年11月21日，弗莱明的实验记录本上写下了抗菌素这个标题，并描绘了三个培养基的情况。第一个即为加入了他鼻腔黏液的培养基，第二个是培养的一种白色球菌，第三个标签上则写着"空气"。第一个培养基重复了上面的结果，而后两个培养基中都长满了细菌克隆。很明显，这个时候，弗莱明已经开始做对比研究，并得出明确结论，鼻腔黏液中含有"抗菌素"。随后他发现，几乎所有体液和分泌物中都含有"抗菌素"，但通常汗水和尿液中没有。他也发现，热和蛋白沉淀剂都可破坏其抗菌功能，于是推断这种新发现的抗菌素一定是种酶。当他将结果向赖特（实验室主任）汇报时，赖特建议将它称为溶菌酶，而最初的那种细菌如今被称为滕黄微球菌。

为了进一步研究溶菌酶，弗莱明曾到处讨要眼泪，以至于一度同事们见了他都避让不及，而这件事还被画成卡通登在了报纸上。

1922年1月，弗莱明和他的助手发现鸡蛋的蛋清中有活性很强的溶菌酶，这才解决了溶菌酶的来源问题。1922年稍晚些的时候，弗莱明发表了第一篇研究溶菌酶的论文。弗莱明和他的助手，对新发现的溶菌酶又做了持续7年的研究，但结果让人失望，这种酶的杀菌能力不强，且对多种病原菌都没有作用。

☆ 青霉素的发现

1928年7月下旬，弗莱明将众多培养基未经清洗就放在试验台阳光照不到的位置，去休假了。

9月3日，度假归来的弗莱明像往常一样，来到了实验室。在实验室一排排的架子上，整整齐齐排列着很多玻璃培养皿。弗莱明来到架子前，逐个检查着培养皿中细菌的变化。当他来到靠近窗户的一只培养皿前的时候，他皱起了眉头，自言自语道："唉，怎么搞的，竟然变成了这个样子！"原来，这只贴有葡萄状球菌的标签的培养皿里，所盛放的培养基发了霉，长出一团青色的霉花。

他仔细观察了一会儿。使他感到惊奇的是：在青色霉菌的周围，有一小圈空白的区域，原来生长的葡萄状球菌消失了。难道是这种青霉菌的分泌物把葡萄状球菌杀死了吗？

想到这里，弗莱明兴奋地把它放到了显微镜下进行观察。结果发现，青霉菌附近的葡萄状球菌已经全部死去，只留下一点枯影。他立即决定，把青霉菌放进培养基中培养。

发现霉菌能杀死细菌

几天后，青霉菌明显繁殖起来。于是，弗莱明进行了试验：用一根线蘸上溶了水的葡萄状球菌，放到青霉菌的培养皿中，几小时后，葡萄状球菌全部死亡。接着，他分别把带有白喉菌、肺炎菌、链状球菌、炭疽菌的线放进去，这些细菌也很快死亡。但是放入带有伤寒菌和大肠杆菌等的线，这几种细菌照样繁殖。

为了试验青霉菌对葡萄状球菌的杀灭能力有多大，弗莱明把青霉菌培养液加水稀释，先是一倍、两倍……最后以八百倍水稀释，结果它对葡萄状球菌和肺炎菌的杀灭能力仍然存在。这是当时人类发现的最强有力的一种杀菌物质了。

可是，这种青霉菌液体对动物是否有害呢？弗莱明小心地把它注射进了兔子的血管，然后紧张地观察它们的反应，结果发现兔子安然无恙，没有任何异常反应。这证明这种青霉菌液体没有毒性。

1929年6月，弗莱明把他的发现写成论文发表，就是这篇论文使他后来获得了诺贝尔奖。他把这种青霉菌分泌的杀菌物质称为青霉素。

1943年，科学家弗洛里和柴恩把青霉素制成药品，拯救了无数人的生命。

1945年，弗莱明、弗洛里、柴恩，三人一起获得诺贝尔生理学或医学奖。

弗洛里

柴恩

青霉素的作用

青霉素是临床上应用非常广泛的一类高效、低毒的抗生素,临床上常常使用青霉素去治疗一些阳性菌引起的疾病,包括咽炎、扁桃体炎、猩红热、丹毒等。但是有一点,我们应该非常注意,使用青霉素之前,要求做皮肤敏感试验(简称皮试),只有皮试阴性时,才能继续使用青霉素进行治疗。

不要等待运气降临,应该努力掌握知识。

一时的成就是以多次的失败为代价而取得的。

——亚历山大·弗莱明

第 40 章 世界病原细菌学的奠基人和开拓者——罗伯特·科赫

罗伯特·科赫

罗伯特·科赫是德国医生和细菌学家，是世界病原细菌学的奠基人和开拓者。科赫首次证明了一种特定的微生物是特定疾病的病原，阐明了特定细菌会引起特定的疾病，发明了用固体培养基的细菌纯培养法。第一次培养和分离出炭疽杆菌，又在271号样品中发现了结核杆菌，并认为该菌是引起各型结核病的病原。1882年3月24日，在柏林生理协会的会议上，他宣读了自己发现结核杆菌的论文，所有与会者无一批评和异议。这一天成了人类医学史上的一个重要里程碑。科赫对医学事业所作出的开拓性贡献，也使他成为世界医学领域中令德国人骄傲无比的泰斗巨匠。

罗伯特·科赫

1843年12月11日，罗伯特·科赫（Robert Koch，1843—1910）出生在德国克劳斯特尔城的一个普通矿工家里。童年时，科赫用放大镜观察矿石，用显微镜了解细胞，在"玩耍"中，他用心学习，比同龄的伙伴懂得更多知识，考试成绩总名列前茅，是学校里的传奇人物。7岁那年，城中的一位牧师去世，科赫拉着母亲问个不停，牧师得了什么病，为什么治不好？母亲也答不出所以然来，小小的科赫心里打定了主意，长大了给人治病！谁也没想到，立志学医的科赫日后真的为医学"疯魔"一生，成为享誉世界、让德国人引以为傲的医学界泰斗。

科赫中学时就显示出对微生物学的与众不同的兴趣。中学毕业后，科赫以优异的成绩考入哥廷根大学医学院。学习过程中，他对传染病理论很感兴趣。4年后，科赫获得了博士学位。

☆ "疯魔"医生

毕业后，科赫曾做随军医生。后来通过医官考试，在一个小镇上当外科医生。科赫实现了小时候的梦想，也开启了"疯狂"模式。

当时，科赫所在的小镇正流行牛炭疽病，这引起科赫极大的好奇，决定进行细菌研究。他不顾妻子的反对，在原本就穷困的家中"开辟"出一间实验室，每天下班后一头钻进去忙个不停。偶尔，科赫走在路上，却对熟人的招呼视而不见，口中念念有词，全然不顾别人惊异的眼光，时间久了，小镇上有人传言："科赫得了精神病！"科赫确实"疯"了，他脑子里想的全是细菌。

按照科赫的想法，一种特定的微生物应该是一种特定疾病的病源，这与当时认为所有细菌都是一种的观点大相径庭，他要做的就是用科学的方法来证明自己的观点。

科赫不停地实验，先在牛的脾脏中找到引起炭疽病的细菌，又将它移种到老鼠体内，结果老鼠也感染了炭疽病，最后再从老鼠体内重新得到了和从牛身上得到的相同的细菌，他终于找到了引起炭疽病的细菌——炭疽杆菌。科赫还用血清在动物体外成功培养了细菌，清楚了炭疽杆菌的生活史。

1876年，科赫将自己对炭疽病的研究成果发表在《植物生物学》杂志上，在医学界引起巨大反响，年轻有为的科赫因此被聘任到德国皇家卫生局工作。有了更好的实验条件，科赫的"疯魔"有增无减。

随后，科赫转而投入到结核病病原菌的研究中。他仔细研究结核病死亡者的肺，可怎么都没找到结核菌，而当他把肺磨碎擦在动物身上后，却能让它们感染结核病。这奇怪的现象让科赫百思不得其解，无数次实验后，科赫突然意识到，也许结核菌是透明的，只有将它染色才能观察到。

科赫不断用各种色素进行染色实

科赫1882年发现了结核杆菌

第40章 世界病原细菌学的奠基人和开拓者——罗伯特·科赫

验。有一段时间，他的一双手乌黑发亮，有人怀疑他一定是感染了某种传染病而避之不及，不过熟悉他的人都知道，这是为了使结核菌染色。他没日没夜"疯狂"实验，无数次的失败后，科赫终于发现了蓝色、细长的小杆状体——结核杆菌！为了得出确论，还需要严谨的科学实验证明。

1882年，科赫向医学界发表了自己对结核病的研究，肺结核的起因，正是因为结核杆菌。这再次引起了轰动，罗伯特·科赫一时名声大噪，世界各地医学界人士慕名而来，希望追随他学习。科赫因此获得1905年的诺贝尔生理学或医学奖！

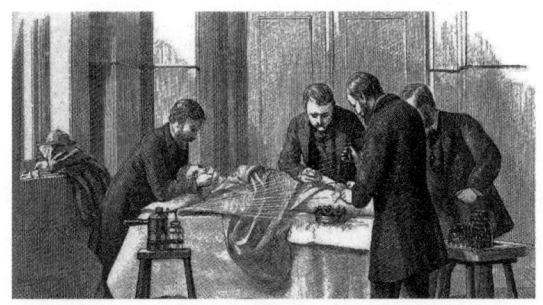

科赫给病人看病

然而，科赫并没有停下对传染病的研究，他开始奔赴国外，哪里是流行病的"重灾区"，哪里就有科赫的身影。他的脚步踏遍了埃及、印度、非洲等地。如虎狼般危险的传染病，科赫却一点儿都不畏惧，"疯魔"般解剖患病者的尸体查找病原菌，深入到人群中寻找传染途径，研究霍乱、鼠疫、回归热等疾病，挽救无数人的生命。他成了人们心目中传染病的克星。直到去世前3年，在国外奔波了20年的科赫才从非洲回到家乡，人们对这位伟大的医者报以热烈的欢迎。据统计，终其一生，科赫为医学界增添了近50种医治人或动物疾病的方法。

多年的细菌研究，让科赫总结出一套科学验证方法——科赫法则，成为影响至今的病原生物学领域的黄金法则；他首创的固体培养基——这种培养细菌的方法一直沿用至今；他开创显微摄影留下的照片，即使今天来看，也是高水平的；他还发明了细菌染色法……甚至科赫晚年提出的引起人结核病与引起牛结核病的结核杆菌并不完全相同的理念，在当时引起极大的争议，而今天已经完全证明了他的正确性。

为医学"疯魔"一生的科赫，67岁时死于心脏病，他的墓碑上这样写道："这微观的世界里，涌现出这颗巨星；你征服了全世界，所有人都感谢你；献上花环不凋零，世世代代永铭记。"

瘟疫的克星

在人类和各种疾病做斗争的历程中,罗伯特·科赫无疑是表现最为突出的科学家之一。科赫的贡献不仅局限于对肺结核、鼠疫、霍乱等传染性疾病的研究,同时他还找到了抑制这些传染性疾病的方法。1905年,科赫发表了关于探析结核病病原的方法,这一发现也成为医学领域的里程碑。基于科赫在医学领域的贡献,所以世人将科赫誉为"瘟疫的克星"。

2003年暴发的SARS病毒,让全球人民为之恐慌。为了控制SARS的扩大,多个国家的科学家们共同研究SARS的病原体,想要从根源入手控制SARS。在科学家们的努力之下,终于找到冠状病毒是引起SARS爆发的原因。而科学家们能找到引起SARS的元凶,依靠的就是科赫在细菌学领域的发现。

病人与皇帝

德国医生罗伯特·科赫成功发现了结核杆菌,从此声名鹊起,有很多人慕名来找他看病,科赫不管病人的身份高低,都能一视同仁认真地进行诊疗。

有一年,普鲁士皇帝病了,他素闻科赫的大名,便请科赫为自己诊治。当科赫进入金碧辉煌的宫殿,刚刚站在皇帝的病榻之前,皇帝就说:"我希望你为我治病时,能比你为那些平民百姓治病时治得更好些!"

科赫回答:"很抱歉陛下,这是不可能的。""哦,为什么?"皇帝疑惑地盯着科赫问。科赫说:"因为我对待任何一位病人都像对待有病的皇帝一样。"

科赫想告诉皇帝,自己对所有的病人都一视同仁。但是,如果他直接说:"我对所有的病人都一视同仁,皇帝也不例外。"就会让皇帝觉得生硬,不舒服。而他说:"我对待任何一位病人都像对待有病的皇帝一样。"既表达了自己对所有人一视同仁的态度,也表明了自己会认真对待病人,尽心尽力诊治,令皇帝听了心悦诚服。

你知道吗？

结核分枝杆菌，俗称结核杆菌，是引起结核病的病原菌，可侵犯全身各器官，但以肺结核为最多见。结核病至今仍为重要的传染病。据世界卫生组织报道，每年约有800万新病例发生，至少有300万人死于该病。1949年前死亡率达200～300人/10万，居各种疾病死亡原因之首，1949年后人民生活水平提高，卫生状态改善，特别是开展了群防群治，儿童普遍接种卡介苗，结核病的发病率和死亡率大为降低。

第41章 遗传学的开创者——孟德尔

人们一直有这样的疑问，数千年来，各种特征是如何由父母传递给儿女的？而且不仅仅是人类，在驯养的动物和栽种的植物身上也不断上演着同样的故事，他们的各种特征是如何由亲代传递给子代的呢？

格雷戈尔·孟德尔

第一个对特征形状的传递进行系统研究的人是奥地利的一名修道士，格雷戈尔·孟德尔（Gregor Mendel，1822—1884），他用数学方法对研究结果进行了解释。格雷戈尔·孟德尔用精巧的设计，用了8年时间在豌豆上实施授粉实验，最终发现了遗传的基本规律，奠定了遗传学的基石。

孟德尔是遗传学杰出的奠基人和开创者。他揭示出遗传学的两个基本定律——分离定律和自由组合定律，统称为孟德尔遗传规律。

格雷戈尔·孟德尔

☆ 一位天才的诞生

1822年，孟德尔出生于当时奥地利西里西亚德语区一个贫穷的农民家庭。他幼年名叫约翰·孟德尔，是家中五个孩子中唯一的男孩。

父亲和母亲都是园艺家（外祖父是园艺工人）。孟德尔童年时受到园艺学和农学知识的熏陶，对植物的生长和开花非常感兴趣。孟德尔经常跟着父母一起去农场干活，大自然的花花草草激起了他的好奇心。

他经常向父母问这问那："为什么不同的树木、果实和花朵会出现各种各样的颜色和形状呢？"却一直未得到满意的答案。

一个叫施赖伯的人曾在他的故乡开办果树训练班，指导当地居民培植和嫁接不同的植物品种。孟德尔的超群智力给他留下深刻印象。他说服孟德尔的父母送这个男孩进入更好的学校继续其专业。

1833年，孟德尔进入一所中学。1840年，考入奥尔米茨大学哲学学院。在大学中，他几乎身无分文，不得不经常为求学的资金而奔波，被迫中途辍学。为了摆脱饥寒交迫的生活，他不得不违心进入修道院，成为一名修道士。他喜欢自然科学，对宗教和神学并无兴趣。

1843年大学毕业以后，21岁的孟德尔进了布尔诺奥古斯汀修道院，并在当地教会办的一所中学教书，教的是自然科学。由于他能专心备课，认真教课，所以很受学生的欢迎。

但是1850年的教师资格考试中，他的考试成绩很差。为了"起码能胜任一个初级学校教师的工作"，他所在的修道院根据一项教育令把他派到维也纳大学，希望他能得到一张正式的教师文凭。

1851～1853年，孟德尔在维也纳大学学习，受到相当系统和严格的科学教育和训练，系统学习了植物学、动物学、物理学、化学、昆虫学、古生物学和数学等课程。

1853年，已经31岁的孟德尔重新回到修道院。同时有机会在布尔诺一所刚创建的技术学校教课。大约从这时起，孟德尔决心把他的一生贡献给生物学方面的具体实验。

☆ 发现遗传规律

在孟德尔从事的大量植物杂交实验中，以豌豆杂交实验成绩最为出色。

1857年，捷克第二大城市布尔诺南郊的农民发现，布尔诺修道院里来了个奇怪的修道士。他在修道院后面开垦出一块豌豆田，终日用木棍、树枝和绳子把四处蔓延的豌豆苗支撑起来，让它们保持"直立的姿势"，他甚至还小心翼翼地驱赶传播花粉的蝴蝶和甲虫。

此前，人们对遗传现象已有研究，并进行过杂交实验，但当时大多数生物学家认同"混合遗传"的学说。这种传统的学说认为生物的遗传像调色一样简单粗暴,白色绵羊和黑色绵羊交配生下的就是灰色绵羊。可孟德尔却认为后代若只是简单综合父母的性状重复下去,所有生物的性状应趋于相同,明显和绚烂多彩的大自然不相符。于是,他摒弃了权威看法,几乎从零开始做起了研究。

起初,他先选择了几种植物尝试去做实验,但都失败了。随后,他意识到材料的选用是实验成功的关键,要用的植物一定是性状明显、稳定,并且

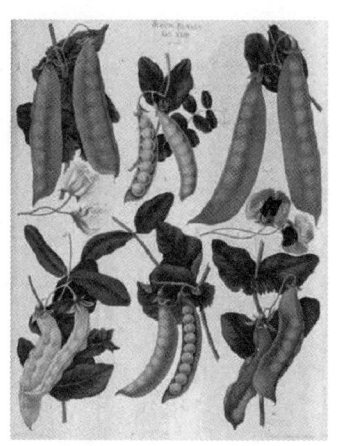

利用豌豆进行杂交实验

能在杂交时不受外界影响的。按这个标准,他开始从20多种植物中寻找,最后找到了豌豆。

有了实验材料,下一步就是做实验了。但他拿的可不是什么实验器材,反倒是在后院的一亩三分地举起了锄头,开始种豌豆。

看起来,别人在研究化学,他在种豆!别人在研究神学,他也在种豆!别人在研究物理学,他还在日复一日地种豆。这一种就是整整两年的时间,而实验还没有真正地开始。

原来他是要从34种不同类型的豌豆中,选取相对性状明显的进行观察,最后也只是选了14种,组成了7组参照物而已。而后,他对这7组豌豆进行分别杂交,发现子代的性状并非综合了两个亲本的,而是表现出亲本的其中一种。奇怪的是,子一代自花授粉后产生的子二代中,亲本的两个性状又表现出来了。

具体到实验里,当红花和白花(豌豆)进行杂交时,第一代的植株全都开红花,但到自花授粉的第二代,却又出现了开白花的植株。顺着这个现象,他尽量扩大实验规模,仔细把杂种后代进行分类,并用数学方法加以统计分析。

他记录的子二代中红花豌豆705株,白花豌豆224株,两者之比接近3∶1。

同时,当进行两对相对性状杂交时,子二代中4种类型的比例数是9∶3∶3∶1,在前前后后测试了近30000株豌豆后,孟德尔终于总结出杂交性状在后代系列的分离比是3∶1。

孟德尔运用数学这个重要的工具,深入浅出地看待问题,从自然界的复杂多样中抽丝剥茧,得出了伟大的规律。经过整整8年的不懈努力,终于在1865年发表了《植物杂交实验》的论文,提出了遗传单位是遗传因子的论点,并揭示出遗

传学的两个基本规律——分离定律和自由组合定律。分离定律，决定同一性状的成对遗传因子彼此分离，独立地遗传给后代；自由组合定律，确定不同遗传性状的遗传因子间可以自由组合。这两个重要规律的发现和提出，为遗传学的诞生和发展奠定了坚实的基础。

孟德尔的这篇不朽论文虽然问世了，但令人遗憾的是，由于他那不同于前人的创造性见解，对于他所处的时代显得太超前了，竟然使得他的科学论文在长达35年的时间里，没有引起生物界同行们的注意。晚年的孟德尔曾经对友人G.尼尔森说过："等着瞧吧，我的时代总有一天来临。"

直到1900年，来自三个国家的三位学者，荷兰的德弗里斯，德国的植物学家卡尔·柯伦斯，奥地利的植物学家切尔马克，"重新发现"孟德尔遗传定律。当时正是植物科学发展史上一个辉煌的时代，积累的科学文献已经相当丰富。有趣的是，这三位异国同行虽然互不相识，却不约而同地对以往植物学论文进行了全面检查。结果惊人地发现，自己只是在完全不知道孟德尔以往工作的情况下，各自独立地做了一些与孟德尔相似的实验，得出了与孟德尔相似的结论。因此，他们三人都认为有必要把孟德尔的名字列在自己论文的第一作者位置上，以便让世人知晓孟德尔的首创性科学贡献。1900年，成为遗传学史乃至生物科学史上划时代的一年。从此，遗传学进入孟德尔时代。

卡尔·柯伦斯　　　　　德弗里斯　　　　　切尔马克

随着科学家破译了遗传密码，人们对遗传机制有了更深刻的认识。现在，人们已经开始向控制遗传机制、防治遗传疾病、合成生命等更大的造福于人类的工作方向前进。然而，所有这一切都与修道院那个献身于科学的修道士的名字相连。

遗传是指生物体的某些特征从上一代传递到下一代的现象。牛会生出牛而不是绵羊,苹果的种子总是长出苹果树,这些都是遗传的结果。遗传不仅使不同种类的动物和植物之间有了明显的差异,而且使同一种类的动植物之间也会有较小的差异,从而造就了这个色彩斑斓的世界。

天才意味着一生辛勤的劳动。

——格雷戈尔·孟德尔

第 42 章 遗传学巨人——摩尔根

摩尔根

我们常常感叹造物主的神奇,感叹生命带给我们的惊喜,是什么缔造了神奇的生命?人们苦苦追寻着问题的答案。直至100多年前,遗传学家摩尔根找到了答案,揭开了生命体的神秘面纱;让我们了解到了生命的奥秘。

托马斯·亨特·摩尔根

☆ 青少年时代的摩尔根

摩尔根(Thomas Hunt Morgan,1866—1945)1866年出生在美国霍普蒙特一个古老的大家庭中。他曾开玩笑地说:"对于一位遗传学家,1865年开始孕育是个好兆头。"因为正是这一年,孟德尔提出了遗传的基本定律。从小摩尔根就对各种生物有着极大的兴趣,强烈的好奇心使他想弄清楚动物身体的构造,他的童年每天最重要的事便是拿着捕捉蝴蝶用的网,同小伙伴们一起四处采集蝴蝶标本,这使他的童年生活多姿多彩,充满了乐趣。这些,他的家人看在眼里,所以在他10岁的时候,家里把位于百老汇大街的住宅顶楼的两个房间给了他,作为他的工作间让他用来放置标本。他将房间装饰之后,仔细地整理了各种鸟类标本、鸟蛋、蝴蝶、化石，并细心地贴上标签，工工整整地陈列在里面。从此，这里便成了他的专有领地，家里其他人不得入内。

1880年，14岁的摩尔根进入肯塔基州立学院的预备科学习。两年后进入大学本科一年级。由于学校正处于调整改建阶段，校舍十分紧张，实验设施简陋。尽管如此，摩尔根在这里选修了数学、物理、天文、化学等课程，并对植物学、动物学、地理学也产生了浓厚的兴趣。1886年，摩尔根以全班第一的成绩毕业于肯塔基州立学院，进入约翰·霍普金斯大学，师从著名形态学家布鲁克斯。

摩尔根庆幸自己选择了这所学校，因为霍普金斯大学十分重视生物学。当时除哈佛大学以外，美国的院校对这一门学科都只触及一点皮毛。而霍普金斯大学却是以它的生物系实力著称。对年轻的摩尔根来说，能够亲耳聆听当时的几位生物学大师的教诲，并能在他们的指导下学习生物学，是他一直以来梦寐以求的事。霍普金斯大学不但有许多知识渊博的教授，而且为了能够让学生学习到更多的东西，还常常聘请一些著名学者来讲学。摩尔根求知若渴，不仅收获了丰富的知识财富，而且开阔了思路和眼界。如果说霍普金斯大学还教会了摩尔根一样东西，那便是不要迷信专家权威，要大胆质疑，努力培养自己独立实验的能力和大胆探索的精神，这种精神使摩尔根一生受用。

即便是在霍普金斯这样顶尖的大学，摩尔根的生物学成绩也一直名列前茅。他在《美国博物学家》《大众科学月刊》及《形态学杂志》等期刊上发表了多篇论文。这些论文虽然大部分是描述性的，但却体现了摩尔根在生物学研究方面的扎实功底。摩尔根于1888年获得了霍普金斯大学的理学硕士学位。之后，摩尔根来到了对全美各院校的生物学家都有强大吸引力的马萨诸塞州的伍兹霍尔海洋生物实验室。这里有种类丰富的海洋生物，为他的科学研究提供了丰富的资源。

1890年春天，摩尔根获得了霍普金斯大学的博士学位，令人称羡的是他还获得了布鲁斯研究基金。摩尔根将这笔基金完全用在了生物学研究上。那一年，他为了深入地进行生物学研究，开始了他的"研究之旅"，先后旅行到牙买加和巴哈马群岛附近水域以及欧洲。为了细致考察那里的各种生物，他在欧洲待了很久。

1891年，摩尔根25岁，这时的他，不仅在科学研究方面有了很深的功底，而且各方面都渐渐成熟，然而他却选择了离开给予他无穷智慧、影响他一生的霍普金斯大学，到费城附近的布尔马尔学院做生物学副教授。

1900年，他又一次访问欧洲，专程拜访了荷兰植物学德弗里斯，参观了他在阿姆斯特丹郊外希尔弗瑟姆的植物园和实验室，并再次访问了那不勒斯海洋动物实验室。当时，正值德弗里斯等三位科学家重新发现孟德尔遗传律之际，整个生物界都在谈论孟德尔的豌豆杂交实验。摩尔根开始思考遗传学问题，并考虑如何将它与进化、发育联系起来。

1904年，摩尔哥应聘到哥伦比亚大学担任实验动物学教授。这是摩尔根一生中的一个重要的转折点，他在哥伦比亚大学度过了将近四分之一世纪。也正是在这所大学里，摩尔根在遗传学领域里取得了令人瞩目的成就，他的遗传学理论为蓬勃发展的生命科学奠定了坚实的基础。摩尔根的教学方法独辟蹊径，他把课堂作为实验室的延伸，总是把最前沿的知识传授给学生。当他讲解最新研究成果时，往往兴致盎然，滔滔不绝。教学之余，他潜心从事进化论和遗传学研究。哥伦比亚大学的24年，是摩尔根一生中值得骄傲的时期。在那里，他开始以果蝇为材料，进行遗传学研究。

☆ 摩尔根的果蝇实验

20世纪，果蝇在生命科学的发展中扮演着极其重要的"角色"，它在遗传学的研究、学习记忆与相关认知研究以及各类神经疾病的研究中都发挥了很大作用。

1908年左右，摩尔根开始采用果蝇进行实验。在哥伦比亚大学那间不足25平方米的"果蝇屋"里，摩尔根和他的研究组取得了一系列重大发现。

果蝇的形状

果蝇属双翅目昆虫，饲养简便，凡能发酵的食料均能作培养基。果蝇体积较小，身长只有3～4毫米，硕大的复眼是它的主要特征。果蝇有着生活周期短、容易饲养、繁殖力强、染色体数目少、利于观察等特点。

摩尔根把果蝇饲养在有香蕉渣的牛奶瓶中，他的学生佩恩在实验中最先使用这种小虫作为实验的材料，两年后他们几乎不指望能在黑暗的培养条件下会发现什么突变种。就在这时，第69代果蝇中暂时出现了一种眼睛几乎昏花的果蝇，佩恩叫来了摩尔根，庆贺他们几乎获得的成功。可是这些果蝇很快恢复了视力，并向窗户飞去，似乎什么也不曾发生过一样。

不过确实已经发生了什么，那就是一种近乎理想的实验动物已被引进摩尔根的哥伦比亚大学实验室，果蝇能毫无节制地、迅速地繁殖，它的食物是发酵过的香蕉，一只牛奶瓶能饲养成千上万只果蝇。

大约在1910年5月，在摩尔根的实验室中诞生了一只白眼雄果蝇，而它的兄弟姐妹眼睛都是红色的，它是从哪里来的呢？它可能是用射线照射后突变而来的，也可能是从别人实验室里产生而继承过来的。这时摩尔根家里正好添了第三个孩子，当他去医院见他妻子时，他妻子的第一句话就是"那只白眼果蝇怎么样了？"他的第三个孩子长得很好，而那只白眼雄果蝇却长得很虚弱，摩尔根把它带回家中，让它睡在床边的一只瓶子中，白天把它带回实验室，不久他把这只果蝇与另一只红眼雌果蝇进行交配，在下一代果蝇中产生了全是红眼的果蝇，一共是1240只。后来摩尔根让一只白眼雌果蝇与一只正常的雄果蝇交配。却在其后代中得到一半是红眼、一半是白眼的雄果蝇，而雌果蝇中却没有白眼，全部雌性都长有正常的红眼睛。

摩尔根对此现象如何解释呢？他说："眼睛的颜色基因与性别决定的基因是结合在一起的，即在X染色体上。"那样得到一条既带有白眼基因的X染色体，又有一条Y染色体的话，即发育为白眼雄果蝇，这样就可以完美地解释实验结果。

1911年，摩尔根提出了"染色体遗传理论"。他的学生斯特蒂文特还绘制了一张果蝇染色体图。

他和他的学生通过一系列杂交实验，将决定眼睛颜色的基因定位于性染色体X上，并进一步肯定染色体是基因之间的载体，确定了基因的染色体学说。此后，又发现了位于同一

将果蝇的白眼基因定位在X染色体上

染色体上的基因之间的连锁特性，建立了遗传学第三定律，他们把几百种突变基因定位于染色体上，制成表示基因定位的染色体图谱，即连锁图。

摩尔根及其同事、学生用果蝇做实验材料。到1925年，已经在这个小生物身上发现它有四对染色体，并鉴定了约100个不同的基因。果蝇给摩尔根的研究带来如此巨大的成功，以致后来有人说这种果蝇是上帝专门为摩尔根创造的。

因发现染色体在遗传中的作用，摩尔根于1933年获得诺贝尔生理学或医学奖。

摩尔根的成就源于他的兴趣，源于他对科学的热爱。可见兴趣是人生最好的老师，能够从事自己所热爱的事业是人生最幸福的事情。比兴趣更重要的是，无论我们做任何事，都应该有认真刻苦、持之以恒的精神，这样我们便能一点点接近成功。

染色体

染色体是细胞核的组成部分，主要由链状的脱氧核糖核酸和蛋白质构成，是一些微小丝状物，容易被碱性染料着色。亲代的特征主要就是通过染色体遗传给子代的。染色体携带了决定细胞乃至整个生物体发育所必需的全部信息。一个细胞内有许多染色体，这些染色体以成对形式排列。由雄性的一个染色体和雌性的一个染色体组合成对。不同的动物和植物的染色体数量也不相同。例如人类的染色体有46个，排列成23对，其中22对是常染色体，有一对是决定性别的性染色体。

基因

基因是一种连串排列在染色体上的遗传物质，是生物遗传物质的最小功能单位，每个基因都携带着生物某一特征的信息。各种各样的基因在染色体上都有各自特定的位置。每个基因由不同排列顺序的许多核苷酸组成。基因控制蛋白质的制造过程，不同的基因只对不同的蛋白质起作用。

通过勤奋，巧妙地使用方法，来期待有幸打开新的大门！

——摩尔根

第43章 DNA双螺旋结构的发现

自古以来，生命的起源就是人们心中的谜团，人们怀着好奇心和无穷的想象力，描绘出一个又一个古老又美丽的神话。1859年，英国生物学家查理·罗伯特·达尔文发表了《物种起源》这一伟大著作，第一次用大量的事实和系统的理论论证了生物进化的规律。"进化论"彻底推翻了上帝造物的神话，被誉为19世纪的三大自然科学发现之一。

查理·罗伯特·达尔文

种瓜得瓜，种豆得豆，一龙生九子，九子各不同。人们对于生命中遗传和变异现象越来越关注，并且越来越渴望知道藏在这些现象背后的本质，是什么操控着物种性状的代代相传，是什么谱写着每一个独一无二的生命乐章。

1865年，奥地利修道士格雷戈尔·孟德尔提出了基因的概念后，但直到20世纪40年代，1944年，加拿大裔美国籍细菌学家奥斯瓦尔德·西奥多·埃弗里和他的同事们初步证实了脱氧核糖核酸（DNA）有作为细胞内遗传物质的能力。

奥斯瓦尔德·西奥多·埃弗里

随后1952年，德裔美国生物学家德尔布鲁克、意大利裔美国生物学家卢里亚、美国遗传学家赫尔希进行了噬菌体传染细菌实验，从而证实了DNA是遗传物质这个伟大的结论，使长久不被人们重视的DNA变成了生命领域光彩夺目的主角。同时，进一步阐明DNA的结构和功能成了科学家们最迫切的任务。

☆ DNA双螺旋结构的发现过程

1953年的春天，詹姆斯·杜威·沃森和弗朗西斯·哈利·康普顿·克里克这两个初出茅庐的年轻科学家构建出DNA结构模型，轰动世界。这是20世纪下半叶最重要的科学发现，也是生物学自达尔文提出物种起源理论以来最重要的进展。

詹姆斯·杜威·沃森

弗朗西斯·哈利·康普顿·克里克

当第二次世界大战临近结束的时候，一门把生物学、化学和物理学融合在一起，从分子水平上研究生命现象物质基础的学科——分子生物学，渐渐有了一个雏形。

1944年，奥地利物理学家埃尔温·薛定谔在《生命是什么？活细胞的物理学观》一书中，非常清楚地表达了一个信念：生命的基本特征就是能够储存和传递信息，亦即遗传密码能够代代相传。基因是活细胞的关键组成部分，要懂得什么是生命，就必须知道基因是如何发挥作用的。

生物学家将"承载遗传信息的最小单位"称为"基因"，可当时没人知道基因到底什么样，它"寄存"在哪里？当时，细胞核中的染色体已被证实在遗传过程中起到关键作用，它主要由脱氧核糖核酸（DNA）和蛋白质组成，而染色体中蛋白质要比DNA多一些。

此外，已通过细菌转化实验证实：远不如蛋白质来得复杂的DNA，实际上竟然是细胞中的一种遗传物质，它在决定遗传性状上扮演着主要角色。进一步的研究表明：所有的生物都包含DNA分子，即储存制造蛋白质的遗传指令分子。

这意味着，要解开基因本质之谜——基因是由什么组成的？它们怎样精确地复制？又如何控制蛋白质的合成？就必须对DNA的化学及物理构造有更多的了解。

1950年秋，22岁的詹姆斯·沃森从美国印第安纳大学取得遗传学博士学位后，拿到一笔研究奖学金，去往哥本哈根大学，从事生物化学方面的研究工作。1951年春，他受邀到意大利那不勒斯参加一个有关生物大分子结构的学术会议。在这次会议上，伦敦国王学院的物理学家莫里斯·威尔金斯展示了DNA的X射线衍射图片。沃森看后深受启发,意识到:假使基因能像一般化学物质一样被结晶出来,那就一定可以用通常的化学、物理方法测定其结构。

那一瞬间,沃森突然对化学产生了很大的兴趣,并且萌生了与威尔金斯进行合作研究的念头。几个月后,沃森设法变更了自己的学习计划,来到英国剑桥大学卡文迪什实验室,并在那里遇到了刚从物理学领域转型、虽起步较晚但一心想在交叉学科上有所作为的生物学研究生弗朗西斯·克里克。

这两个知识背景不同、相差12岁的年轻人一见如故,发现彼此的兴趣、思维方式和行为做派都惊人地相似。他们很快就擦出了智慧的火花,决计携手合作,以建模方式确定DNA结构。

像许多科学发现一样,DNA结构的发现也有多种可能的途径。即便有些科学家有着相同的想法,但他们解决问题的办法却可能各不相同,不同的方法决定了谁将最先实现目标,往往是谁先发表了论文,谁才能最终赢取发明、发现权。

这一时期,美国加州理工学院的鲍林,英国剑桥大学国王学院的罗沙琳德·富兰克林和威尔金斯,剑桥大学卡文迪什实验室的沃森与克里克同时进行着对DNA的研究。

新西兰物理学家威尔金斯

英国物理化学家富兰克林

DNA对富兰克林而言,只是一种实验材料。1952年前后,她已通过实验证明,DNA根据水分含量的差别分A型和B型两种形式存在。谨慎的天性使富兰克林的工作进展缓慢,她在不断地完善DNA的X射线衍射图谱,并独自进行数学解析。1952年5月,她终于获取了一张极其重要的图谱。遗憾的是,当时她并没有认识到这张图谱的重要性。她始终也不敢相信DNA在任何情况下都会呈螺旋形,而是以为这种形状只是特殊条件下出现的一种特殊情况。

在大洋彼岸的美国,化学界声名显赫的大人物、化学键理论的奠基人莱纳斯·鲍林,是沃森与克里克更为强劲的一个对手。在人们心中,他是最有可能率先做出正确选择、解决DNA结构问题的。巧合的是，1952年的秋天，莱纳斯·鲍林的儿子彼德·鲍林作为肯德鲁的研究生来到卡文迪许实验室。彼德·鲍林得到了他父亲撰写并寄来的一份尚未发表的手稿，是有关DNA结构的手稿。

半个月后，沃森与克里克从彼德·鲍林手中拿到了那份手稿，大吃一惊，心当即就沉下来了。此时，一场围绕DNA结构之谜而展开的激烈竞争，已然到了白热化的程度。

可是，认真读罢鲍林手稿，沃森与克里克马上松了一口气。原来，鲍林提出了一个以糖和磷酸骨架为中心的三链螺旋结构，这恰恰是此前不久他们也曾设想过的。鲍林秉持着错误的观点——DNA分子是由三股螺旋组成的，于是误入歧途。

沃森赶紧冲到国王学院，提醒罗沙琳德·富兰克林注意莱纳斯·鲍林的研究，并试图说服罗沙琳德·富兰克林，建立物理模型会是帮助他们解决这一结构问题的捷径。但是罗沙琳德·富兰克林并没有理会，而且严正声明并没有任何证据暗示DNA结构是螺旋状。

有一天，沃森又到国王学院威尔金斯实验室，威尔金斯拿出一张富兰克林最近拍制的"B型"DNA的X射线衍射的照片。沃森一看照片，立刻兴奋起来，心跳也加快了，因为这种图像比以前得到的"A型"简单得多，只要稍稍看一下"B型"的X射线衍射照片，再经简单计算，就能确定DNA分子内多核苷酸链的数目了。

克里克请数学家帮助计算，结果表明嘌呤有吸引嘧啶的趋势。他们根据这一结果和从奥地利裔美国生物化学家查伽夫处得到的核酸的两个嘌呤和两个嘧啶两两相等的结果，形成了碱基配对的概念。

他们苦苦地思索4种碱基的排列顺序，一次又一次地在纸上画碱基结构式，摆弄模型，一次次地提出假设，又一次次地推翻自己的假设。

有一次，沃森又在按照自己的设想摆弄模型，他把碱基移来移去寻找各种配对的可能性。突然，他发现由两个氢键连接的腺嘌呤-胸腺嘧啶对竟然和由3个氢键连接的鸟嘌呤-胞嘧啶对有着相同的形状，于是精神为之大振。因为嘌呤的数目为什么和嘧啶数目完全相同这个谜就要被解开了。

因此，一条链如何作为模板合成另一条互补碱基顺序的链也就不难想象了。那么，两条链的骨架一定是方向相反的。

经过沃森和克里克紧张连续的工作，很快就完成了DNA金属模型的组装。

从这模型中看到，DNA由两条核苷酸链组成，它们沿着中心轴以相反方向相互缠绕在一起，很像一座螺旋形的楼梯，两侧扶手是两条多核苷酸链的糖-磷基因交替结合的骨架，而踏板就是碱基对。由于缺乏准确的X射线资料，他们还不敢断定模型是完全正确的。

碱基位于螺旋的内侧，它们以垂直于螺旋轴的取向通过糖苷键与主链糖基相连。同一平面的碱基在二条主链间形成碱基对。配对碱基总是A与T和G与C。碱基对以氢键维系。

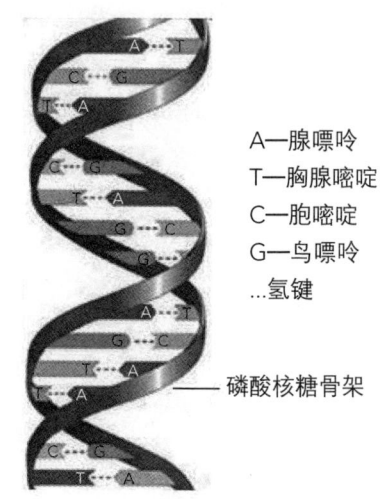

A—腺嘌呤
T—胸腺嘧啶
C—胞嘧啶
G—鸟嘌呤
...氢键

—— 磷酸核糖骨架

碱基配对

富兰克林下一步的科学方法就是把根据这个模型预测出的衍射图与X射线的实验数据做一番认真的比较。他们请来了威尔金斯。不到两天时间，威尔金斯和富兰克林就用X射线数据分析证实了双螺旋结构模型是正确的，并写了两篇实验报告，同时发表在英国《自然》杂志上。

1953年4月25日，英国的《自然》杂志刊登了美国的沃森和英国的克里克在英国剑桥大学合作的研究成果：DNA双螺旋结构的分子模型。这一成果后来被誉为20世纪以来生物学方面最伟大的发现，标志着分子生物学的诞生。

1962年，沃森、克里克和威尔金斯获得了诺贝尔生理学或医学奖，而富兰克林因患癌症于1958年病逝而未被授予该奖。

DNA双螺旋结构的建立完成了遗传学向"分子"水平的转变，开启了分子生物学的大门，生命科学的新时代由此开始。在这一里程碑之后的近五十年里，遗传信息的复制、转录、翻译等一个又一个生命的奥秘从分子水平得到了更清晰的阐明。1958年，克里克首次提出"中心法则"，即详细说明连串信息的逐字传送的法则，大致可以描述为"遗传信息是由DNA转移到RNA，再转移到蛋白质"。

DNA双螺旋结构模型与中心法则密不可分，它们在探索生命现象的本质及普遍规律、解开生物遗传信息传递与生命物质合成秘密等方面起到了不可磨灭的作用，极大地推动了现代生物学的发展。

在此基础上，人们开创了DNA重组技术。1973年，斯坦福大学的科恩小组第一次成功地完成了基因克隆实验；1981年，显微注射培育出第一个转基因动物小鼠；1983年，农杆菌介导培育出第一例转基因植物烟草；1991~1992年转基因玉米与小麦获得成功。21世纪，基因工程的研究开始进入鼎盛时期，在医、农、牧、渔等领域均得到了广泛应用。同时，蛋白质工程、酶工程、发酵工程等相继产生，这些生物技术的发展必将使人们利用生物规律造福于人类。

趣闻轶事

自幼聪慧

沃森出生于美国芝加哥，孩提时代就非常聪明好学。他有一个口头禅——"为什么？"，往往简单的回答还不能满足他的要求。他通过阅读《世界年鉴》记住了大量的知识，因此在一次广播节目比赛中获得"天才儿童"的称号，并赢得100美元的奖励。他用这些钱买了一个双筒望远镜，专门用它来观察鸟。

由于天赋异禀，沃森15岁时就进入芝加哥大学就读。在大学的学习中，凡是他喜欢的课程就学得好，例如《生物学》《动物学》，成绩特别突出。他曾打算以后能读研究生，专门学习如何成为一名"自然历史博物馆"中鸟类馆的馆长。

拍卖诺贝尔奖章

2014年12月4日，美国佳士得拍卖行拍卖诺贝尔生理学或医学奖得主、DNA双螺旋结构发现者之一、美国科学家詹姆斯·沃森的诺贝尔奖牌，不出数分钟即以475万美元成交。这是第一位在世诺贝尔奖得奖者拍卖奖牌，成交价较估计的250万~350万美元高出很多。

克里克童年趣事

克里克小时候的家庭条件不错，但父母都没有什么科学基础，他对于周围世界的知识，是从父母给他买的一套儿童百科全书获得的。这一系列出版物在每一期中都包括艺术、科学、历史、神话和文学等方面的内容，并且十分有趣，克里克最感兴趣的是科学。他吸取了各种知识，并为知道了超出日常经验、出乎意料的答案而洋洋得意，自认为是一块做科学家的料。

"能够发现自然的奥秘是多么了不起啊！我一定要成为一名科学家！"克里克常常想。可是，渐渐地，忧虑也萦绕在他心头："虽然未来看起来还很遥远，但等到我长大后，会不会所有的东西都已经被发现了呢？"少年克里克把他的这种担心告诉了母亲，一向看好他并深信他才能超群的母亲向他保证说："别担心！宝贝儿，还会剩下许多东西等着你去发现呢！"

DNA结构

脱氧核糖核酸（deoxyribonucleic acid，简称DNA）是生物细胞内含有的四种生物大分子之一核酸的一种。DNA携带有合成RNA（核糖核酸）和蛋白质所必需的遗传信息，是生物体发育和正常运作必不可少的生物大分子。

DNA由脱氧核苷酸组成。脱氧核苷酸由碱基、脱氧核糖和磷酸构成。其中碱基有4种：腺嘌呤（A）、鸟嘌呤（G）、胸腺嘧啶（T）和胞嘧啶（C）。

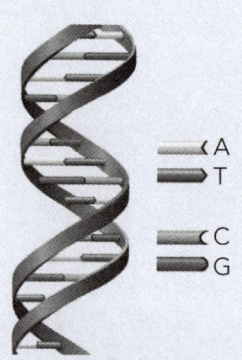

DNA双螺旋结构图

DNA分子结构中，两条脱氧核苷酸链围绕一个共同的中心轴盘绕，构成双螺旋结构。脱氧核糖-磷酸链在螺旋结构的外面，碱基朝向里面。两条脱氧核苷酸链反向互补，通过碱基间的氢键形成的碱基配对相连，形成相当稳定的组合。

DNA的作用

DNA是人体中分子结构复杂的有机物,是染色体中的一个成分。DNA是重要的遗传物质。DNA就像是遗传因子的储存机房,在这里储存着人体必要的遗传因子,而DNA作为一个储存机房又负责把信息传递出去,让遗传因子得到完好的传递,确保遗传信息能够准确地到达下一代,保证遗传的可持续性。

DNA的作用是存储和传递遗传基因。人们生活中常常听到类似"这对父子一眼就能看出来是一家"的话,父子为什么会长得相像呢,这就是DNA的功劳。DNA能够把父辈的基因传递给子代,所以就会表现出相貌相像。

沃森和我最值得称赞的是我们选对了问题并坚持不懈地为之奋斗。为了找到黄金,我们一路跌跌撞撞,总是犯错误,这是真的,但事实是我们仍在一直寻找黄金。

——弗朗西斯·克里克

参考文献

[1] 杨禾. 影响世界历史的100位科学家[M]. 武汉：武汉出版社，2008.

[2] 解启扬. 世界著名科学家传略[M]. 北京：金盾出版社，2010.

[3] 权垠我. 改变世界的50位科学家[M]. 杭州：浙江科学技术出版社，2012.

[4] 缪晨. 影响人类历史的100个发明创造[M]. 上海：学林出版社，2010.

[5] 周洪宇，徐莉. 第三次工业革命与当代中国[M]. 武汉：湖北教育出版社，2013.

[6] 邱仁森. 神魔双刃剑：核科学史话[M]. 长沙：湖南科学技术出版社，2010.

[7] 萧如珀，杨信男. 1896年3月1日：贝克勒尔发现了放射线[J]. 现代物理知识，2010（2）：2.

[8] 尹晓冬，金亮，刘战存. 贝克勒尔对放射性的发现及研究[J]. 物理与工程，2013（06）：38-44.

[9] 约斯特. 赫尔比希，任立. 原子物理学家的戏剧[M]. 北京：原子能出版社，1983.

[10] 范瑶. 核裂变的发现者——奥托·哈恩[J]. 世界博览，1998（1）：3.

[11] 钱三强. 重原子核三分裂与四分裂的发现[M]. 上海：科学技术文献出版社，1989.

[12] 谢础. 航空航天技术概论（第2版）[M]. 北京：北京航空航天大学出版社，2008.

[13] 罗顺忠. 核技术应用[M]. 哈尔滨工程大学出版社，2009.

[14] 刘富利. 立志 奋斗 成功——巴斯德的故事[J]. 食品科技，1980（3）.

[15] 何权瀛. 科赫是如何确定结核病是由结核分枝杆菌引起的？[J]. 中华结核和呼吸杂志，2011，34（11）：1.

[16] 马栩泉. 核能开发与应用[M]. 北京：化学工业出版社，2005.

[17] 杨建邺. 科学的双刃剑[M]. 北京：商务印书馆，2008.

[18] 劳拉·费米. 费米传[M]. 何光武，何芬奇译. 北京：商务印书馆，1997.

[19] 耶路撒冷希伯来大学阿尔伯特·爱因斯坦档案馆，芭芭拉·沃尔夫，泽夫·罗森克兰茨. 阿尔伯特·爱因斯坦：永远的瞬间幻觉[M]. 北京：中国科

学技术出版社，2010.

[20] 松鹰. 科学巨人的故事——卢瑟福[M]. 太原：希望出版社，2012.

[21] 张洪野，袁继贤. 原子弹之父：罗伯特·奥本海默的故事[M]. 广州：广东教育出版社，2004.

[22] 埃米里奥. 赛格雷. 原子舞者：费米传[M]. 上海：上海科学技术出版社，2004.

[23] 石磊. 钱学森的航天岁月[M]. 北京：中国宇航出版社，2011.

[24] 余晨. 看见未来：改变互联网世界的人们[M]. 杭州：浙江大学出版社，2015.

[25] 菲尔·奥基夫，杰夫·奥布赖恩，妮古. 能源的未来[M]. 北京：石油工业出版社，2011.

[26] 周士林，古立志，等. 航天精英：世界著名航天科学家和宇航员[M]. 北京：航空工业出版社，2001.

[27] 凯瑟林·库伦. 生物学：站在科学前沿的巨人[M]. 史艺荃译. 上海：上海科学技术文献出版社，2011.

[28] 斯科特·麦克卡特奇恩，博比·麦克卡特奇恩. 太空与天文学：站在科学前沿的巨人[M]. 上海：上海科学技术文献出版社，2007.

[29] 凯瑟林·库伦，等. 科学技术与社会：站在科学前沿的巨人[M]. 上海：上海科学技术文献出版社，2007.

[30] 孙毅霖. 生物学的历史[M]. 南京：江苏人民出版社，2009.

[31] 席德强. 追寻科学家的足迹：生物学简史[M]. 北京：北京大学出版社，2012.

[32] 周湛学. 机械发明的故事[M]. 北京：化学工业出版社，2008.

[33] 张祖贵，张藜. 百科全书式的科学大师：莱布尼茨的故事[M]. 广州：广东教育出版社，2004.

[34] 管成学，赵骥民. 陨落的巨星：钱三强的故事[M]. 长春：吉林科学技术出版社，2012.

[35] 尹怀勤. 加加林首飞太空趣事[J]. 科学与文化，2011，000（008）：24-25.

[36] 黄薇. "现代航空之父"冯·布劳恩为人类进入宇宙，不择手段[J]. 文史参

考，2012（6）：72.

[37] 罗丹. 命运的螺旋——沃森与克里克发现DNA结构的故事[J]. 国外科技动态，2003，000（003）：30-33.

[38] 秦志强. 电脑音乐的起源[J]. 电脑爱好者，1998（19）：73-74.